JN146326

琵琶湖水域圏の可能性

――里山学からの展望――

牛 尾 洋 也
吉 岡 祥 充 編著
清水万由子

晃 洋 書 房

はしがき

本書は，龍谷大学里山学研究センターが取り組む研究プロジェクト「琵琶湖を中心とする循環型自然・社会・文化環境の総合研究――Satoyamaモデルによる地域・環境政策の新展開――」の研究課題を踏まえた中間的な研究集積の一端を著したものである．

近年，「地方消滅」が叫ばれる中で，都市部と農村部が地理的にも経済的にも強い影響関係にある日本の地域社会の現実に立脚し，ある一定の圏域（琵琶湖水域圏）の中で，行政，地域住民，NPO，企業，研究機関等の主体が横断的に協働する，自然共生・循環型の持続可能な社会のあり方を追求する必要がある．

「琵琶湖水域圏」とは，研究プロジェクトの研究対象であり，持続可能な社会を構想するうえで，琵琶湖を中心にして広がる水域の連なりを全体として捉えようとする概念である．「水域圏」という言い方は，ありそうでなかったものかもしれない．近い概念として「流域」という言い方がある．地学等では流域は「集水域」とほぼ同義で用いられ，ある河川に表流水が集まってくる範囲を指す．しかし，水循環の観点から言えば地下水域や氾濫域，人間活動を媒介にして変化する利水域，排水域など様々な水の圏域がありうる．また，これらの水域をベースにした生き物のネットワーク（生態系）も存在しており，このように水域全体を総合的に捉える「流域圏」プランニングの重要性も提起されている［石川・岸・吉川編：2005］．

「琵琶湖水域圏」の概念は，この「流域圏」が含む多様な視点を共有するが，琵琶湖という存在によって，単一河川の流域圏にとどまらない複数の流域圏の連なりとして捉えられる．琵琶湖に流入する119の河川，それら河川の集水域，琵琶湖から流出する琵琶湖疏水，瀬田川から淀川，そして大阪湾へと連なる多様な流域圏を含み，これらの治水，利水，環境の保全・管理・形成に加え，琵琶湖との影響関係のある土地利用及び周辺の社会を含めた関係概念として試行的に用いるものであって，その有意性は今後の研究によって検証されなければならないと考えている．

本書は，琵琶湖水域圏を考察するための異なる視角として4部に分かれている．

第Ⅰ部「里山学と琵琶湖」は，琵琶湖水域圏を里山学の視点から見る際の基本的な視角を論じる第1章，第5章，第6章と，琵琶湖水域圏がもつ固有の背景について論じる第2～第4章が集められている．第Ⅱ部「琵琶湖と地形」は，地形から琵琶湖水域圏の姿を紐解こうとする第7～第9章，そして地形と地質を改変するリスクに警鐘を鳴らす第10章からなる．第Ⅲ部「琵琶湖といきもの」の第11～第13章はいずれも，琵琶湖水域圏における生物と環境の相互作用を描いてみせる．第Ⅴ部「琵琶湖と森」は，里山学の蓄積が厚い分野であることもあり，最も多い計8章が集まっている．東近江市の森林の歴史と将来を展望する第14～第16章，森林資源利用法の一つである薪ストーブの燃焼効率を高める実験について紹介する第17章，共同的に管理されてきた森林，またその管理主体のあり方について論じる第18～第20章，そして中国の森林保全政策を財政から分析した第21章である．そして，日本の水利秩序の特殊性への法学的考察方法を論じる補論が最後に配置されている．

なお，本書で愛知川流域および東近江市に焦点を当てた章が多いのは，2016年度に里山学研究センターが開催したシンポジウム「流域の暮らしと奥山・里山――愛知川から考える――」で愛知川流域をめぐる議論を展開したことと無関係ではない．琵琶湖水域圏は空間的にも社会的にも非常に広い範囲を含むものである．研究の入り口としては，琵琶湖水域圏の構成要素となる個別の流域を研究することに，一定のエネルギーを集中させたという側面がある．琵琶湖水域圏の総合的研究は，当然ながら個別流域の研究にとどまるものではないが，個別流域の研究なしに成立するものではない．本書が琵琶湖水域圏研究および持続可能な社会のSatoyamaモデルの端緒をひらくものとなれば幸いである．

最後になったが，本書をまとめるうえで龍谷大学研究部人間・科学・宗教総合研究センターの岩崎由香里さん，カバー及び部扉に写真を提供して頂いた太田真人さん，晃洋書房の丸井清泰さんに大変お世話になった．著者を代表して心からのお礼を述べたい．

2018年１月31日

編著者
牛尾洋也
吉岡祥充
清水万由子

〈参考文献〉

石川幹子・岸由二・吉川勝秀編［2005］『流域圏プランニングの時代――自然共生型流域圏・都市の再生――』技報堂出版．

目　　次

第Ⅰ部

里山学と琵琶湖

第1章

「里山問題」の転換と里山学の課題
――〈文化としての自然〉の保全・再生――

はじめに
――「人新世」時代と里山学の意義――

地球環境そのものへの人間の影響力が巨大化し，累積し，ついには新しい地質年代としてアントロポシーン（Anthropocene）という言葉が提案されさえしている．日本語では「人新世」と訳されているこの言葉は，最終氷期が終わり人類が農耕を開始して完全に新しい地球時代が約1万2000年前に始まったとする「完新世（Holocene）」に対して，地球がさらにまったく新しい時代に突入したことを告げる言葉である．地球温暖化・異常気象・石油化学物質や放射性物質の拡散等々，グローバルな環境変動が決定的な仕方で人間によって引き起こされているということを，もはや誰も否定できない．自然は終わった，どこにも純粋な自然などありはしない，というのである．

欧米では，2000年代に入ってから，この「人新世」論議をめぐって，社会科学・人文科学の専門家たちをも巻き込む大きな議論が起こっている[(1)]．しかし，環境問題に直面するとき，今もなお重要なことは，「グローバルに考え，ローカルに行為する」ことであり，さらに言えば，「ローカルに行為する」ために，ローカルに考え，ローカルに徹することで普遍を見ることである．地球システムをひとつの全体として捉えることは必要だが，同時に，たったひとつの自然が存在するのではなくて，多様な文化に応じて多様な諸自然があることを知ることが重要である．人間を「人類」として普遍的に見る視点は必要だが，同時に，様々な地域生態系と言語共同体の内に，多彩な生活を営んでいる，諸々の人々が生存している，ということを考えることが重要である．

人間の影響を受けることによって自然がどのような「自然」になるのかについては，ほとんど何もわかっていない．里山的自然とは，人間の影響を受けていない手つかずの「原生自然」ではなく，「人の手が入った自然」であり，「文化としての自然」である．人間による自然への影響作用が，自然破壊をもたらのではなく，むしろ自然を保全したり，豊かにする場合もありうる，ということを考える必要がある．ローカルに徹することでそれを考えるのが，里山学である．

本章では，「里山学」提唱の経緯を紹介しながら，里山学の課題について論じ，いくつかの問題になる概念を明らかにし，「里山問題」の中心が何かを論じる．

1　里山学の提唱

私は「里山の環境倫理」によって，基本的には「原生自然」概念に依拠するアメリカ型の環境倫理学を乗り越える新しい環境倫理学を提案し，並行して，諸科学が連携するばかりか，市民や行政とも協働する「里山学」を提唱してきた［丸山 2007a；2007b］．直接的なきっかけは，哲学教師として私の勤めてきた大学（龍谷大学）が進めようとした山林開発に対する反対運動だった［丸山 2009b］．

京都にある龍谷大学は，1989年，創立350周年記念事業の一環として，滋賀県および大津市の支援を得て（琵琶湖南岸部に位置する）大津市瀬田に第3番目のキャンパスを設け，理工学部および社会学部を開設した．瀬田学舎は，かつて地元の人々が「瀬田山」（江戸時代は「勢多山」）と呼んだ瀬田丘陵のほぼ中心部に位置するが，1995年，龍谷大学はこの瀬田学舎に隣接する山林地帯を西武鉄道から購入した．水平面積にして38ヘクタールほどあり，起伏がかなりあるので，実面積はそれを超える山林である．大学では，開発してグラウンド整備を行う意図もあったが，豊かな自然を残す典型的な里山林であるその場所を，里山保全として活用することを求める教職員の意見が強まり，教員有志が里山についての研究会や公開シンポジウムを開催し，ついには2001年3月，専任教員の6

割の署名を集めた請願書を学長に提出した.「学術研究, 学生・地域住民への環境教育や自然とのふれあいの場として積極的に活用し, 現代の「里山」として保全する」ことによって,「将来永きにわたって龍谷大学の教育的財産となり, 21世紀の新たな大学像を切り拓くもの」となるだろう, と訴えた. その結果, 大学側は「当分の間, 隣接地を環境教育を含む教学的利用の場として活用する」ことを約束し,「龍谷の森」と名づけて保全を求めてきた里山林は, 開発されずに護られることになった.「龍谷の森」は現在, 環境省によって「重要里地里山」のひとつに選定されている.

私自身の専門は現代哲学だが, 環境問題に強い関心を持っていて, 1980年代の終わりにアメリカの環境倫理学を紹介する仕事をしたあと, 1990年代の半ばからは, とりわけ水俣病を研究対象とし, 自分の仕事を「事件の哲学」「応答倫理学」と呼んできた〔丸山 2004〕. 2000年になって「龍谷の森」をめぐる開発反対運動に参加した私は, 水俣病事件研究会を通して交流のあった原田正純先生が提唱していた「水俣学」に共感し, それをひとつのヒントとして「里山学」を提唱することになった.

龍谷大学では, 2003年から「里山学」と題した教養科目がチェーンレクチャー方式で開講されている. 2004年には文科省から助成を受けて「里山学・地域共生学オープン・リサーチ・センター」が設立され, 2009年からは「里山学研究センター」と改名して, 現在に至っている.

以上,「里山学」提唱の経緯を紹介したが, 大学が所有する土地の開発問題であるため, 里山保全運動の事例としてはいささか特殊であるかもしれない. しかし, 大きな開発の波に呑み込まれるなかで, 身近な自然を守りたいという市民たちの抵抗が「里山」の現代における意義を発見したという点においては, 大学のケースも例外ではない. 1980年代以後, とりわけ都市近郊の里山がリゾート地開発・ゴルフ場建設・産廃捨て場開設など（大学新設も含めて）開発によって破壊される事例が増大し, そのことが「里山」の価値を新たに発見するきっかけを与えたのである〔山田 1994〕.

2 里山学とは何か

私は「里山学」を一応つぎのように定義してきた．

「環境問題の解決に寄与し，持続可能な社会を追求する一環として，〈里山的自然〉とは何かを明らかにし，里山維持の伝統的な技法と作法を解明してそれを現在に生かすヒントを探求するとともに，現在と将来にわたって里山的自然を保全していくために諸科学（自然科学，社会科学，人文科学）が協同し，専門家と市民や行政が連携・協働する実践学」［丸山 2007a；2015］

里山学の最終的な目標は「持続可能な社会」の追求であり，実現である．そして，里山学の目的は，理論的には，「里山的自然」とは何かを解明することである．この場合の「里山的自然」とは，生態学で言うところの「二次的自然」のことである．すなわち，人為による攪乱が自然遷移をおしとどめている状態の自然である．しかし，里山的自然における「攪乱」とは，第一に，伝統的には，農林漁業の「生業」のことである．生態学においては，すでに「一次的自然」としての「原生自然（wilderness）」に対して，「二次的自然」が価値づけられている．この価値づけとは別の，積極的な価値づけとして「里山的自然」という概念を用いる．したがって，「里海」「里湖」「里川」等々も，それぞれ里山的自然である．

「里山的自然」とは何かという問題は，「里山的自然」はどのようにして維持され，保全されるのかという問題と切り離せない．したがって里山学の目的は，「里山的自然」を維持し，保全するような人間による働きかけとは，どのような働きかけなのかを解明することである．つまり，〈理論的〉な目的は，「里山的自然」の維持・保全・再生といった〈実践的〉な目的と直結している．

この場面で，里山維持の伝統的な技法（技術）と作法（規則・規範）に学ぶべきものがあるとするならば，その伝統的な技法・作法を解明し，それを現代に生かし，現代の科学的な知と接合して，専門家・市民・行政等が連携・協働することへと結びつけていく必要がある.

3 「人の手が入った自然」と「文化としての自然」

(1) 里山の定義:「人の手が入った自然」

私は里山を「人の手が入った自然」および「文化としての自然」として規定してきた.「人の手が入った自然」というのは,「里山」のひとつの定義である.伝統的には(室町時代まで遡る),「里山」は「奥山」との対比において,人々の暮らす居住空間に近いヤマ(森林)を意味した.農業生活にとって絶対必要な諸々の資源を供給し,そこには住居を設けない,そういう身近な森林地帯がヤマである.空間区域および資源利用の区別を指示してきたのが「里山」という言葉である.

しかし,「人の手が入った自然」という表現は,「里山」についての一種の操作的定義である.この場合,「人の手」ということで私が考えているのは,「技法と作法」である.「技法」とは,広い意味で技術のことだが,あえて「技法」という表現をとったのは,技術のあり方それ自身が問題になるからであり,近代以後の技術を絶対視しないためであり,近代以前の伝統的技術を無視しないためである.

近代以前の技術は,自然適応型技術であり,人々は自然に順応し,適応することで自然資源を利用することができた,あるいは,そうするしかなかったと言ってもよい.これに対して,近代以後の技術は,自然対抗型もしくは自然征服型技術だと言える.この対比は,例えば治水の技術を考えれば,直観的にわかるだろう.「信玄堤」に代表されるような霞堤(かすみてい)の伝統工法を,現代の巨大堤防工法と比較すればよい.現代の里山のモデル的な存在として,18世紀の薪炭林の育林技法が注目されることが多い.落葉広葉樹は伐採後の萌芽更新(ほうがこうしん)によって自然再生するが,それを利用した循環的な森林資源利用が,江戸時代に確立されたのである[湯本 2011;2017].

「作法」とは，広い意味での規則であり，規範である．かつての里山が，少なくとも一定の長期間にわたって持続可能だったとするならば，それを可能にした「技法」は何であり，そこに働いた「作法」は何だったのかを問うことには，意味があるだろう．里山の多くは共同利用の「入会山」だったようだが，入会に関するローカルな規則が，里山の持続的利用について本当に有効だったのかどうか，「コモンズの悲劇」と同等のことが日本の里山には本当になかったのかどうか，等々疑問が尽きない．

作法の問題は，当然，「所有権」の観念をめぐる問題と密接に関わってもくる．所有権がそのまま処分権をも意味することを当然とする近代自由主義的な「所有権」概念を絶対視しないためにも，また，人と自然との関わりに対応することによって人と人との規範的な関係性が形成されうることを理解するためにも，「作法」という言葉を選ぶのである．

(2)　里山学のトポス：「文化としての自然」

「文化としての自然」という規定は，里山の定義ではなくて，里山的自然について研究する諸科学が，それぞれの分野から内実のある意味を賦与していく注視点であり，〈トポス〉である．実際，「文化としての自然」という規定が，その抽象性・柔軟性の故に，これまで里山学研究センターの多彩なメンバーたちの連帯を可能にしてきたように思う．

私自身は，「文化としての自然」という規定を，西洋近代における「文化と自然」（人間と自然）（社会と自然）という二項対立図式を乗り越えたいがために用いている．日本語の「文化」は，中国渡来の古い歴史を有し，元来は「文治教化」，つまり刑罰という威力を用いないで，法令や教育によって人民を統治するという，政治的な意味をもっていた［柳父 1995］．しかし，この意味を背景にしながらも，現代語の「文化」は，大正時代にドイツ語の Kultur から翻訳された言葉として登場し，後発国近代ドイツにおける「物質文明」に対する「精神文化」の優位を主張する思想ムードが，大正時代の教養主義と結びつき，「文化的」

であることは今も，近代的で・洗練され・都会的で・教養に満ちた，といった一連のイメージを伴っている．つまり，野卑で・粗野な，土臭くて田舎的なものが，「文化」の対極をなしている．

ヨーロッパにおける近代語としての「文化」も，類似の含意を有してはいるが，同時に，ラテン語の語源（colere）に由来する，土を耕し，穀物を栽培し，動物を手なずけ飼育する，つまり，自然に働きかけ，自然に手を入れるという元来の意味が留められている．農業を意味するアグリカルチャー（agriculture）や造林・林学を意味するシルヴィカルチャー silviculture（ラテン語で silva は森，ager は畑）という言葉の中に聞き取ることのできるカルチャー culture こそ，自然と文化の相関関係を示唆する「文化としての自然」である．日本語にも，「稲作文化」とか「森林文化」といった言葉がある．つまり，自然にどのように働きかけるか，ということが，「文化」のあり方であり，自然は文化によって規整される．しかしまた，文化は自然なしには成立しない．この意味で，「文化」を「自然」との相互作用において見る，「文化」概念および「自然」概念の再規定を志向するのが，「文化としての自然」である［丸山 2009a］．

(3) 文化的景観（cultural landscape）と文化景観（Kulurlandschaft）

「文化としての自然」という私の言い方は，むしろ「文化的景観」という表現に置き換えたほうが一般的な理解を得られやすいかもしれない．しかしながら，2005年の文化財保護法の改正によって「文化的景観」が，従来の有形・無形文化財や記念物とは別個のカテゴリーとして新たに設定されたとはいえ，あくまでも文化財保護の対象として確立されたのであって，所管も文化庁であり，環境省ではない．

日本で「文化的景観」と訳されている英語の cultural landscape の概念の発展に最も功績があり，のちの世界遺産委員会による「文化的景観」の概念化にも影響を与えたと見られているのは，アメリカの地理学者カール・サウアー（Carl O. Sauer 1889-1975）である．1925年の有名な論文「景観の形態学」（The

Morphology of Landscape）によれば，「文化的景観は，ある文化集団によって自然的景観から創り出されるのであり，文化とは作用主体（the agent）であり，自然の領域は媒体（medium），文化的景観は結果（the result）である」[Sauer 1965: 343]．つまり，文化とは結果的に景観を形づくる作用主体（行為主体）である．

サウアー自身，19世紀以後のドイツでの地理学の発展から大きな影響を受けているが，英語の cultural landscape は元来ドイツ語の Kulturlandschaft の英語訳として成立した．Kulturlandschaft は直訳すれば「文化景観」である．「文化景観」の概念化に大きく寄与したのは，20世紀前半のドイツ地理学をリードし，「景観地理学の基礎を与えた人物」，「文化景観形態学の創設者」と呼ばれるオットー・シュリューター（Otto Schlüter 1872-1959）である［藤岡・服部 1978：51-66］．シュリューターは，自然の諸力によってのみ形成された自然景観（Naturlandschaft）が，人類登場直前の「原景観」（Urlandschaft）に人の手が加わることで「古景観」（Altlandschaft）へと改変されていくというように，文化景観が発生的に形成される歴史を再現しようとした．この背景をなしているのは，中部ヨーロッパの景観の特徴，すなわち農業によって生み出された景観である．だから，Kulturlandschaft は「文化景観」と訳すよりも，むしろ「農業景観」もしくは「農業文化景観」と訳すのがより適切かもしれない．ここでの「文化」（Kultur）とは，土地を開墾し，耕作可能にし，管理することばかりではなく，土地に生きる人間のあらゆる創造的な営みの表現である．風や乾燥を防ぐための生け垣や雑木林は重要な景観要素だし，放牧地で日陰をつくる果樹やカシの高木もそうである．また，浸食被害を緩和するための，畑の畝や乾燥した石垣も景観をつくっている．つまり，中部ヨーロッパの文化景観とは，私が言う「人の手が入った自然」の姿であり，「文化としての自然」の形である．

オーストリアはまさに中部ヨーロッパに位置するが，オーストリア科学省の研究コンセプトは，文化景観（Kulturlandschaft）を，次のように定義している．すなわち，「自然の諸々の所与と人間の様々な働きかけとが作用しあい，結び合う構造体であり，統一的なものとして知覚される空間的な作用構造である．

諸々の文化景観は，社会経済的・文化的・自然空間的な諸要因が一緒になって影響作用しあう結果として，時間を通じて発展し，変化する」[Holzner/Hochegger 1999: 16]．このコンセプトに従って共同研究を展開しているヴォルフガング・ホルツナーたちの著作『文化景観』のサブタイトルは，Natur in Menschenhand となっている(2)．直訳すれば「人間の手のなかの自然」であるが，要するに「人の手が入った自然」という意味と同じだ．例えば，オーストリアの山地の牧草地帯は，長大な年月たえず刈り取りされることによって維持されてきたが，農業の変貌と後退によって，次第にハイマツの暗い森に再び覆われはじめている．農業の様々な営みが生物多様性を保全してきたが，それが次第に変貌してきている．「人の手が入る」ことが，自然破壊ではなくて，むしろ自然の多様性を守ることになる，という認識が，まさにこれまでの農業景観が失われていくことによって，オーストリアでも確立されてきているのである．形は違っても，日本の里山問題と同じことが，ヨーロッパでも把握されているのである．

「文化としての自然」は，ホルツナーたちの言う意味でならば，「文化景観」と呼び換えてもいいだろう．里山の重要な要素は，地域性と日常性であって，希少性によって価値を見いだすような重要文化財的な捉え方や，天然記念物指定のような発想は，里山にとっては害になっても益するところはない．身近な自然としての里山環境は，たとえ都市近郊の場合でもあっても，何らかの形で日常的な生活と関わらせる必要があるだろう［丸山 2007a：105-108］．

(4) 「景観」概念の問題性

「文化」という訳語が偏った理解をもたらすだけでなく，「景観」という日本語にも問題がはらまれている．日本の地理学者によって「景観」という訳語が作られ，使われてきたが，どうしても「景色」とか「風景」という言葉が強く意識されてしまう．英語のランドスケープも同じだと考えると，もし「里山」をランドスケープ概念を使って定義すれば，必然的に外部からの観察者の視点から「里山」を見ることになり，それでは里山の本当の現実を取り逃がしてしまうのではないか，といった疑問すら出てくる［結城 2017］．

実は，国連大学高等研究所および日本の里山・里海評価委員会の『里山・里海』［朝倉書店，2012年］は，「里山とは，人間の居住地とともに二次林，農地，ため池，草地を含む異なる複数の生態系からなるモザイク構造のランドスケープを表す日本語」だと説明し，さらに，里山・里海を包括するような里山的自然を，「社会生態学的生産ランドスケープ」（socio-ecological production landscapes）と定義している．この場合，「ランドスケープ」という言葉は，単なる「風景」や「景色」と結びつけられるのを避けるために，片仮名で表記されているのである．

そもそも英語の landscape は，先に述べた「文化的景観」の場合同様，ドイツ語のラントシャフト（Landschaft）から影響を受けたものであり，ドイツ語のラントシャフトは元来，政治的な「地方行政区」や「郡」，自然的な「地方」や「土地状態」を意味した．やがて近代における「風景の発見」や「風景画」の創出と並行して視覚的な「風景」や「景色」を意味するようにもなった［牛尾 2015］．生態学的には，性格を異にする複数の生態系が一定の（視覚的にも）まとまりを有する複合生態系を「ランドスケープ」（景観）と呼ぶことがある．さらに，ドイツ由来の景観生態学の発達は，里山研究に大きな影響を与えてきた．「社会生態学的生産ランドスケープ」とは，農林漁業といった，人間の広い意味での「生産」活動によって形成されてきた地域生態系，複合生態系のことである．そして，そこでの人間による「生産」が，生命的自然のなす生産・再生産循環による自然の第一次的生産に依存していることを知らなければならない［丸山 2012］．

4　里山の〈過少利用〉問題

私は里山学の制度化形式についても論じてきた．環境問題の解決に寄与し，持続可能な社会を追求し，実現することを目標とする里山学は，制度論的には，従来の科学者共同体ではなく，ひとつの「問題共同体」［丸山 2016：149-171］である．すでに社会において解決が求められている一定の問題をめぐって，様々な専門分野の研究者たちが集合するのが問題共同体だが，そこに参集する科学者たちは，それぞれの専門分野の科学者共同体に所属し，そこで評価を受ける．けれども，問題共同体は，互いに他に対しては非専門家であるようなメンバーたちのコミュニケーション共同体でもあるから，そこには随時専門外からの補足的な関連メンバーを組み入れる可能性があるし，研究の評価を社会的な重要性・有意義性の規準に基づける可能性も開ける．また，ここではメンバーたちは単なる分業体制を組織しているのではなくて，相互のアプローチを検討しあい，互いの成果を参照しあう．さらに問題共同体は，科学研究の方向を規定する様々な目標を，科学の成果に照らして批判的に吟味検討する可能性をもってもいる．

では，里山学にとって「問題」とは何か．それは一言でいうならば，アンダーユース問題，つまり〈過少利用〉問題である．自然を守るということは，手つかずの原生自然を保護するということだけではなくて，人の手が入った自然を保全するということも必要だという認識こそが，里山の研究と保全・再生を牽引してきた［守山 1988；田端 1997］．これには，近年の保全生態学や復元生態学の発展が関わっている．すなわち，かつてのクレメンツの遷移説における「極相林」という見方は，全体として調和のとれた，安定した平衡状態の，本来の自然に最終的には行き着く，ということが前提になっていたが，こうした生態系の見方は決定的に否定され，現代では，「非平衡で，不安定で，不確実性の大きい自然」という見方が主流をなしている．モンスーン気候帯に属する日本列島は，火山活動，地震，台風など，自然の変動が大きく，自然の攪乱（生態系の機能・構造への破壊的な外力，とりわけ植生を破壊する外的作用）が豊富であった．「火山の噴火による泥流や野火の発生，地震による地滑り，河川の氾濫など，日本列島の自然に特有な「攪乱」に適応することで，伐る，刈る，焼くなどのヒトの緩衝にあらかじめ適応していた生き物たち」〔鷲谷 2001：213〕が豊富であったことが，里山の生態系の豊かさを保証してきたのであり，ヒトによる適切な攪乱（人為攪乱）がなされなくなれば，多くの生き物は生きられなくなってしまう．さらに言えば，一切の攪乱を排除して里山を放置すれば安定した極相林に戻る，という保証はどこにもなく，むしろマツ枯れやナラ枯れの蔓延や，土壌の崩壊などを伴った自然破壊に陥る可能性もある．

農用林・薪炭林として積極的に利用されてきた里山が，利用されなくなって放置され，放棄されている．その結果，里山が荒廃し，里山の生態系が劣化している．里山の生態系が単純化して，生物多様性も減少し，ナラ枯れが広がったり，竹林が増殖したり，土壌崩壊など治山治水に関わる多くの不都合が生じ，獣害なども拡大している．〈過少利用〉問題という言葉は簡単だが，事態は複雑であり，入り組んでいる．里山の〈過少利用〉問題とは，巨大な問題群のことである．

1950年代の半ば以降，石油やガスへの燃料革命および化学肥料を大量投入する農業改革（肥料革命）の結果，薪炭や肥料の供給地だった里山の広葉樹林の必要性が急落し，成長の速いスギの人工林へと転換する「拡大造林」が推進されるか，あるいは，次第に放置されることになる．外国産材の輸入が完全自由化されるのが1964年だが，すでに1969年には国内産の木材供給を上回り，それ以来，外材輸入率は高まる一方になる〔半田 1990：83〕．日本の林業は衰退し，里山は放置される場合が増加し，やがて放棄されていった（東南アジアの熱帯雨林をはじめ，日本による海外森林の破壊的利用も無視できない）〔日本弁護士連合会 1991〕．

里山の〈過少利用〉が問題として意識されるようになったのは，1960年代の後半が最初だったが，当時は，パルプ材・チップ材として需要が生じた広葉樹を積極的に利用し，皆伐跡地にスギやヒノキの人工林を造る「拡大造林」政策の貫徹をもたらしたにすぎなかった．

資源をめぐる環境問題とは，通例，資源のオーバーユース，すなわち〈過剰利用〉（濫用）の結果，資源が枯渇してしまうという問題である．実は，1950年代までの里山問題は，ほとんど〈過剰利用〉問題だった．過伐によって疲弊した里山に休養を与え，そのためにも奥地林を開発する，というのが戦直後の森林政策だった．

〈過剰利用〉とは別に，〈過少利用〉が問題になるということは，当の資源の利用価値が下落し，利用されなくなることによって生じる問題である．ということは，当の資源が資源として生み出していたのとは別の（諸）価値が発見されなければ，〈過少利用〉問題が「問題」として見いだされることはない．しかしまた，発見される（諸）価値は，潜在的には当の資源そのものに含まれていなければならないはずだ．その意味で，〈過少利用〉問題において見いだされる（諸）価値は，「資源のもたらす環境価値」［石井 2007］と呼ぶべきものである(3)．

1990年代半ばの「環境」意識への大きな転換によって，私たちは，市場経済の価値尺度によっては評価できない環境価値をいくつも見いだしてきた．生物多様性の価値もそのひとつである．もちろん，それすらも商品価値をもつものとして熾烈な経済競争のターゲットにされつつある．しかし生物多様性は，生態系の復元力（レジリアンス）を支える基盤でもあるし，私たちの人間的に豊かな生活を可能にする土台でもある．生物多様性を保全することは，私たちが未来世代への責任を具体的に果たす，その重要な要素である．

〈過少利用〉問題を解決したとき，利用放棄・管理放棄から脱却することになるわけだから，アンダーユースからワイズユース，すなわち「賢明な利用」へと転換することになるだろう．そしてその「賢明」さを測る尺度の最も重要なものは，生物多様性と持続可能性である．

里山学は，里山の〈過少利用〉問題を，その発生の社会的要因についての再検討も含めて，より具体的に詳細に，問いの形として明確化していかなければならない．巨大な問題群のその広がりを，明らかにしていかなければならないだろう．

注

（1） 日本では『現代思想』（青土社）2017年12月号が，「人新世――地質年代が示す人類と地球の未来――」を特集し，ようやく議論が始まりつつある．広い視野からの議論としては，Haber/Held/Vogt［2016］を参照．
（2） ヴォルフガング・ホルツナー氏は，2006年12月の里山学・地域共生学 ORC 国際シンポジウム「里山とは何か――自然と文化の多様性」におけるゲスト講演者の一人だった．講演内容については，『里山 ORC 2006年度年次報告書』を参照ねがいたい．
（3） 石井［2007］をはじめとする戦後日本の「資源論」を再検討し，「資源」概念を再考することが，今後の里山学の重要課題のひとつになると思う．

参考文献

〈邦文献〉

石井素介［2007］『国土保全の思想』古今書院．
牛尾洋也・鈴木龍也編［2012］『里山のガバナンス』晃洋書房．
牛尾洋也［2015］「景観概念の変遷と景観保全の法整備」，村澤真保呂・牛尾洋也・宮浦富保編『里山学講義』晃洋書房．
国連大学高等研究所／日本の里山・里海評価委員会編［2012］『里山・里海』朝倉書店．
田端英雄編著［1997］『里山の自然』保育社．
日本弁護士連合会公害対策・環境保全委員会編［1991］『日本の公害輸出と環境破壊』日本評論社．
半田良一編［1990］『林政学』文永堂出版社．
藤岡謙二・服部昌之共編［1978］『歴史地理学の群像』大明堂．
丸山徳次［2007a］「今なぜ「里山学」か」，丸山徳次・宮浦富保編『里山学のすすめ――〈文化としての自然〉再生にむけて――』昭和堂．
丸山徳次［2007b］「里山の環境倫理――環境倫理学の新展開」，丸山徳次・宮浦富保編『里山学のすすめ――〈文化としての自然〉再生にむけて――』昭和堂．
丸山徳次［2009a］「里山学のねらい――〈文化としての自然〉の探究」，丸山徳次・宮浦富保編『里山学のまなざし――〈森のある大学〉から――』昭和堂．
丸山徳次［2009b］「「森のある大学」をつくる〈物語〉」，丸山徳次・宮浦富保編『里山学のまなざし――〈森のある大学〉から――』昭和堂．
丸山徳次［2012］「持続可能性の理論と里山的自然――フクシマ以後の里山学――」，牛尾洋也・鈴木龍也編『里山のガバナンス』晃洋書房．
丸山徳次［2015］「持続可能社会と里山の環境倫理」，村澤真保呂・牛尾洋也・宮浦富保編『里山学講義』晃洋書房．
丸山徳次・宮浦富保編［2007］『里山学のすすめ――〈文化としての自然〉再生にむけて

——』昭和堂.
丸山徳次・宮浦富保編［2009］『里山学のまなざし——〈森のある大学〉から——』昭和堂.
丸山徳次編［2004］『岩波応用倫理学講義2 環境』岩波書店.
丸山徳次［2016］『現象学と科学批判』晃洋書房.
村澤真保呂・牛尾洋也・宮浦富保編［2015］『里山学講義』晃洋書房.
守山弘［1988］『自然を守るとはどういうことか』農文協.
柳父章［1995］『一語の辞典　文化』三省堂.
山田國廣［1994］『里山トラスト』北斗出版.
結城正美・黒田智編［2017］『里山という物語』勉誠出版.
結城正美［2017］「里山言説の地政学」，結城正美・黒田智編『里山という物語』勉誠出版.
湯本貴和［2017］「里山——その実態と歴史的変遷と現代的表象」，結城正美・黒田智編『里山という物語』勉誠出版.
湯本貴和編［2011］『環境史とは何か』文一総合出版.
鷲谷いづみ［2001］『生態系を蘇らせる』日本放送出版協会.

〈欧文献〉

Haber, W., Held, M., Vogt, M. (Hrsg.) [2016] *Die Welt im Anthropozän*, München: oekom verlag.
Holzner, W., Hochegger, K. (Hrsg.) [1999] *Kulturlandschaft - Natur in Menschenhand*, Wien: austria medien service.
Sauer, C. O. [1963] *Land and Life: A Selection from the Writings of Carl Ortwin Sauer*, ed. by J. Leighly, Berkeley: University of California Press.

（丸山 徳次）

第2章

琵琶湖保全再生計画の位相
――琵総終結後20年間の堆積と変容をめぐって――

はじめに

2015年秋に「琵琶湖の保全及び再生に関する法律」(以下, 琵琶湖保全再生法と表記) が制定されて, 琵琶湖に関わる研究や実践に変化が生じることとなった. 1997年3月に, それまで25年間にわたって実施されてきた琵琶湖総合開発事業が終結する際に, 滋賀県は国が関与する琵琶湖総合保全の枠組み (特に財政上の措置) を設定して保全事業を進めようと企図していたが, 当時はそれが実現しなかった. 琵琶湖保全再生法では, 国が「琵琶湖の保全及び再生に関する基本方針」(以下, 基本方針と表記) を定め, 滋賀県はこれにもとづいて「琵琶湖保全再生施策に関する計画」(以下, 琵琶湖保全再生計画と表記) を策定することになっている. 今回は, 2016年4月に基本方針が定められた後, 2017年3月に琵琶湖保全再生計画が策定された. そのため, 琵琶湖総合開発事業が終結して20年目に, 終結当時滋賀県が企図していた計画が実現したことになる[(1)].

琵琶湖保全再生法は, 施行の日から5年以内に必要な見直しを行うことを規定しており, 琵琶湖保全再生計画の計画期間は2017年度から2020年度までの4年間である[(2)]. そのため, ここ数年のうちに法と計画を見直すことが予定されている. 見直す際には, 法や計画の内容を始め, 計画にもとづくさまざまな活動の結果等を評価・検討することが主軸となっていくであろうが, ここではそれより前に琵琶湖保全再生計画が当初の目的を達成するために必要となる前提条件について考察しておきたい. 琵琶湖保全再生法やこれにもとづく計画は, 琵琶湖総合開発を進めた組織や制度と底流で関わりがあり, 琵総終結時に滋賀県が構想していた総合保全計画とも関連がある. そこで, 本章では以下の2点に焦点をあてて考察を進める．

①琵琶湖総合開発終了後のあり方：
　琵総時とポスト琵総時におけるアクターの異同と役割
　ポスト琵総計画の位置づけ
②琵琶湖総合開発終了後の計画（琵琶湖総合保全計画）の内容：
　琵琶湖総合保全計画の策定と変容は，①のあり方によって差異がでる

1　琵琶湖総合開発終了後の制度と政策

(1)　琵琶湖総合開発の特性

ここでは，まず琵琶湖総合開発の特性をおさえて，それが琵琶湖保全再生法と関わっていく経路を把握する．琵琶湖総合開発は，1972年に成立した「琵琶湖総合開発特別措置法」（10年の時限立法）にもとづいて実施された．10年では予定された事業が終了しないので，２度の延長を経て25年にわたる事業となった．

この特別措置法が成立した背景には，江戸時代から続く上下流間の地域的対抗関係があった．江戸時代から明治・大正期にかけては，まず治水をめぐる対立が先行し，昭和期に入ると利水をめぐる対立がこれに加わった．琵琶湖総合開発にいたるまでの地域的対抗関係については，すでにいくつもの文献で扱われているのでここでは詳細には立ち入らない[(3)]．

第二次世界大戦後の高度経済成長期に入って，淀川下流の阪神地域で都市用水の需要が増大し，水源を淀川に求めるようになってから，淀川上流に位置する琵琶湖は水資源開発の対象となった．1956年に，戦前から淀川水系の水管理に当たっていた内務省の流れをくむ近畿地方建設局（旧建設省の地方機関）が，滋賀，京都，大阪，兵庫の４府県と，京都市，大阪市，阪神上水道組合などの大口水道管理者，さらに関西電力などを招いて琵琶湖総合開発協議会を発足させ，1960年に開発計画の基本方針と大綱をまとめた．これ以後，1972年までの10余

年間に，淀川水系の水資源開発をめぐって相当の議論が戦わされている[(4)].

阪神地域の都市用水需要に応えるために琵琶湖の水資源開発を進めると，琵琶湖の水位を下流の利水目的で変動させることになるから，水位変動による障害が発生した場合は他律的な要因で琵琶湖沿岸域の住民や事業者が被害を被ることになる．さらに当初の計画では，水資源開発の便益が下流にのみ付与され，上流の滋賀県には付与されない内容であった．そこで滋賀県は，こうした予想される被害への対応を求めるとともに，水資源開発の便益を上流にも付与するよう主張した．

水資源開発に伴う被害の発生への補償は，他の水系でも行われている．ところが，水資源開発の便益を上流に付与するという仕組みは存在していなかった．滋賀県の主張は，経済発展の水準が上流と下流で異なる状況のなかで，水資源開発による便益が先進地域にのみ付与され後進地域が放置されていくと，先進地域と後進地域の格差が拡大するから，水資源開発の便益を後進地域にも付与することで格差の拡大を是正することができるというものであった．

こうした発想は，広域を対象とした地域政策が保持する枠組みでもあった［秋山 2009：300-316］から，琵琶湖総合開発は紆余曲折の議論を経た後，滋賀県の主張を受け入れて水資源開発と地域開発双方の性格を帯びた複合的な事業として展開することになった．そこで，第二次世界大戦後，淀川水系の水資源開発構想を主導してきた近畿地建は，地域開発関連の計画からは距離をおき，代わって経済企画庁が各省の調整に当たることとなった．さらに，1970年には総合開発関係の窓口が近畿圏整備本部となり，ここが1971年に琵琶湖総合開発連絡会議を設置して，本格的な調整活動に入った．その結果，総合開発計画の上位計画は近畿圏整備計画となっている．近畿圏整備本部は1974年に設置された国土庁に事務を引き継いだが，琵琶湖総合開発のうち，水資源開発と治水事業は水資源開発公団が担当し，地域開発関連事業は国土庁大都市圏整備局が担当することとなった．それゆえ，琵琶湖総合開発は，水資源開発という本来の性格に加えて地域開発という性格が加わり，それを大都市圏政策のなかで扱うという構図となった．これが，他の水系にはみられない淀川水系の特性（ひいては琵琶湖総合開発の特性）である．

(2)　琵琶湖総合開発終結時の構想と琵琶湖保全再生法

滋賀県は，琵琶湖総合開発が終結した後，琵琶湖の総合的な保全を図るための財政上の仕組みについて，琵琶湖総合開発特別措置法を引き継ぐ形での法的措置を含めた新たな仕組みを模索していた．琵琶湖総合開発が近畿圏整備計画のなかに位置づけられたという経緯を踏まえ，滋賀県は近畿圏整備制度のなかの保全区域を活用して，琵総後の保全制度を位置づけようとした．一連の検討を経て，1997年にまとめた『琵琶湖総合保全整備計画の在り方』[滋賀県 1997：53] に検討の結果が反映されている．

滋賀県が位置づけようとした近畿圏整備計画のなかの保全区域制度は，価値のある緑や自然を守るためのもので，狭い空間しか対象としていなかった．そのため，4次までの近畿圏整備計画は，琵琶湖に関わる問題は琵琶湖総合開発に委ねていたのである．生態系としての琵琶湖保全のコンセプトや保全の発想は，それまでの保全区域制度では受けとめられないので，制度の改正も含めて検討しなければならない課題であった [山下 1999：179-217]．

国土庁は，滋賀県の要請を受けて琵総後の保全のあり方について1997年，1998年の2カ年にわたって調査・検討を進め，1999年3月に報告をまとめている [国土庁大都市圏整備局他 1999：348；238]．内容は，滋賀県がまとめた『琵琶湖総合保全整備計画の在り方』を大筋で踏襲したものであった．保全計画の内容についてはほとんど差異はないものの，国土庁は近畿圏整備計画のなかに琵総後の保全計画を位置づけて国が計画に関与するという選択をしなかった．そのため滋賀県は，単独で保全に関わることを余儀なくされたのである，この結果，滋賀県は『琵琶湖総合保全整備計画の在り方』をベースとして，2000年3月に『マザーレイク21計画～琵琶湖総合保全整備計画～』をまとめた．第1期（1999年度～2010年度）が終わり，現在は第2期（2011年度～2020年度）が進行中である．

琵琶湖総合開発は，淀川水系における特異な歴史的性格を反映して大都市圏政策のなかに位置づけられたわけであるが，その根底には下流域における利水者の水資源開発に対する強い要望が横たわっていた．上流の滋賀県が主張する事項を受け入れることによって淀川水系の水資源開発が可能となるのであれば，それを是認するというほどの強い要望であったといえる．こうした背景をもちながら幾多の議論を経て琵琶湖総合開発が成立したのに対して，琵総後の保全計画については琵総時ほどの背景と広がりは存在していなかった．そのため，琵総後に琵総時と同じような仕組みを継続させようとするならば，大都市圏政策のなかに保全計画の位置を確立させるような論拠とそれを支える体制を必要としていた．琵総終結後，滋賀県が単独でマザーレイク21計画を実施している期間中，これは課題として存在し続けていた．そこへ，2015年秋に議員立法として琵琶湖保全再生法が成立することになった．主務大臣は5省にまたがるが，琵琶湖保全再生基本方針をまとめる際の窓口は，国土交通省都市局都市政策課都市政策調査室と環境省水・大気環境局水環境課となっている．琵総終結時よりも関連のアクターが多い上に，琵総終結時から継続してきた大都市圏政策のなかへの位置づけという課題を抱えているのが現状である．

2　琵琶湖総合開発以後における保全構想の推移

(1)　『琵琶湖総合保全整備計画の在り方』の射程

滋賀県が，1997年にまとめた『琵琶湖総合保全整備計画の在り方』（以下，『在り方』と表記）は，琵総以後の保全を構想する際に，底流としてさまざまな影響をあたえてきた．そこで，まずその骨格について整理する．

『在り方』では，総合保全の必要性を以下の3つのカテゴリーで説明している．

①水質保全　　②水源かん養　　③自然的環境・景観保全

これらは琵琶湖総合開発計画のなかで取り上げられていた対象であるが，①，②については，対象・方法等が明らかになっているのに対して，③については未知の部分が広がっていた．

③の領域に関しては，1980年代半ばから滋賀県琵琶湖研究所の湖岸研究プロジェクトで湖岸研究が進められ，1991年にはその成果がまとまっていた［滋賀県琵琶湖研究所 1991：97］．ここで用いられてきた景観生態学とその視点が，『在り方』の③に反映し，景観生態学的な視点と方法がポスト琵総の計画に生かされようとしていた．③の自然的環境・景観保全について，『在り方』は「自然の有する生態的機能を指し，景観とはこの生態的機能によって支えられている景観構造のことを指す」としている．この説明には，景観をたんなる風景の意味で捉えるのではなく，景観像と景観生態系の統合として捉えるという視点が背景にある．自然的環境・景観保全を扱った『在り方』第Ⅱ編第４章では，この項の目標として① 緑地の保全と琵琶湖固有の景観の形成，② 在来種の保護と生物の多様性の確保，をあげていたが，ここでいう景観は，自然景観の性格が強いものであった．

1999年度から始まった第１期マザーレイク21計画は，『在り方』の３本柱（水質保全，水源かん養，自然的環境・景観保全）を踏襲し，自然的環境・景観保全の項では，「生物生息空間をつなぎ，ネットワーク化するための拠点の確保」を目標[(5)]にあげていた．第１期計画期間中の2007年８月に，第２期琵琶湖総合保全学術委員会（川那部浩哉委員長）が発足[(6)]し，自然的環境・景観保全の項については目標があいまいであると同時に指標が示されていないので，評価は直接的には不可能であるとした．その上で，琵琶湖とその周辺の生態系全体からみると，残念ながらそれはほとんど達成できていないと判断されると評価した［琵琶湖総合保全学術委員会 2010：6］．

2011年度から始まった第２期マザーレイク21計画では，学術委員会の評価と提言を受けて，水質保全，水源かん養，自然的環境・景観保全という３つの柱を「琵琶湖流域生態系の保全・再生」として１つにまとめ，琵琶湖流域を「湖内」,「湖辺域」,「集水域」に区分している．水質保全や水源かん養といった項目が後景に退いたような印象をあたえているが，これは21世紀に入って琵琶湖をめぐる環境問題の主軸が水質保全から生態系保全に移行しつつある現状を反映した１つの傾向かもしれない．

(2)　琵琶湖保全再生計画の内容

2017年３月に策定された計画は，『在り方』や国土庁大都市圏整備局等が編集した報告書（1999，以下，国土庁報告書と表記）で設定された理念や事項を踏襲しており，ポスト琵総時の枠組みが継続していることを窺わせる．計画で取り上げている保全再生施策は，以下のものである［滋賀県 2017：2-7］．

① 水質の汚濁の防止および改善に関する事項
② 水源のかん養に関する事項
③ 生態系の保全および再生に関する事項
④ 景観の整備および保全に関する事項
⑤ 農林水産業，観光，交通その他の産業の振興に関する事項

これらの項目は，琵琶湖保全再生法にあがっているものである．それゆえ，法案の作成過程では『在り方』や『国土庁報告書』の枠組みが踏襲されていたとみることができよう．第２期マザーレイク21計画で後景に退いていた水質保全や水源かん養に関する事項が再び表に出ており，『在り方』や『国土庁報告書』で設定した３本の柱が復活することにもなった．第１期マザーレイク21計画を評価するなかででてきた第２期計画の構想が，ここでは振り出しに戻ったという印象をあたえる．そのため，４年後に予定されている琵琶湖保全再生計画とマザーレイク21計画との統合においては，こうした齟齬を克服するような検討を要することになろう．

『在り方』や『国土庁報告書』で，自然的環境・景観保全と一括してくくられていた事項が，生態系保全と景観の整備・保全に分化しているのは，ここ20年

ほどの間にこの事項をめぐって展開してきた新しい動向を反映したものであろう．『在り方』では，景観生態学的な視点と方法が導入され，『国土庁報告書』では，滋賀県全体の景観生態学図が作成され，生物生息空間の保全を構想する際に活用されている．ところが，第1期マザーレイク21計画以降の計画では，こうした景観生態学的な視点や方法が失われ，今回の琵琶湖保全再生計画にもみられない．『在り方』が策定される頃は，琵琶湖研究における景観生態学的な研究の成果は1990年代前半におけるものが主体であった．その後，四半世紀余りの間に，景観生態学的な研究の蓄積は進んでいる(7)ので，これを活かすような構想が求められるところである．

⑤は，琵琶湖保全再生法にあがっている項目としては異色である．ただ，『在り方』や『国土庁報告書』には，これと関連するとみられる記述があった．『在り方』の第Ⅱ編第5章「取り組みの支援に関する事項」の第2節が「環境調和型産業活動の推進に関する事項」となっており，総合保全の3本柱に取り組んでいく際の支援に関する事項という位置づけであった．『国土庁報告書』には，これを直接受けるような記述はなく，これまでの流れと関わりがあるとすれば，『国土庁報告書』が琵琶湖の総合保全に関する取り組みの基本方針としてあげていた3点（「人々と地域の幅広い共感」，「保全と活力あるくらしの共存」，「現在と未来における共有」）のうち，「保全と活力あるくらしの共存」がそれに当たる．2016年にまとめられた琵琶湖保全再生基本方針では，『国土庁報告書』の3点を引き継いで，これらを重要事項と位置づけ，琵琶湖保全再生計画もこの3点の重視を謳っている．そのうちの1つが「保全と活力あるくらしの共存」であるが，『国土庁報告書』でこの事項が検討されていた際には，琵琶湖という資源を枯渇させることなく活用するためには，賢明な利活用（ワイズユース）の考え方が不可欠であるとしていた．⑤はこうした点を意識して導入したのかどうかは明確ではないが，ワイズユースの考え方の元となっているラムサール条約とそこでのワイズユースの捉え方は21世紀に入って生物多様性保全の考え方と重なる部分が増している［秋山 2017：166-181］ので，⑤はこうした文脈のなかで考察す

ることによって，琵琶湖保全再生の理念と交差し得るのではあるまいか．

おわりに

本章では，琵琶湖保全再生計画が20年前のポスト琵総をめぐる動きと関連をもっているので，この計画が当初の目的を達成するために考察しておくべき条件のうち，① 琵琶湖総合開発終了後の計画のあり方と関係主体，② 琵琶湖総合開発終了後の計画（琵琶湖総合保全計画）の内容，の２点に焦点をあてて課題を概観してきた．琵総終結後20年ほどの間に，こうした条件と関連する事象が種々展開し，さらに関連の研究も蓄積されている．そのため，今後，琵琶湖保全再生計画がその達成効果を高めていくためには，ここ20年ほどの間に展開してきた関連事象と研究成果を計画の構成と展開に活かしていくことが求められよう．ここでは紙幅の関係で詳細には立ち入れないが，関連事象を素描しておこう．

琵総終結後の事象として関わりがあるのは，① 水政策をめぐる動き，② 生物多様性保全をめぐる動き，③ 地域政策をめぐる動き，の３点である．

①については，1997年の河川法改正とそれにもとづく各水系の河川整備計画が策定されるようになったことが関連する．淀川水系では，2001年から全国に先駆けて淀川水系流域委員会が立ち上がり，従来にない情報公開のもとで淀川水系に関わる事項が議論された．この委員会の中には琵琶湖部会も設置されて検討が進められているので，ここでの議論の成果は琵琶湖保全再生計画のあり方を考察するうえで参考となる．さらに，2014年には水循環基本法が成立し，これにもとづいて2015年に水循環基本計画が策定された．これを実行するために，流域水循環計画を策定し実践するモデル地域が指定されている．琵琶湖保全再生計画にとって重要な関わりがあるが，具体的な検討は今後の課題としておきたい．

②については，1992年に成立した生物多様性保全条約をめぐる動きが，日本

では21世紀に入ってから環境と開発に関わる事象に直接・間接の影響を拡大させている．2008年に成立した生物多様性基本法と一連の生物多様性国家戦略の策定，さらに都道府県レベルでは環境基本計画の改正や生物多様性地域戦略の策定が進み，これが地域計画の策定にも作用するようになっている．ラムサール条約にもとづく環境施策と生物多様性保全に関わる施策が強い関連をもつことは前節で指摘したところであるが，琵琶湖保全再生計画にとっても関連は強い．

③については，2005年に日本の地域政策の根幹をなしてきた国土総合開発法が国土形成計画法に改正された．これによって，国土計画が目指してきた方向と内容は大きく変わっている．国土総合開発法は地域開発の推進力となってきたが，国土形成計画法ではその性格は変わり，環境保全を柱に取り込んだ構成となっている．さらに，国土形成計画は全国計画と広域地方計画に分かれ，近畿圏を対象とする第1次の広域地方計画が2009年に策定された．2015年には，改訂されて第2次の広域地方計画が成立している．こうして，大都市圏政策を支える法制度が琵総終結時とは大きく変わっている．さらに，2010年には，関西広域連合が設立された．いわば下からの広域圏を目指す動きである．こうした地域政策をめぐる組織や制度の変化を，1節で述べた課題といかに接合させていくかが，琵琶湖保全再生計画のパフォーマンスを高めるうえで重要となってこよう．

注

（1）　琵琶湖保全再生法は，第四条で国が財政上の措置を講じることを謳い，第五条で地方公共団体が琵琶湖保全再生計画を達成するために地方債を起こす場合には特別の配慮をすると謳っている．さらに第六条では，事業実施に関し，国が必要な資金の確保に努めなければならないと規定している．ただ，同法は議員立法で，主務大臣は総務，文部科学，農林水産，国土交通，環境の5大臣となっているため，運営の仕方によっては責任が拡散することにもなりかねない．

（2）　滋賀県が，琵琶湖保全再生計画の計画期間を4年間としているのは，後述する現行の第2期マザーレイク21計画（琵琶湖総合保全整備計画）が2020年度末で終結するので，2021年度からは琵琶湖保全再生計画とマザーレイク21計画を統合しようと企図しているためである．

（3）琵琶湖・淀川水系における上下流間の地域的対抗関係を扱った文献として，ここでは① 琵琶湖総合開発を進めた主体による文献［近畿地方建設局・水資源開発公団 1993：659］，② 上流の立場でまとめた文献［滋賀県史編さん委員会 1974：513-718］，③ 研究者による文献［Nakamura, Ogino, Akiyama and Moriya 2012: 371-417］をあげておく．

（4）第二次世界大戦前に，当時の内務省が河川の総合的な開発を企図し始め，これを河水統制とよんでいた．1937年に全国の64河川について調査が始まり，淀川では1940年に淀川河水統制計画がまとまった．いわば最初の淀川水系における水資源開発ともいうべきものである．第二次世界大戦中の1943年に淀川第１期河水統制事業が始まり，戦後の1951年に終了した．戦後，この事業にもとづいて琵琶湖の水位を下げたことがあるが，障害の発生に対する補償はあまり行われなかった．これが，治水に加えて利水の面でも，滋賀県が上流域への配慮を求める契機となった．

（5）緑地の保全については，以下のような踏み込んだ記述をしている．

⑴ 湖辺域における環状緑地ネットワークの整備

ア．湖辺緑地の整備

イ．内湖の緑地としての整備

ウ．自然型湖岸への再整備

エ．水底の生息環境の整備

⑵ 河川・水路等における放射状ネットワークの整備

ア．多自然型の河川改修

イ．多自然型への農業用排水路等の再整備

（6）第２期琵琶湖総合保全学術委員会の役割は，第１期マザーレイク21計画の事業内容を評価し，第２期以後の計画について，改訂の必要がある場合には提言するというものであった．

（7）滋賀県琵琶湖研究所で1980年代半ばから始まった湖岸研究プロジェクトでは1991年に報告書をまとめたが，21世紀に入って同一対象に関する資料を収集・整理し，20余年間に変化した両者を比較・分析した書籍をまとめた［西野・秋山・中島編 2017：248］．琵総終結時には景観生態学的な研究の蓄積がまだ不十分であったが，現在では琵琶湖の保全再生策を構想するのに必要な手がかりが整理されている．

参考文献

〈邦文献〉

秋山道雄［2009］「多様化と構造転換のなかの地域政策」『経済地理学年報』55(4).

秋山道雄［2017］「ラムサール条約湿地としての琵琶湖――登録が果たした機能を中心に――」『地理科学』72(3).

近畿地方建設局・水資源開発公団編［1993］『淡海よ永遠に　琵琶湖開発事業誌〈Ⅰ・Ⅱ〉』近畿地方建設局・水資源開発公団.

国土庁大都市圏整備局・環境庁水質保全局・厚生省生活衛生局・農林水産省構造改善局・林野庁指導部・建設省河川局［1999］『琵琶湖の総合的な保全のための計画調査報告書　本編　資料編』国土庁大都市圏整備局・環境庁水質保全局・厚生省生活衛生局・農林水産省構造改善局・林野庁指導部・建設省河川局.

滋賀県［1997］『琵琶湖総合保全整備計画の在り方』.

滋賀県［2017］『琵琶湖保全再生施策に関する計画』.

滋賀県史編さん委員会編［1974］『滋賀県史　昭和編　第二巻行政編』滋賀県.

滋賀県琵琶湖研究所［1991］『琵琶湖湖岸の景観生態学的区分』滋賀県琵琶湖研究所.

琵琶湖総合保全学術委員会［2010］『マザーレイク21計画（琵琶湖総合保全整備計画）第1期の評価と第2期以後の計画改定の提言』.

西野麻知子・秋山道雄・中島拓男編［2017］『琵琶湖岸からのメッセージ　保全・再生のための視点』サンライズ出版.

山下　淳［1999］「近畿圏整備制度からみた琵琶湖の総合保全について」，阿部泰隆・中村正久編『湖の環境と法』信山社.

〈欧文献〉

Nakamura, M., Ogino, Y., Akiyama, M., and Moriya, K. [2012] "Evolving History of Lake Biwa and Yodo River Basin Management," in H. Kawanabe, M. Nishino and M. Maehata eds., *Lake Biwa: Interaction between Nature and People*, Springer.

（秋山 道雄）

第3章

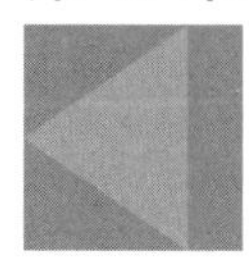

琵琶湖とその「乳母」たち
——流入河川の存在意義を考える——

読者の皆さんは，本章のタイトルを見られて「琵琶湖は母ではないのか．乳母とは誰のことか」という疑問をもたれるかもしれない．「琵琶湖に流入する河川」が琵琶湖の「乳母」であるというのが本章での位置づけであり，主張である．なぜ流入河川が乳母になるのかという疑問に答えることを通して，滋賀県が数多くの流入河川と琵琶湖とを抱えていることの意味について考えてみたい．

1 なぜ流入河川に注目するのか

(1) 流域の〈入れ子〉構造と流域思考

河川には全体流域があり支流域がある．そして，その支流域も一つの流域を形成している．長良川（岐阜県）には吉田川という大きな支流があり，それは琵琶湖への流入河川よりも水量豊富である．そういう支流も，源流域があって，中流域があって，長良川本流に合流するところ（河口部）には郡上八幡町の街並みが広がる小さな盆地がある．これも一つの流域である．

鶴見川（神奈川県）や小網代（同県三浦半島）の流域保全活動を行なっている岸由二は，「源流に当たるところでは緑を守り，中流では貯留池を工夫し，下流では浸水危機に対応するということが大事だ」と言う．そして，それが流域の生物多様性の保全・回復と治水の工夫に繋がっていくと主張している．彼は，こうした考え方を「流域思考」という言葉で表現し，一つの流域の中にさらに中小の流域があるという構造を，「流域の〈入れ子〉構造」と呼んでいる[(1)]．

(2)　琵琶湖の位置づけ――〈流入河川―琵琶湖―淀川〉の関係の下で

琵琶湖が属している淀川流域について考えてみよう．淀川流域は，木津川，桂川，そして琵琶湖の三流域に分けられるが，木津川と桂川の両流域を取りあえず無視するならば，淀川の源流域は，琵琶湖へ流入する姉川，愛知川，日野川，野洲川，安曇川などの河川で，琵琶湖は中流域の貯留池という位置づけになる．

琵琶湖は〈琵琶湖の治水と淀川下流域の治水・利水〉という対立構図の下で長らく語られてきた．琵琶湖の水が流出する瀬田川にはかつて大量の土砂が堆積し洪水の疎通が悪く，大雨が降ると琵琶湖の水位が上昇し，琵琶湖沿岸域は水害にしばしば見舞われてきた．江戸時代には，1670（寛文10）年に「長年にわたる近江の人々の嘆願が叶い，最初の瀬田川の川浚えが許された」が，「不幸にも，その4年後，下流域が未曾有の大洪水に見舞われることになり，この時期から，治水をめぐる琵琶湖農民と河内農民との利害が真っ向から対立し始めることになる」．1699（元禄12）年にも瀬田川の浚渫が行なわれたが，その後は，「下流の反対や軍事上の理由から幕府がなかなか瀬田川の浚渫を認めず，シジミ取りにこと寄せて川浚いを行うことが続けられた」[(2)]という．下流に位置する「天下の台所・大坂」の治水が優先され，琵琶湖は中流域の貯水池，洪水の貯水池として位置づけられていたのである．

しかし，1885（明治18）年には大雨により +2.71 m，さらに1896（明治29）年には +3.76 m も水位が上昇した．3.76 m と言えば民家の二階にまで水が侵入してくる水位で，琵琶湖沿岸域では，家と家の間を舟で行き来するまでの悲惨な水害となった．これらの水害が契機となって南郷洗堰が作られることになる（1905（明治38）年完成）．

戦後には，琵琶湖を一変させる大規模な琵琶湖総合開発事業が1972年から1997年まで25年間の長期にわたって実施され，長年の懸案であった〈琵琶湖の治水と淀川下流域の治水・利水〉という対立構図の解消が図られた．

このように，琵琶湖が語られるときには常に淀川下流域との関係が焦点化され，その結果，琵琶湖とその流入河川の関係においては，圧倒的に〈琵琶湖優位の価値序列〉が定着してきた．言い換えれば，「流域思考」の下では淀川の源流域として重要な位置づけを与えられるべき流入河川が，琵琶湖に比べて明らかに軽視されてきたのである．こう述べることは，琵琶湖の価値を低く見ようと意図したものではないが，従来のように琵琶湖を過度に重視することも危険であると言えよう．流入河川に対する琵琶湖優位の価値序列の相対化が，琵琶湖自身の冷静な分析のためにも是非とも必要である．

2　琵琶湖と流入河川の関係

(1)　琵琶湖にとっての流入河川の存在意義――自然科学的観点から

琵琶湖と流入河川の関係を自然科学的観点から考えていくと，まず挙げられるのが先程述べた洪水による水位上昇と，渇水による水位低下（たとえば，1994年の－1.23 m の水位低下）である．流入河川から大量に水が流れ込むと，琵琶湖沿岸域は水害に見舞われるし，少雨で流入量が少ないと琵琶湖は干上がっていく．1994年の渇水時には，－1.23 m の水位低下の結果，湖東の一部地域でははるか沖合まで干陸化し，広大な干潟が出現した．このように琵琶湖は流入河川に直接依存して生きている．

他には，雪解け水による湖底への酸素供給が挙げられる．近年温暖化が進んで降雪量が少なくなり，源流域に豪雪地帯を抱える姉川や高時川などの河川から琵琶湖に流入する冷水が減少し，貧酸素状態が湖底で進んでいる［岡本ほか 2006］．流入河川が酸素を送り込まなければ琵琶湖は死んでいく．

もっと長いタイムスパンで見ると，流入河川による内湖の形成が挙げられる．琵琶湖にとって内湖は生物多様性の揺り籠のような場所であり，西の湖がラムサール条約に2008年に追加指定されたが，その西の湖は，大中の湖が干拓される以前には，大中の湖を介して琵琶湖と繋がっていた（図3-1）．そして，その大中の湖や西の湖はかつては恐ろしいほどに沢山の魚を沸き立たせていたという(3)．

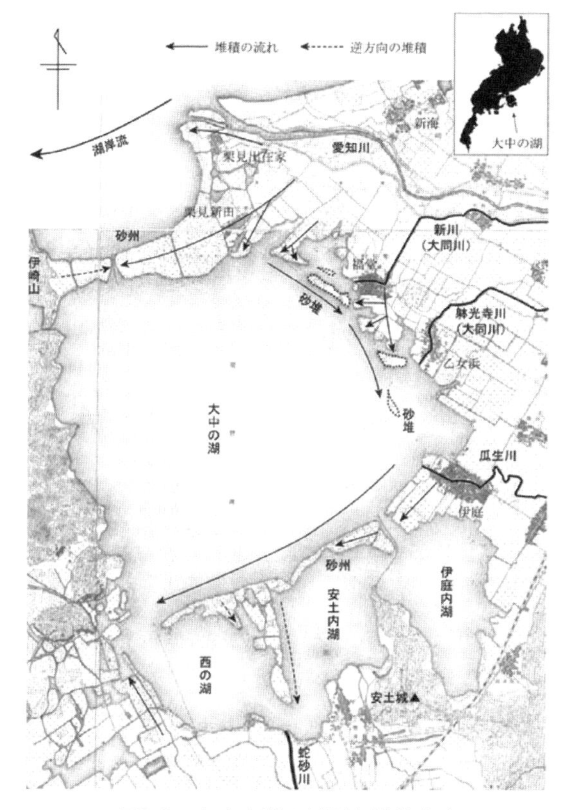

図3-1　大中之湖の地形と堆積方向

（出所）明治26年測量地形図（「沖ノ島」「葉枝見村」「能登川」「八幡」）をもとに古関［2014］が作成.

滋賀県も現在では内湖再生の取り組みを始めている［滋賀県 2013］が，そもそもこの内湖を作ったのは誰かというと，まさに流入河川なのである．大中の湖や西の湖を作ったのは愛知川である．愛知川から流れ出てきた土砂が琵琶湖の流れに乗って南下し，砂州を作り，内湖が生まれたのである［古関 2014］．琵琶湖の生物多様性の土台となる内湖を作ったのは，流入河川であり，その点においても流入河川は琵琶湖にとって重要である．

琵琶湖の生態系にとっての流入河川の直接的な重要性も挙げられる．一つには，流入河川が大量の有機物を琵琶湖に送り込み，琵琶湖の生態系を維持させていることである．これについては多くを語る必要がないであろう．やはり「森は琵琶湖の恋人」なのである．現代からすれば信じられないかもしれないが，かつては琵琶湖の富栄養化を少しでも進めようと，糞尿（有機物）が琵琶湖に撒かれ，魚類の増殖が図られていたという(4)．

もう一つは，毎年毎年繰り返されるアユ，ビワマス，ナマズ，モロコやフナなどの大小の河川や水田に遡上しての産卵である．流入河川がなかったならば，ビワマスのような固有種も命を繋いでいくことが難しくなる．

それからネガティブな影響ということでは，河川からの汚染物質や過剰な富栄養化物質の流入の悪影響が挙げられる．1979年に石けん条例（琵琶湖の富栄養化防止に関する条例）が滋賀県で制定されたが，この条例は，流入河川から琵琶湖にもたらされる汚染物質や富栄養化物質に対する対策として制定された．

(2)　琵琶湖流入河川の比較――なぜ愛知川流域を研究するのか

以下では，琵琶湖に流入する主要河川の中で，湖東平野を流れる愛知川を主たる対象として議論を進めることとする．表3-1は，主要流入河川の比較表である．流域面積では，姉川が421 km^{2}で最も広く，愛知川はおよそ半分の214 km^{2}である．計画流量というのは，単純化して言うならば，洪水のとき，この川には水がこれだけ流れる，だから治水のためにはこれくらいの高さの堤防が必要であるというのを計算する基準となる河川流量である．

注目すべきなのは，姉川の計画流量が2400 m^3/s であるのに対して，愛知川は3000 m^3/s あり，姉川よりも大きいことである．流域面積は姉川の半分なのだが，計画流量は大きい．愛知川は，流域面積に比して計画流量が大きい，すなわち水害を引き起こす可能性の高い「暴れ川」であるということになる．

愛知川は古来よりあばれ川として知られて，その河床は何回も場所を変え

表3-1　主要流入河川比較表

河川名	流域面積 (km²)	計画流量 (m²/s)	人口 (人)	氾濫面積 (km²)
姉川	421.49	2400	68900	88.3
野洲川	415.00	4500	188600	153.5
安曇川	312.65	2100	19100	2.9
日野川	217.58	1900	26000	34.0
愛知川	214.52	3000	68200	72.0
大戸川	193.21	550	4400	7.9
天野川	115.32	1300	14600	23.8
犬上川	111.38	1600	31400	19.9

（出所）内藤正明編［2012］『琵琶湖ハンドブック（改訂版）』（滋賀県琵琶湖環境部環境政策課）ならびに滋賀県［2009］『滋賀県の河川整備に関する方針』をもとに林珠乃（龍谷大学理工学部）が2016年度龍谷大学里山学研究センターシンポジウム配布資料として作成.

ています．これは年々上流より運んでくる土砂が積もり，河床が高くなり，洪水が堤を破って流出し，流れを変えた結果です.[5]

「現在の河床は少なくとも，寛文（1661年～1672年）の開拓の結果できた，栗見新田村の開村以前と考えられて[6]」（括弧内引用者）いるが，古関［2014］は，1544（天文13）年に近畿地方を襲った台風の大風雨によって，当時は神崎郡と愛知郡の郡界当たりを流れていた愛知川が現在の川筋（河床）に移動したと推測している．そうであるならば，相当以前から愛知川の川筋（河床）は変わっていないことになる．愛知川はたしかに暴れ川で破堤はするが，川筋そのものは，地球史ではなく人間の歴史から見れば，比較的安定した川だと言えよう．

(3)　愛知川の集水域と「分散域」——扇状地や内湖の形成

図3-2を見れば分かるように，愛知川の集水域は他の流入河川と比べて扇頂部（扇状地の頂部）に抜け出した後，非常に細くなる．たとえば野洲川や姉川，

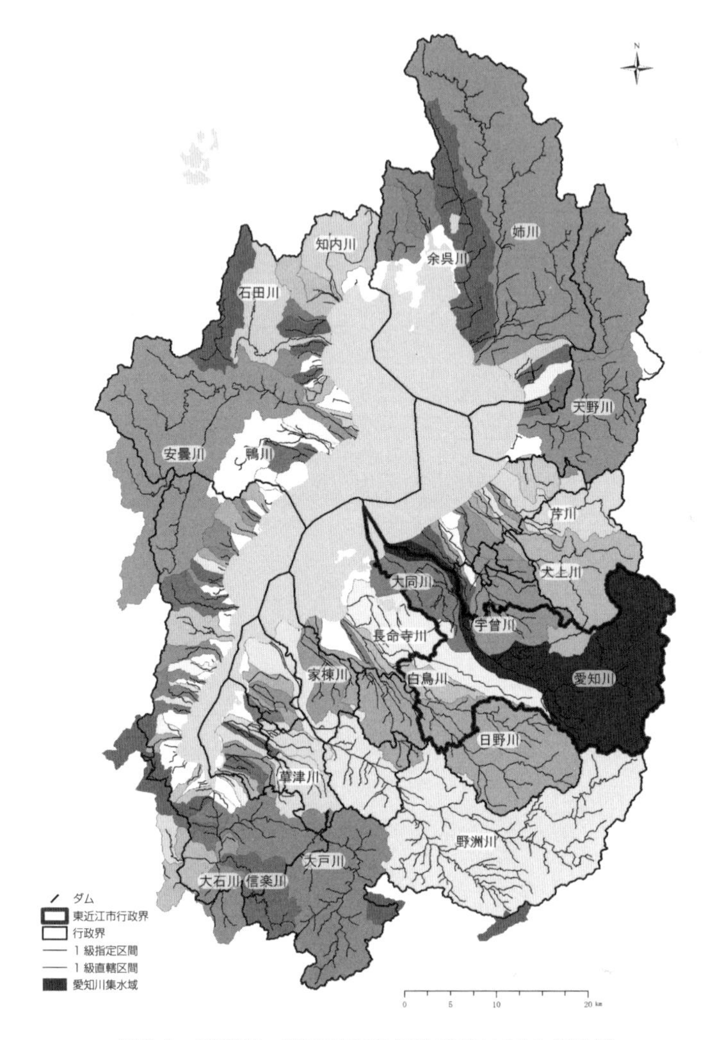

図3-2　琵琶湖・瀬田川流入河川の集水域と行政界

（出所）林珠乃（龍谷大学理工学部）が2016年度龍谷大学里山学研究センターシンポジウム配布資料として作成.

安曇川でもそれほど細くはならない．他の流入河川と比べて，扇頂部から下流で極端に狭窄化するというのが愛知川の特徴である．これは愛知川が扇頂部から最下流部までかなりの天井川となっており，流入する支流がほとんどないからである．

たしかに愛知川の集水域は扇頂部から下流で極端に狭窄化している．しかし，愛知川が周辺に及ぼしてきた影響は大きい．愛知川は，長い年月をかけて広大な扇状地を形成してきた．それは，愛知川ハザードマップの浸水域（図3-3）が広大であることに間接的にではあるが示されている．そして，その扇状地の地下には豊富な伏流水（地下水）が眠っている．また，愛知川を水源とする農業用水路網が縦横に発達しており，扇状地下の伏流水を汲み上げる井戸も数多く存在している．さらに，すでに述べたように愛知川は大中の湖などの内湖をも形成してきた．

これらのことから愛知川が扇頂部から下流においていかに大きな影響圏をもっているかが分かる．この影響圏をここでは「分散域」と呼んでおこう．愛知川は，この「分散域」を含めれば，「集水域」で表わされる流域よりももっと大きな流域を所有していると考えることができるよう．

なお，「分散域」という概念は学術上は存在しないが，「分散域」を定義するならば，それは，「洪水や通常の河流あるいは各種用水路などによって，土砂や河川水が扇状地や砂州として，また地下水や農業用水として分散される範囲」ということになろう．この「分散域」は，河川の分流（派川）が及ぶ範囲（派川域）よりも広くなる可能性がある．

3 水が生み出す豊かさ
——愛知川下流域の産業と文化——

(1)　有数の米作地帯と文化

滋賀県には，野洲川，日野川などによって形成された湖南平野と，愛知川，

図3-3　淀川水系愛知川浸水想定区域図（総括版）
（出所）彦根市防災マップ彦根市防災マップ（http://www.pref.shiga.lg.jp/h/ryuiki/suibou/files/echigawa100.jpg, 2017年3月1日閲覧）.

犬上川などによって形成された湖東平野があり，それぞれ古くから有数の米作地帯として知られている．渡来人がすでに灌漑施設を造っていたと言われている[(7)]．

愛知川流域はこのように米作の一大中心地だったが，農地が扇状地にあることから水不足に昔から悩まされてきた地域でもあり，それゆえに水争いの絶えなかった地域でもあった．そうした争いを調停するシステムとして「郷祭り」

と呼ばれる祭りが発達してきた．すなわち用水の競合と惣村連合の関連の下で，複数村落による神社祭祀である「郷祭り」が発達していった［市川 2015］．複数村落間の用水秩序（序列）が祭りにおいて毎年確認されてきたのである．

それから，堰を設けることなく河川から取水する「底樋」のシステムが注目される．川の外側から河床の下までトンネルを掘り，川から染み出てくる水を底樋から取水するという天井川ならではのユニークなシステムである．この底樋から取水された水は，用水路に水が流れる街並み景観を形成し，人びとに潤いを与えてきた．そうした底樋が現在でも愛知川下流部右岸（彦根市）側の服部町（瀬首井），本庄町（落尾井），田附町（湯の花井）には残されている(8)．

(2)　伏流水と産業

伏流水を活かした伝統産業としては，「近江上布」が挙げられる．麻の栽培と麻織物の生産が愛知川流域ではかつては非常に有名であった．愛知川の豊かな水と適度な湿気が，麻の栽培と麻織物の生産を支えたのである(9)．それと，忘れてはならないのが酒造業である．滋賀県の酒は全国的に見れば有名ではないが，愛知川流域にはおいしい酒を造っている酒蔵がいくつもあり，またUCCなどの飲料水メーカーも豊かで良質な地下水を求めて工場を設置している．

おわりに
――「母なる湖」という比喩を無効にしないために――

流入河川の一つである愛知川を主たる対象として以上に述べてきたことから明らかなように，流入河川と琵琶湖との関係は，流入河川が「乳母」で，琵琶湖は「大きな赤ん坊」であると比喩的に表現することができる．われわれが琵琶湖への流入河川に注目するのは，琵琶湖に流入する河川が「大きな赤ん坊」である琵琶湖を維持し育てる「乳母」だからだ，と言うことができよう．「乳母を健全化し，大きな赤ん坊である琵琶湖を健やかに育てる」という発想が必要なのである.

ところで，琵琶湖については「母なる湖」という比喩が現在では広く知られているが，そうした比喩が実際には無効になりつつある．嘉田由紀子は知事在職中に次のように述べている．「400万年の悠久の歴史の中で，固有で多様な生態系を育んできた琵琶湖は，私たちに幾多の試練とともに豊かな恵みをもたらしてきました．私たちの心のよりどころとして大きな存在である琵琶湖を，私たちは畏敬と思慕の念を込めて“母なる湖”と呼んでいます」［嘉田 2011］と．こうした考え方がマザーレイクという滋賀県の政策タイトルにもなっているのだが，かつては大いに繁栄した湖上交通は今や衰退し，琵琶湖の固有種を対象としてきた漁業は，琵琶湖の「人造湖」化を押し進めた琵琶湖総合開発事業の影響やブラックバスやブルーギルなどの外来種の侵入などによって今や衰退しつつある．それから水質悪化による人びとの琵琶湖離れもある．大津市中心部周辺の南湖で遊泳する人を見かけることはもはやない．滋賀県民にとって琵琶湖は遠い存在となりつつあり，「母なる湖」とは呼びづらくなりつつある．

それでは，母なる琵琶湖の子どもというのは誰なのかと言えば，それは水資源（上水道用水など）を享受する下流域の京阪神地域の住民や企業ということになろう．すなわち琵琶湖と滋賀県民との間では母と子どもという関係が日常生活では以前ほどには強く感じられなくなり，琵琶湖と淀川下流域の人びとと間で，何かよそよそしく冷たい母と子どもの関係あるいは誰が母なのかさえ知らないような関係が成り立っているということになろう．

滋賀県民にとって琵琶湖が身近なものでなくなり，琵琶湖と下流域の人びととの関係も希薄であるからこそ，「母なる湖」という比喩が，滋賀県民に対しても，また下流の人びとに対しても声高に叫ばれねばならないとも言えよう．

そうであるならば，淀川の源流であり，なおかつ琵琶湖の生命線でもある流入河川について考えることが重要となる．琵琶湖への流入河川は，琵琶湖だけのものではない．「森は海の恋人」［畠山 2006］運動は，気仙沼湾（宮城県）とその流入河川の源流域の森との間に新たな互恵的関係を切り開いた．これと同様の可能性が，琵琶湖への流入河川，すなわち淀川源流に注目することによって淀川流域においても開かれるはずである．初めに述べた「流域思考」が淀川流域においても切に求められているのである．

注

（１）「今週のインタビュー #291：地球に暮らしなおすための地図を手に入れろ／岸由二さん（慶應義塾大学経済学部教授）」『MAMMO.TV』「（http://www.mammo.tv/interview/archives/no291.html, 2017年３月１日閲覧）．岸の「流域思考」に関しては，岸［2013］も参照．

（２）井手慎司「琵琶湖の湖沼管理の歴史」（http://csspcat8.ses.usp.ac.jp/ses/kyouin/shakei/ide/Weslec03.pdf, 2017年10月29日閲覧）．琵琶湖と淀川下流域の関係については，淀川百年史編集委員会［1974］を参照．

（３）「干拓前の内湖を知る年寄りたち」は，かつての内湖の情景を惜しみながら，次のように語っている．（「西の湖について」『西の湖自然農』http://www.nishinocoshizenno.net/katsudo.html）

「澄み切った水，砂地の湖底にはコウガイ藻が生え烏貝，泥貝，池蝶貝そしてシジミが砂から顔を出す．〈中略〉菜種の頃になると琵琶湖から産卵のために来たモロコが雪解け水によって冠水した田に音をたてて遡ってくる．ヨシ原の岸辺の柳の根には卵を産み付けようと群がるメスのモロコと受精させようとするオスのモロコが重なりあって山をつくる」．

（４）淡水域での糞尿散布による魚族の増殖については，古林［1992］を参照．

（５）能登川町総合文化情報センター「西村助之丞――栗見出在家の開村の恩人」『ふるさと百科／能登川てんこもり【風土と歴史】』（http://notohaku.com/acic/tenkomori/forlink.htm, 2017年３月１日閲覧）．

（６）注（５）と同じ．

（７）たとえば，高橋［1998］を参照．

（８）西村久子［2013］「愛知川伏流水の復元について」『西村久子／県政報告』第43号．彦根市本庄地区については，市川［2010］ならびに吉井［2000］を参照．

（９）近江の麻（http://shiga-motherlake.jp/news/523.html，2017年３月１日閲覧）．

参考文献

畠山重篤［2006］『森は海の恋人』文藝春秋社．
古林英一［1992］『魚類養殖業の経済的研究』（京都大学農学博士論文）．
市川秀之［2010］「湖東地域における集落内水路の機能とその変化」『人間文化』（滋賀県立

大学)，27号.
市川秀之［2015］「湖東地域における複数村落による神社祭祀」『人間文化』(滋賀県立大学)，38.
嘉田由紀子［2011］「はじめに」『マザーレイク21計画第２期改定版』滋賀県.
岸由二［2013］『「流域地図」の作り方』筑摩書房（ちくまプリマリー新書).
古関大樹［2014］「愛知川の氾濫と安土城築城期の大中の湖」，宮本真二・野中健一編『自然と人間の環境史』海青社.
岡本高弘他［2006］「暖冬に伴う北湖深層部における溶存酸素濃度等の変動」『滋賀県琵琶湖・環境科学研究センター試験研究報告書（H18)』滋賀県.
滋賀県［2013］『内湖再生全体ビジョン――価値の再発見から始まる内湖機能の再生――』.
高橋誠一［1988］「滋賀県における大規模条里周縁部の条里型地割二例――マキノ町と日野町の事例――」『滋賀大学教育学部紀要――人文科学・社会科学・教育科学』No. 38.
淀川百年史編集委員会［1974］『淀川百年史』建設省近畿地方建設局.
吉井勘一［2000］「本庄地区の地形と水利――愛知川流域における水利用の役割と変遷――」，嘉田由紀子・古川彰編『生活再現の応用展示学的研究』琵琶湖博物館.

（田中　滋）

第 4 章

琵琶湖流域治水条例

はじめに

本章では，「滋賀県流域治水の推進に関する条例」（2014年 3 月）を取り上げる（以下「流域治水条例」等という；以下で条文番号のみを記す場合，同条例の条文を指す）．本条例は，治水対策として，河川流域での保水や遊水による減災を従来の治水政策に比して重視する「流域治水」の考え方を法制化したことで注目されている．

以下の検討では，条例制定時の滋賀県知事・嘉田由紀子らが提唱する「生活環境主義」を参照する．生活環境主義は，人と環境の「近さ」，「かかわり」を環境政策に取り込むことを志向する．里山学とは，自然との間で人間の営みが果たす意義に焦点をあて，持続可能な環境保全の途を実践的に探求しようとする（丸山［2007：10-21］を参照）点で視点を共有しており，「里川」という言葉も使われるようになってきている［鳥越ほか編 2006］．本章は，自然災害への人のかかわりが里山学において有する意義を問う試みでもある．

1 滋賀県の流域治水政策の位置づけ

(1) 治水政策の展開

日本の国土は全域にわたり勾配の急な河川に覆われ，また，沖積平野に人口の集積がみられることから，常に水害の脅威にさらされてきた．日本では，治水は，「古くて新しい課題」［高橋 2012：v］である．明治期以降の治水政策は，近代技術を用いた河川工事によって，洪水を完全に制御することを目指した点に特徴がある．連続堤防の整備，ダムの建設によって，洪水を堤内地に氾濫させることなく河道内をなるべく早く流過させることが政府の治水方針とされた［高橋 2008：123-130］．そこでは，従前の氾濫原利用の工夫や水防，伝統的な治水施設は，治水対策として十分な位置付けを与えられなかった．

近代的な治水工事により，河川の治水安全度が大きく向上したことは否定できない．しかし，河川施設の整備による治水には，次のような限界も認められる．まず，河川整備には時間を要し，施設の完成までは計画された治水安全度は達成されない．現在も多くの河川は整備途上であり，滋賀県でも10年確率降雨（10年に1度の確率で生じ得る量の降雨；以下同様）に対する河川整備率は，2009年度末で56％にとどまる（「滋賀県流域治水基本方針」6頁）．また，整備計画が前提とした流量を上回る洪水に，河川施設は対応できない．さらに，河川施設の整備により，流域の開発が促され，河道への流出量の増加や水害が発生した際の被害の拡大が生じる場合もあるとされる．

1960年代以降に都市型水害が頻発するなか，河川改修に依存する治水の限界への対応が求められた．1977年には河川審議会「総合的な治水対策の推進方策についての中間答申」が，1980年にはこれを受けた建設省事務次官通達「総合治水対策の推進について」が発され，「治水施設の整備を促進するのみならず，流域の開発計画，土地利用計画等と有機的に連携，調整を図る総合的な治水対策を講じる必要がある」（次官通達）という認識が示された．答申は，河川流域での保水地域・遊水地域の設定や，洪水氾濫区域の公示等を提言していたが，次官通達によるこれらの実現は不十分なものに留まった［安本 1988：49］．

近年では，気候変動に伴い豪雨の強度・頻度が増大するなか，総合治水を進展させるべく，河川審議会中間答申「流域での対応を含む効果的な治水の在り方」（2000年）が公表された．同答申は，従来からの河川改修と併せて，流域での雨水流出抑制対策，氾濫域での水害軽減対策を講じることで，効果的な洪水対策を目指すものであった．

滋賀県流域治水条例は以上のような河川政策の展開を背景とするものであり，

上記河川審議会答申等にみられる，全国規模では未だ実現されていない政策理念を制度化したものということができる（高橋［2003：155-160］参照）.

(2)　滋賀県の治水政策

滋賀県には，一級河川に限っても510もの河川があり，県全体が河川や水路によって網の目のように覆われている．近江盆地の地形的特徴から，県内の河川は短く急勾配で天井川も多く，洪水が生じやすいという地域特性がある（「滋賀県の河川整備方針」〔2010年〕7頁）．県内には，水害防備林，自然遊水地，霞堤（堤防に開口部を設け，氾濫水が遊水地に流れるように計画されたもの）・二線堤（堤防が決壊した際に氾濫の拡大を防ぐため，堤防の背後に2本目の堤防を築いたもの）等の伝統的な治水施設が多く残っている．このことが示すように，滋賀県域では，洪水が生じた場合に人命を守り被害を最小限に止めるよう，様々な工夫が伝統的に行われてきていたことがわかる［嘉田ほか 2010：36-37］.

他方で滋賀県は，高度経済成長のなかで都市化・工業化が進んだ地域を含み，次のような治水上の課題が生じていた．第1に，滋賀県でも，地域防災力が低下していることが懸念される．水害への関心・危機意識の低下，地域社会における水防の脆弱化が，県民のアンケート調査の結果としても窺われる［西嶌ほか 2010：62］．第2に，都市化の進展・開発圧力の増大により，霞堤内や自然遊水地でも宅地開発等が進められるなど，水害に対して無防備な市街化の進行が滋賀県でもみられる［嘉田ほか 2010：37-38］.

滋賀県の流域治水は，以上のような課題認識から，県民の間での水害リスク情報の共有や，水害を考慮した土地利用の誘導等を行い，総合的な治水の実現を目指すものである.

(3)　流域治水条例制定の経緯

嘉田由紀子は，2006年7月，「ダムだけに頼らない流域治水」政策をマニフェストに掲げ，滋賀県知事に就任した．嘉田知事の就任を受けて，同年9月，県土木交通部に流域治水政策室が設置され，流域治水の実現に向けた検討が開始された（以下について，嘉田［2012：142-145］，堤中［2015：46-47］等を参照）．

県では，流域治水条例の制定に先立ち，「滋賀県流域治水基本方針——水害から命を守る総合的な治水を目指して——」（以下「基本方針」）を策定した．基本方針案については，庁内の琵琶湖流域治水推進部会に加え，「流域治水検討委員会」での検討が行われた．同委員会は，県内市町が参加する行政部会・公募委員による住民会議・防災や法律の専門家による学識者部会からなる．2011年5月に確定された基本方針案は県議会での審議に付されたが，河川整備が後回しになることへの懸念や土地利用規制・建築規制に対する不満を受けて継続審議となり，2012年3月に修正案が可決された．

県では，基本方針の策定と並行して，県内各地点の水害リスクを示す「地先の安全度」マップ（下述）の作成に取り組んだ．県内各地点の想定浸水深等を示すこのマップの公表について，住民の不安をあおるとして反対の意を表わす自治体もあったが，県からの説明を重ね，2012年9月以降順次マップが公表された．

基本方針を法制化する流域治水条例案は，2013年9月，県議会に提出された．県議会では，河川整備の促進を求める意見や，罰則付きの建築規制に対する強い反対意見が出され，継続審議となった．嘉田知事をはじめ県は，関係市町や住民への説明を県内全域で繰り返すとともに，① 河川整備の必要性を明記する，② 建築規制の対象地域の指定に有識者等による審議会の同意を義務付ける，③ 罰則規定を当面適用しない等の修正を条例案に加えた．修正案による条例は2014年3月24日に可決され，2014年3月31日から施行された（建築規制等に係る規定の施行は2015年3月）．

2　流域治水条例の内容

(1)　流域治水条例の全体像

本条例は，上記基本方針を条例化したものと位置付けられる．基本方針は，滋賀県が推進する流域治水を，「どのような洪水にあっても，① 人命が失われることを避け（最優先），② 生活再建が困難となる被害を避けることを目的として，自助・共助・公助が一体となって，川の中の対策に加えて川の外の対策を，総合的に進めていく治水」と定義する（1頁）．

この流域治水を実現するための施策は，条例前文で次のように整理されている．

「水害から県民の生命と財産を守るためには，まず，河川の計画的な整備を着実に進めることが何より重要である．それに加えて，多くの県民が暮らしている氾濫原の潜在的な危険性を明らかにし，県民とその危険性の認識を共有することが必要である．

そのうえで，河川等の流水を流下させる能力を超える洪水にあっても県民の生命を守り，甚大な被害を回避するためには，『川の中』で水を安全に『ながす』基幹的対策に加え，『川の外』での対策，すなわち，雨水を『ためる』対策，被害を最小限に『とどめる』対策，水害に『そなえる』対策を組み合わせた『滋賀の流域治水』を実践することが重要である．」

ここでは，流域治水の施策として，河川整備を着実に進めることに加え，流域の保水機能・遊水機能の保持・強化や，避難体制の構築を総合的に進めるべきことが述べられている．

(2)　地先の安全度マップ

滋賀県の流域治水施策では，県内各地点の想定浸水深等により示される「地先の安全度」が各対策の基礎情報となる．滋賀県が作成した地先の安全度マップの特徴は，第１に，各地点の浸水予測にあたり，一級河川や中小河川に加え，雨水渠や農業用排水路等の氾濫も考慮した点である［辻 2015：48］．身近な水路の氾濫をも考慮した浸水予測マップの作成は，全国初の試みである．第２に，地先の安全度が，個々の治水施設の治水安全度ではなく，流域内の各地点での水害リスクを示すという点である．住民はこれにより，居住する場所等での水害リスクを認識することが可能となる．これについては，生活者の経験的実感を科学的に定量化したデータと性格付けることもできる［嘉田ほか 2010：33］．

地先の安全度マップは，2012年９月以降，市町ごとに順次公表された．条例８条により公表が義務付けられた10年確率降雨・100年確率降雨・200年確率降雨による想定浸水深に加え，県内各地点での床上浸水・家屋水没・家屋流失の発生確率，200年確率降雨時の最大流体力（水の流れが引き起こす力）も公表されている．

流域治水条例では，このマップの示す想定浸水深が土地利用規制・建築規制の基準に用いられる（下述）．また，条例では，宅地建物取引業者に対し，宅地・建物を売買・賃貸等する者に，当該宅地・建物所在地の想定浸水深等の情報を提供する努力義務を課している（29条）．地先の安全度マップの精度に関しては，2013年台風18号による降雨について，マップによる浸水予測と実際の浸水深が概ね合致することが確認されており［辻 2014：60］，条例による規制等の基礎情報とすることに正当性があると評価できる．

(3)　流域治水条例による土地利用規制・建築規制

流域治水条例は，洪水被害を最小限に「とどめる」対策として，以下のような土地利用規制・建築規制を採用した．

浸水予測の区域区分への反映

第１に，本条例は，市街化区域と市街化調整区域の区域区分（都市計画法７条）に「地先の安全度」を反映させる仕組みを採用した．条例24条は，10年確率降雨（時間あたり雨量50 mm に相当）で0.5 m 以上の浸水が想定される区域を，原則として市街化区域に含めないと規定する．0.5 m の浸水は家屋の床上浸水が生じる水準である．そのような被害が頻繁に発生する場所では家屋補修等に多大な経費を要し，生活再建が困難となる．この土地利用規制は，どのような洪水にあっても「生活再建が困難となる被害を避ける」という目的に資するものといえる（山下［2016：640］を参照）．

防災と土地利用規制が連携して進められるべきことは夙に指摘されてきた［安本 1988：49］．区域区分の技術的基準を定める都市計画法施行令8条も，市街化区域に「溢水，湛水，津波，高潮等による災害の発生のおそれのある土地」を含めないことを規定している．また，昭和45年1月8日建設省都市局長・同河川局長通達（都計発第1号，河都発第1号）も，「おおむね60分雨量強度50 mm 程度の降雨を対象として河道が整備されていないものと認められる河川のはんらん区域及び0.5 m 以上の湛水が予想される区域」を「原則として市街化区域に含めないものとする」としていた．条例24条は，これら既存法令とその解釈を活用し，まちづくりの局面で治水対策を行おうとするものである．

浸水警戒区域における建築規制

第2に，本条例は，大規模降雨の際に甚大な浸水が想定される「浸水警戒区域」について，住居等の建築制限（知事による許可制）を採用した．これは，建築基準法39条が規定する災害危険区域の制度を活用するものである（13条9項）．

浸水警戒区域は，200年確率降雨（時間あたり雨量131 mm に相当）での想定浸水深が3 mを超える地域について指定される（13条1項参照）．想定浸水深3 mは，平屋建て住宅等が天井の高さまで水没し人命被害発生のおそれがある水準であり（滋賀県「滋賀県流域治水の推進に関する条例（平成26年条例第55号）の解説」34頁），この建築規制の目的は，洪水の際の人的被害を避けることである［山下 2016：644］．

浸水警戒区域では，住宅等の建築物の建築について知事の許可が必要となる（14条1項）．許可制の対象となるのは，住宅，高齢者・障害者・乳幼児等が利用する社会福祉施設・学校・医療施設である．許可は，① 1以上の居室の床面または避難上有効な屋上の高さが想定水位以上であり，かつ，建築物の地盤面から想定水位までの高低差が3 m 未満であるか，想定水位以下の構造がコンクリート造又は鉄骨造である，② 同一敷地内に① に該当する建築物がある，③ 地盤面の高さが想定水位以上である等の要件を満たす有効な避難場所が付近にある等の場合に行われる（15条；社会福祉施設等については，①又は②の要件に適合するものでなければならない）．

この建築制限への違反については，罰則として20万円以下の罰金が規定されている（41条）．ただし，既述のように，条例制定過程での建築制限に対する強い反対を受けて，この罰則規定は「当分の間，適用しない」とされている（付則2項）．

浸水警戒区域を指定する際には，予めその旨を公告し指定の案を2週間の縦覧に供しなければならず（13条3項），対象区域の住民および利害関係人は，これに対して意見書を提出することができる（同4項）．また，この住民等の意見書の写しを添えて，関係市町の長および滋賀県流域治水推進審議会の意見が聴取されねばならない（同5項）．さらに，関係行政機関及び地域住民で組織される「水害に強い地域づくり協議会」が浸水警戒区域の指定に関する事項を協議するとされている（33条）．この協議会が，浸水警戒区域指定に係る地域の合意を形成する場となることが想定されている（西嶌ほか［2010：64］を参照）．

(4)　流域で雨水を「ためる」対策・洪水に「そなえる」対策

流域治水条例は，森林・農地や公園等の雨水貯留浸透機能の確保（10条，11条）や，洪水時に対する備え（28条），治水に関する調査研究，学習・訓練の推進（30条～32条），県民相互の連携（34条）について規定し，総合的な治水対策のなかに含めている．これらは，流域の保水能力を高め，また，住民・地域組織の水害への主体的な対応を活性化することで，洪水時の甚大な被害を回避することを目的とする．

3 流域治水政策の意義

(1) 流域治水条例への注目

以上にみてきた滋賀県の流域治水政策は，1970年代以降に国の河川審議会等でも表れた治水政策の変化を背景としている（1節（1）参照）．2015年1月の国土交通省「新たなステージに対応した防災・減災のあり方」も，施設による災害防御の限界（5頁），災害リスク情報共有の重要性（8頁），災害危険区域指定の促進や水害リスクを考慮した建築場所の誘導（13-14頁）等をその内容に含み，滋賀県の流域治水政策と方向性を同じくする．

そのようななか，滋賀県の流域治水は，全国的にも注目されている．他国において同様の治水政策がみられること［保屋野 2014：234-235］からも，現在の所与の条件（気候変動等による洪水規模の拡大，公財政が現実に治水に対して投ずることができるコスト等）で，流域治水は治水政策として「最適解」と評価できるように思われる．

以下では，環境社会学の分野で提唱されている「生活環境主義」を参照しつつ，滋賀県の流域治水に認められる意義を確認する．

(2) 生活環境主義と流域治水

生活環境主義は，1980年代以降，環境社会学の分野で鳥越皓之，嘉田由紀子らが提示してきたモデルであり，環境に関わる施策の実践にあたって，環境に接する当事者である「生活者」の認識を重視する立場である（鳥越［1992］，嘉田［1995］，古川［1999］等）．このような視点は，鳥越，嘉田らが，琵琶湖畔の集落での人々の生活と水のかかわりについてフィールド調査を行うなかから醸成されたものである［鳥越 1992］．

この調査では，県内の集落での水害対応の歴史についても，住民からの聞き取り調査が行われている［嘉田・古川 1992］．嘉田らはそこで，浸水地域の土地利用の工夫や自主的な水防体制により，洪水にあっても人の命や暮らしに対する甚大な被害を回避するしくみが伝統として受け継がれていることを知る．嘉田は，このような治水のあり方を「洪水折り込み型治水」と呼ぶ〔嘉田 2015：41〕．流域治水政策は，そのような伝統的な治水のあり方をとり上げて制度化し，治水に「生活者」の視点を取り戻そうとするものといえる．

他方で，生活環境主義に立つ論者は，近代技術によって人が環境に対峙すること自体を否定しない〔鳥越 1992：333-335〕．嘉田は，近年の日本の河川行政が，近代技術による河川の制御，地域住民の判断の重視，自然環境の保護を複合化しつつあるとする〔嘉田 2002：31〕．滋賀県の流域治水についても，例えば「地先の安全度」の設定等につき，河川工学の知見による基礎付けが与えられている〔瀧・松田・鵜飼・藤井ほか 2009；瀧・松田・鵜飼・小笠原ほか 2010；多々納 2015〕．

(3)　流域治水の実現

滋賀県では，流域治水政策が，条例の制定を経て，実現の段階に入っている．流域治水実現の一場面として浸水警戒区域の指定を取り上げると，2017年６月に県内で初めて指定を受けた米原市村居田地区では，避難計画の策定等に着手してから浸水警戒区域指定を地区として受け入れるまでに６年ほどの期間，水害に強い地域づくりに向けた取り組みを行う必要があったとのことである〔2017年２月24日朝日新聞朝刊〔滋賀全県〕〕．

このように，流域治水の実現には，個々の住民が主体的に治水にかかわるだけでなく，治水にかかわる自治的・伝統的な地域組織（これは，生活環境主義に立つ論者のいう「生活システム」〔古川 1999：144-145〕であり，また，ある種の「社会関係資本」〔鳥越ほか編 2006：87〕である）が保全，回復されることが不可欠である．滋賀県の流域治水がこの課題をどう解決していくか，今後も学問的関心を払う必要がある．

参考文献

嘉田由紀子・古川彰［1992］「水と村――琵琶湖治水史――」，鳥越皓之・嘉田由紀子編『水と人の環境史 琵琶湖報告書〔増補版〕』御茶の水書房．
嘉田由紀子［1995］『生活世界の環境学 琵琶湖からのメッセージ』農山漁村文化協会．
嘉田由紀子［2002］『環境社会学』岩波書店．
嘉田由紀子［2012］『知事は何ができるのか』風媒社．
嘉田由紀子・中谷惠剛・西嶌照毅・瀧健太郎・中西宣敬・前田晴美［2010］「生活環境主義を基調とした治水政策論――環境社会学の政策的境位――」『環境社会学研究』16.
嘉田由紀子［2015］「滋賀県流域治水条例における防災・減災観 日本最初の条例制定」『Bio city』61.
堤中富和［2015］「滋賀県流域治水の推進に関する条例――河川整備が先か条例が先か――」『自治実務セミナー』631.
高橋裕［2003］『地球の水が危ない』岩波書店．
高橋裕［2008］『新版 河川工学』東京大学出版会．
高橋裕［2012］『川と国土の危機 水害と社会』岩波書店．
瀧健太郎・松田哲裕・鵜飼絵美・藤井悟・景山健彦・江頭進治［2009］「中小河川群の氾濫域における超過洪水を考慮した減災対策の評価方法に関する研究」『河川技術論文集』15.
瀧健太郎・松田哲裕・鵜飼絵美・小笠原豊・西嶌照毅・中谷惠剛［2010］「中小河川群の氾濫域における減災型治水システムの設計」『河川技術論文集』16.
多々納裕一［2015］「災害リスク評価と都市づくり施策への反映」『都市計画』318.
辻光浩［2014］「滋賀県の流域治水の考え方」『環境共生』25.
辻光浩［2015］「滋賀県流域治水条例における“まちづくり治水”の取り組み」『新都市』69(11).
鳥越皓之［1992］「補論 方法としての環境史」，鳥越皓之・嘉田由紀子編『水と人の環境史 琵琶湖報告書〔増補版〕』御茶の水書房．
鳥越皓之・嘉田由紀子・陣内秀信・沖大幹編［2006］『里川の可能性 利水・治水・守水を共有する』新曜社．
西嶌照毅・西山康弘・瀧健太郎［2010］「水害に強い地域づくり――流域治水対策の取組――」『新都市』64(10).
古川彰［1999］「環境の社会史研究の視点と方法――生活環境主義という方法――」，船橋晴俊・古川彰編著『環境社会学入門――環境問題研究の理論と技法――』文化書房博文社．
保屋野初子［2014］「流域治水の時代へ 河川管理者よ，洪水とともに川の外に出よう」『世界』863.

丸山徳次［2007］「今なぜ『里山学』か」，丸山徳次・宮浦富保編『里山学のすすめ――〈文化としての自然〉再生にむけて――』昭和堂．
安本典夫［1988］「治水計画と土地利用規制」『法律時報』60(2)．
山下淳［2016］「流域治水と建築制限――滋賀県流域治水条例を素材にして――」，宇賀克也・交告尚史編『現代行政法の構造と展開』有斐閣．

（石塚 武志）

第5章

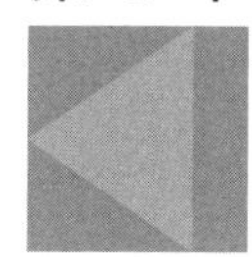

公衆の水への権利に向けて
——水法の法理論的課題——

1 水の公共財産性と権利性

2015年9月28日施行の「琵琶湖の保全及び再生に関する法律」(平成27年　法75) 第1条は,「国民的資産である琵琶湖を健全で恵み豊かな湖として保全及び再生」を図ることを目的の一つに挙げ, 2016年4月に施行された「水循環基本法」(平成26年　法16) 第3条2項は「水が国民共有の貴重な財産であり, 公共性の高いものであること」および「全ての国民がその恵沢を将来にわたって享受できること」を掲げ, 琵琶湖や循環する水が国民共有の財産であり公共性が高いことを明確に示し, 関係当事者間の連携を促した. しかし, 他方で, 国民または公衆の湖や湖水, 水に対する権利については明確ではない.

水に関する統一的な立法のないわが国では,「水法」の体系として, 利水, 治水, 環境という目的に着眼した法秩序が構想され [金沢 1967 : 1], あるいは管理対象や法手段の機能に応じて法体系が構想されるなど [須田 2006 : 47], 様々な試みがなされ, 新旧河川法がその中心的な役割を担ってきた.

旧河川法 (1896 (明治29) 年, 法71) は, 後述のように, 治水目的を中心に河川を中央集権的に国家が治め, 公共の利害に重大な関係のある河川, 敷地および流水から私権を排除した. 新河川法 (1964 (昭和39) 年, 法167) は, 治水に加え利水に主眼を置き, 従来の区画主義を改め水系一貫の管理体系をとった. 1997年の改正河川法は, 河川環境の整備と保全 (第1条) を目的に加え, さらに河川整備計画の原案を策定する際の関係住民の意見反映をさだめた (第16条の2, 4項). また, 2005年の改正湖沼水質保全特別措置法も, 湖沼水質保全計画の策定に際して指定住民の意見反映を盛り込むなど (第4条4項), 河川や水管理において住民参加が求められてきている．

また，国際的動向に目を向ければ，1992年のリオでの「環境と開発に関する国際連合会議」で採択された「アジェンダ21」[(1)]第18章では，「淡水資源の質と供給の保護：水資源の開発，管理及び利用への統合的アプローチの適用」が示され，そこで提示された７つのアジェンダの中には，「統合的水資源開発と管理」や「水資源，水質および水圏生態系の保護」が提示されるなど，循環する水資源の把握，生態系を含めた水の問題領域，水に関するガバナンスのあり方，学術的連携と並び，参加や説明責任，平等性など水を使う側の視点が示された［松岡 2004：6ff.］．

このように，水循環や流域管理の視点［三好 2007：12ff.］を含めた水をめぐる視野の広がりとともに，水に対する公衆の関わりや権利に向けた関心はますます高まっており，それに適合する水法理論の構築に向けた理論的課題と可能性を検討する必要がある．そこで，以下では，河川や水[(2)]に対する公衆の法的地位を権利ととらえ，その法理論的な構築のための課題を整理し克服のための視座を検討する．

2　法理論における課題

(1)　公物論

水や河川，湖，海などの自然の対象を把握する法律学上の議論として，「公物」論がある．

「公物」とは，「国・地方公共団体その他これに準ずる行政主体により，直接，公の目的のために供用される個々の有体物」であり，道路や公園のように，人の手によって加工されて公の用に供されている物は人工公物，河川や海岸のように，自然のままで公の用に供せられている物は自然公物とされる［原 1982：60-67；田中 1976：305；塩野 2012：361］．公物論は，公物の特質を行政主体により直接，公の目的に供用される有体物として，管理権の対象となるものであるところに見出され，私物と異なり，その目的を達成させるために必要な限りにおいて私法規定の適用を排除し，これに特殊な法的取扱をみとめる［原 1982：61］．また，水利権の性質をめぐる議論として関連する公水・私水論争があり，主として地下水や井戸水，湧水にはその土地の所有権の効力が及び，私水と性質付けされるに対して，河川や湖水などを含む一般的な水は公物としての公水と性質付けられ，公水使用権が水利権と解される［金沢 1967：81；宮崎 2011：132ff.］．

つぎに，公物が管理権者に一元的に帰属し特別の取り扱いをされる管理権の根拠については，「公物の所有権殊に国有の公物の上に存する国の所有権は，公の目的の為に其の物を支配し管理する権利であり，私権としてみるべきものではなく，国家的公権の一種であって，これを公法上の所有権又は公所有権と称する」とする「公所有権説」［美濃部 1940：782］，その目的を妨げない限りにおいて私法の適用を肯定する「私所有権説」［佐々木 1922：231ff；256］，管理権の根拠を所有権の効果に求めることをやめ，直接，「公物法（実体法又は慣行）の定めによって与えられるもの」とする「実定法説」［田中 1976：317］が提唱された．公所有権説の根底には，国家による物に対する絶対的で排他的な完全支配権としての「所有権」観念があることが指摘されているが［三浦 2007：163ff.］，その意義として，所有権概念の完全支配性を土台とすることで，所有権の発動を行政作用として評価し，支配権の内容に限定を加え物の性質に応じた活用をはかる管理権能をよりよく理解できるとされる［塩野 1991：318ff］．他方，公物管理に関する種々の法規にその根拠を見出す実定法説の場合，例えば実定法規の存しない「法定外公共物」の管理権の把握が困難となるだけでなく，より原理的なレベルでの法的根拠が問題となる［三浦 2007：162］．

河川の使用は，その法的性質に従って，自由使用，許可使用，特許使用に区分され，自由使用は，河川敷地での散歩・サイクリング，釣りなど，一般公衆が他人の使用を妨げない範囲でその使用をすることとされるが，公物論により，河川や湖，海，河水，湖水，海水など自然の対象物で公用に供される物は「自然公物」と把握され，許可ないし特許を付与する河川管理者に河川および水の管理権限を一元的に帰属させ，そのうえで，一定の「慣行水利権」を含め許可や特許によって特別に付与された河川の流水を使用する権利を「水利権」とし，それ以外の公衆の一般的な自由使用の利益はそもそも権利ではなく，「反射的利益」に過ぎないとされる．

反射的利益の侵害に過ぎないとされた場合，抗告訴訟などで訴えを基礎づける権利や法的保護利益の侵害はなく訴えが却下される［原田 1972：7；芝池 2006：263］．例えば，滋賀県琵琶湖のレジャー利用の適正化に関する条例（2012（平成24）年10月施行　滋賀県条例第52号）で外来魚を再放流してはならないとされていることに対し，そうした義務の不存在確認を求めた一般人の訴えにつき，裁判所は，「一般に，一般私人が琵琶湖のような公共用物（自然公物）を使用することによって享受する利益（いわゆる自由使用）は，特定人の公共用物の使用が特定の権利又は法律上の利益に基づくものであることを認めるべき特段の事情がない限り，公共用物が一般私人の使用に供されていることによる反射的利益にすぎず，当該私人が公法上の権利として当該公共用物を使用する権利ないし法律上の利益を有するものではない．」（大阪高判平成17年11月24日判自279号74頁）とし，そもそも公衆の確認を求める法的な地位自体を否定した．同様の例として，「長浜町入浜権判決」（松山地判昭和53年5月29日判時889号3頁）などがある．

このように，自然物である水が，「公の用に供される」ことで「公物」とされ，もっぱら公的管理に服することに対し，近年，行政過程における私人の地位が強化され，参加・協働の枠組みが拡大していることから見直されつつあり［塩野 2015：394ff.］，そのためには，河川や水の管理及び利用の権利の根拠を国の排他的・絶対的な「所有権」と捉える従来の枠組みを再検討しなければならない．

(2)　水に関する法の課題

このような法的枠組みに関し，日本の近代法の整備過程に遡る法史的検討や解釈論のための立法趣旨の検討がなされており［渡辺 1963；渡辺 1972；森 1990；七戸 1998a；1998b；宮崎 2011：139ff.；仲野 2016］，以下，必要な限度で概観する．

官民有区分

「地所名称区別改定布告」(1874（明治7）年，布告120）は，明治新政府が土地の官民有区分を行うため，官有地第三種に「山岳丘陵林藪原野河海湖沼池澤溝渠堤塘道路田畑屋敷等其他民有地ニアラサル」ものを編入することを定め，河川や海，湖沼であっても「民有の確証」がなければ「官有地」に囲い込み借地料等を課すなど「官有地」を国の私所有権の客体とする趣旨が示された［仲野 2016：59]．それに伴い，国有財産については，1890（明治23）年に「官有財産管理規則」(明治23年　勅135)，「官有地特別処分規則」(明治23年　勅275)，「官有地取扱規則」(明治23年　勅276）が相次いで制定され，「公共ノ用ニ供シタル官有地」と官有地を区別することで，原則的に官有財産を国の私所有物とする制度が一旦確立した．

旧民法

フランス法を範とした民法典（旧民法）(1890（明治23）年　法28　財産編）は，施行延期ののち現行民法へと修正されたが，河川や流水について重要な規定をおいていた．

まず，財産客体の物について，「所有に属するもの」として公産と私産を，「所有に属さないもの」として「無主物」と「公共物」を配置した（20条)．続けて，公産として国・公共団体が有する物を「公有」財産と「私有」財産に区別し，公有財産の管理については行政法に委ねた（21条)．公有物の範囲は，具体例が列挙され，国領の海，その海浜，舟筏の通る河川，掘割とその床地が示された（22条)．立法理由書によれば，公有を定める理由は，公有財産が原則上譲渡できず，時効にもかからない特別の性質を有するからとされ，その特別の性質は「国用ニ供セラルルノ一事」にあり，本法で「公有財産ニ関スル原則」を示した以上，明記していないものも本原則に従って判別すべきとした（民法理由書：63コマ)．国の私的財産のなかから「国用に供する」目的による特別の取り扱いをするものを括り出したといえる．また，公共団体の名義で金銭に見積もることができる性質の財産は私有と把握され，具体例として，「国，府県，市町村有ノ海潟，樹林，牧場」や国庫に帰属した私有財産が例示された（23条）．

他方，「所有に属さないもの」である「公共物」（25条）は，「空気，光線，流水，大洋」のように，何人の所有にも属することができず総ての人が使用することができるものとされた．立法理由書によれば，「公共物」の特徴は，各人が自由に使用でき，決して各人の専一な所有に属することができず，下流の水を汲み空気を吸うのと同じく，使用してもその一部の利益にとどまり，全部の所有権を得ることはできないものとされた（民法理由書：66コマ）．これに対し，例えば法典延期派の一人であった江木衷は，国家は公の河川について最高権を有するがゆえに河川管理をするのであり所有するからではないこと，海，海浜，公の河川は公共物であって何人も所有できないことはローマ法以来の学者の定説であると批判したが［江木 2008：93；98］，却って，旧民法における「公有物」が国家の私的所有に類似し，そもそも所有に属さない「公共物」とは明確に区別されていたことを明らかにした．

現行民法

ドイツの法典に範をとって編纂され編別を大きく変えた現行民法（1896（明治29）年　法89　民法第一編・第二編・第三編）では，旧民法典の財産規定のほとんどが削除され，河川や海，湖，水や河床についての規定は存在しない．旧民法財産編第20条の削除理由は，公の法人に属する物は全て「公有物」とするのが至当であるからとされ「公有物」に統一された［民法第１議案 1988：75-76］．公有物一般の法的性質は後述のように「官有財産」を意味するが，そもそも所有に属さない公共物の取扱いは不明である［七戸 1998b：48］．

ところで，旧民法では，土地所有権は「(1) 土地ノ所有者ハ其地上ニ一切ノ築造，栽植ヲ為シ又ハ之ヲ廃スルコトヲ得　(2) 又其地下ニ一切ノ開鑿及ヒ採掘ヲ為スコトヲ得……」（34条）とされ，土地所有者の権利を列挙するものであったが，現行民法では「土地ノ所有権ハ法令ノ制限内ニ於テ其土地ノ上下ニ及フ」（207条，法案時は210条）とされた．この修正は，水との関係でも大きな意味を持つ．すなわち，土地上を流れる水にも土地所有権の効力が及び，原則的に土地所有者のものとなり，それを回避するには除外規定を置かねばならないからである．実際，法典調査会（1894（明治27）年６月８日）でもこの点が問題とされた．委員から「河底」の所有権が「流水マデモ所有権ヲ及ボス」ことになれば航行などに支障があり，今まで慣習で流水は財産権の目的にならないとしてきたが，海や湖水でも除外規定が必要になると危惧が表明された．これに対して起草者の梅委員は，鉱物と同様で，「河底ハ一私人ノ所有物トナツテ居ツテモ其上ノ河水ハ航路ト看テ勝手ニ通行スルコトガ出来ル」という法令又は慣習があり，川底が国有の場合には，何人でも使用できるようになっているが，特別の法令や慣習がなければ私有財産と同様の「官有財産」の土地所有権の効力が及ぶと答えた［法典調査会 1983：760-768］．

こうして，自然公物に対する完全支配権である所有権を河川管理権の根拠とする考え方が成立し，地下水はもとより，河水や湖水も河底や湖底の土地所有権に従属する存在となり，水の利用については，特別の法令の除外規定または慣習の存在を前提として，独自の許可・特許による権利設定の問題に移行する．そこで，水に関する特別の法令としての「河川法」と慣行水利権の課題が浮上するが，それに先立って，完全支配権である土地所有権を制限する権利がどこまで許容されるのかにつき，「物権法定主義」という法制度が関わる．

物権法定主義

法律学上，実定私法上の財産に関する権利は，物を直接的・排他的に支配する権利としての物権と，特定の人にある行為をさせる相対的な権利である債権の二種類とされ，慣行水利権の承認は，特別に慣習を認める規定（法例２条）の解釈に委ねられるが，それ以外の水の利用は，特別法がなければ，許可，または契約上設定された地役権ないし債権としての権利に限定される．その法的な理由は，「物権は，この法律その他の法律に定めるもののほか，創設することができない」（民法175条）と「物権法定主義」にありという，自由な物権の創設が禁止されているからである．物権における公示の原則を貫くためあらかじめ物権の類型を定めておく方が適していること，封建制度的な権利を廃して単純明快な自由な所有権のためにわずかな制限物権だけを認めることが近世法の理想に適するため，入会権を除き慣習法で認めていた物権全部整理したとされる［我妻＝有泉 1983：25ff.］.

民法制定にあたり，起草者の富井委員は，物権という権利は全ての人に対抗できる強力な権利であるため，大抵の国では法律で限定していること，様々な物権が現れる弊害は大きいことなどを物権法定主義採用の理由に挙げ，慣習法上の物権に対する抑制的姿勢を示した［法典調査会 1988：58］．しかし，すでに詳細な検討があるように，物権法定主義を定めたドイツ民法では，民法施行法（EGBGB）第1条で各ラント法が留保され，地方の慣習法上の物権の効力を認められ，フランス法においても契約により新しい物権を創設しうると解されるなど，各国は必ずしも厳格な立場ではなく，日本の立法者でさえも必ずしも厳格な立場ではなかったといわれている［七戸 1990：585ff.；592；596；608］．既に正当に指摘されているように，慣習上の何らかの権利を認めることと物権法定主義とは本来，議論の次元が異なり，当事者間で何らかの「法律関係ないし権利の内容・属性」を問題にすれば足りるが［七戸 1990：609］，この法的思考枠組みのなかで新たな権利や慣習法が議論されてきた.

（旧）河川法

旧河川法では，河川は主務大臣が「公共ノ利害ニ重大ノ関係アリト認定シタ」河川であり（第1条），河川区域は地方行政庁が認定するなど（第2条），行政庁の職権に大きく依拠した構成であった．さらに，「河川竝其ノ敷地若ハ流水ハ私権ノ目的トナルコトヲ得ズ」（第3条）とされ，河川，その敷地，流水は私権の目的とならないとされた（現行河川法第2条2項も同旨）．立法理由書によれば，私権の目的から，「河川」を除外したのは，時効によって権利義務が発生すれば「公用ヲ害スル」からであり，河川の敷地と流水を除外したのは，「実際上河川其物ト同一体」でありこれに私権を与えると「間接ニ河川ニ私権ノ影響ヲ及ボス虞」があることと，河川の敷地および流水に多数の所有者が生じ所有権が錯綜し「河川行政ノ困難ヲ見ル」からとされた．さらにこれらは，「国有ニモ属セザルコト猶領海ノ如シ」とされた［河川法理由書 1985：4-5；渡辺 1972：137-146；七戸 1998b：41-42］．現行民法と異なり，敷地，流水を含め河川全体を私権の対象からから除外した．

次に，提案理由として，区々の旧慣のある河川につき利害が衝突しないよう統一法を設けること，今は「権利思想ノ発達シタ世ノ中」であるため取り扱いを簡便にすることなどが示されたが，議員から，この河川法は「農業上ニ容易ナラヌ影響ヲ及」ぼす怖れがあり，「河川ノ旧慣ニ対スル処分」をどう考えるか，また河川敷地上の民有地の私権をどうするのかなどの質問がなされた．政府委員からは，害のないものは許可を得ればよく，少しも旧慣を打破するものではないとされたが［河川法案第一読会 1980：426-427］，実際には，許可とは別に，「施行ノ際ニ現存スル」利用慣行については許可があったとする「みなし許可」（河川法施行規程第11条第１項）を定めることで，様々な慣行水利権を認めざるを得ないのが当時の実情であり，現実的に対応した判決も少なくない［三本木 1999：59ff.］．

こうして旧河川法は，当初から河川およびその敷地，流水に対する私権の排除を目的としており，河川に対する国家権力の強力な統制監督が進められたと言われるが［渡辺 1963：496；森 1990：255；田中 2014：227］，それは，第１には，強力な私権としての土地所有権と強力な行政権限の確立が両輪となっていたこと，第２に，慣行水利権など従来からある様々な水の利用慣行は，河川法の規定や物権法定主義をもってしても排除できない現実的な力をもっていたこと，第３に，河川，敷地，流水は，上述の「公物」論によりもっぱら行政管理権の対象に一元化されたかのようであるが，他方で，私権の対象から除外しただけの内容の無規定性の対極で，河川にかかわる様々な慣習や多様で柔軟な利用がなされ，やがて農業水利権のみならず，生活用水や防火用水，環境用水［秋山・三野・澤井 2012］，都市計画や景観やアメニティなどへの市民的な利用の広がり［吉川 2009］につながる自然法的な力を持ちうることになった．

3 新たな権利論への歩み

(1) 日本における水の権利についての議論

裁判においては,「田家用ノ堰水」の使用権が,水利組合員の田家に必要な分だけの水の使用にすぎないとされ(大判明治31年11月18日民録4輯10巻24頁),「田地灌漑」と「水車運転」との水争いにつき双方とも利用権があることは裁判所で認められているものの,その水流利用の範囲は「其水流地ニ於テ各自ノ必要ヲ充タス程度ニ止マ」り,上流使用者に水流の利用に関する「絶対ノ優越権ヲ認ムルコトヲ得ス」とされるなど(大判大正5年12月2日民録22輯1234頁),水の使用権は必要を満たす限度の権利であり,排他的,絶対的権利ではないとされた.また,その性質は,「河川の公用物」の特性(大判昭和7年5月7日民集11巻901頁)にあり,「公共用物たる公水の上に存する権利」(最判昭和37年4月10日民集16巻4号699頁)から当然のものとされた.

学説においては,従来の公物管理権の根拠論に対し,従来の古典的な所有権概念のみによらない法的構成が求められ[三本木 1989:279],古典的所有権に代わり「公共性」を基底に置く「公共信託理論」[畠山 1992:71ff.]が提唱された.これは「公益信託」(public trust)という英米法の法理のもと,「海岸,河川,湖沼などの自然財は,公衆の魚釣り,水泳,ボートおよび一般的なレクリエーションに供用されるための民衆の共有財産であって,連邦や州は一般公衆の自由なアクセス・利用や生態系・景観の保全を確保するために,その管理を信託されて」おり[保木 1989:201-203],自然公物の管理につき信託者である民衆の利益の最大化を政府に求めるものとされる[原田 1977:108ff.;在原 1999:31].こうした方向性を受け止め,管理権限の究極的根拠を公物が有する本来的公共性に求め,ここから,公物管理権者として条理法的(自然法的)に地域自治体を見出し[磯部 1993:46],あるいは端的に,自然公物を「国民共通の資産」と捉え,「公物は本来的にみんなのもの」であり「公共所有」であることをもって,公物管理権の本来的淵源を見る説〔三浦 2007：171〕などがある.

公衆の水の利用は「自由使用」であり「一般公益」に吸収され反射的利益としてその救済の道が閉ざされることに対し,「『公衆の権利』であることから,それは伝統的な権利論では対応」できないが,河川敷地のゾーニングへの手続参加などによりその利益を具体化すべきとされ〔櫻井 2001：722-723〕,すすんで「国民の法的地位の多様性」という実態に即した柔軟な法的地位の保障のため,環境保護分野での景観,緑,歴史遺産を享受する利益,公共サービス分野での公共交通や道路・公園等の公共施設の利用にかかる利益を「共同利益」として把握し,公益と個々人の個別的利益と並ぶ第三の利益類型としてとらえる見解〔亘 2003：189；見上 2006：11,96〕がある.

このように,公衆の水への権利は,絶対的,排他的な権利ではなく,相互の必要を満たす範囲の権利であること,こうした公衆の権利は,水を含む自然公物が本来的に公衆の共同財産であることを確認することから理論構築されるべきであり,伝統的な権利の枠組みとは異なる「共同利益」性に立った権利の構築が求められている.

そこで,つぎに,こうした要請に応えるために,新旧2つのトピックを取りあげて稿を閉じることにしたい.

(2)　ローマ法における議論

旧民法の制定当時から,河川法等における「公共物(res communes)」,「公有物(res publicae)」概念〔船田 1969：311ff.〕の淵源は,ローマ法にさかのぼる.

D. 1, 8, 2「普遍的な(uniuersitatis)もの,無主の(nullius)ものは,自然法により万人の共有物(以下,公共物)(communis)である」. D. 1, 8, 2. 1「そして実際,自然法によって,以下の物はすべての人に帰属している.すなわち,空気,流水,海そしてそれに接する海岸である」. D. 1, 8, 3「同様に,私たちが直近の海岸で見つけた砂利や宝石,等々は自然法により自分達に帰属する」などがある.後の「法学提要」でも,Inst. 2, 1, 1：「以下の物は自然法により公共物(res communes omnium）である．空気，流水，海，したがって海岸もである．別荘や記念碑，その他の建物から遠ざかる限りで，誰も海岸への入り口を妨害することはできない．なぜなら，これは，万民法の下にあるのではないからであり，海もまた同様である」．Inst. 2, 1, 2：「しかし，すべての河川および港は公有物（res publica）であり，したがって，港や川で釣りをする権利は，公共物である」．若干のローマ法文からではあるが，空気，流水，海，それに接する海岸などは，自然法によって，無主物と並び公共物と位置付けられ，これに対して河川は公有物とされ，区別されていたことが分かる．

さらにローマでは，公有物の利用の保護や，公共物の利用妨害に対し法的救済手段があったことが重要である．例えば公共物における釣りや航行の権利が侵害された場合，不法侵害訴権（actio injuriarum）が与えられ（D. 43, 8, 2, 9），公的河川において利用妨害物が築造されようとする場合，あるいは公的河川において水流を変更し利用妨害が生じる場合には，法務官の告示を前提に，原状回復等の特示命令（interdictum）［船田 1968：30ff.；198ff.；Kaser 1979：邦訳 670ff.］がなされる［佐々木 2008：29ff.；森 2017：39-41］．こうした公的な物の利用が阻害される場合に，私人である原告が特示命令を申請し，「これを受ける法務官は，私的な意味での財産を構成しない物に対する法規律が『裁判管轄権 iurisdictio』ではなく上級政務官の持つ『命令権 imperium』に基づくとされることから，私人間の利益配分・調整という観点に留まらず，広い視野から命令の要否ないし適否を判断した」とされる．そこには水上交通と土地利用との間の利害調整という「公益保護の観点から河川利用を特示命令によって規律する意図」があり，不法侵害訴権などによる重大な侵害を処罰することと並んで，「比較的軽微な侵害行為を特示命令によって規律しようとする」姿勢があった［佐々木 2008：41-42］．

公共物及び公有物の概念を含めた公的な物に対し，私人による申請によって，結果として万人の利用を保護するローマの特示命令という開かれた法的保護の制度［佐々木 2017］については，今後も注目されるべきであろう．

(3)　権利論の再検討

物権という排他的，絶対的権利の枠組みにとらわれずに，公衆の水の権利を考える場合，大陸とは異なったイギリスの法制度が注目される．

イギリスでは，フランス人権宣言第17条におけるような，封建的な財産概念から「絶対的財産概念（the concept of absolute property）」への転換がなされなかったため，財産と資産（patrimoine）との統一性が欠如するなど，不動産統一原則の欠如（The lack of a principle of unity of property）のため，財産の限定的定義に必ずしも妨げられることなく法律家が個々の財産権を操作することが可能であり，イギリス法の下では，財産が権利の束（a bundle of rights），あるいは異なる法的関係の集まり（a collection of different legal relationships）であるという見解を用いることができる［Ball 2006: 3-5］．その具体例として，イギリス法には，放牧し木材や魚，石，芝草から土壌や鉱物又は自然生産物を採取する封建的なコモンランドの権利が，中世の保有権とは異なり「採取権」に分類され，フランス法上の「地役権」とも対比される権利がまだ存在し，その権利は個人的にもまた他者と共同でも享受しうる．その一例として，1932年の「歩く権利法（Rights of Way Act 1932）」に至る長い歴史を経て，ムーアのような田舎の地域を一定の道に沿って「歩く権利」を認める，いわゆるパブリック・フットパスの権利法（the Rights of Way and Access to the Countryside Act 2000）が2000年に制定された［Ball 2006: 10］．

「公衆の道の権利（Public rights of way）」は，すべての公衆が通行権を有する道において，歩く公衆の権利はフットパスを構成し，馬に乗り馬を導き動物を駆って進む権利はブライダルウエイを構成し，車のための道の権利は車道を構成する．このフットパスの権利は，不使用であっても消滅しないが，その権利内容は，そこを通り景色を見，通行人と話をし，写真を撮ったり，道端でピクニックをするために立ち止まるなど，「行き交う目的とそれに付随する合理的な目的のために（for purposes reasonably incidental thereto）通過する権利」であり，それを超えた使用がある場合には，利用者はその土地にいる資格を超え侵入者となる．また，沿道の土地所有者は，土地の占有者として，例えば道の状態によって引き起こされる事故などについて，フットパスなど私的な権利を行使する人に対し管理義務を負うことがある．フットパスの権利は，土地に関し，排他性がなく，様々な利用権と共存しうる歩行する開かれた公衆の権利である［Riddall and Trevelyan 2007: 11-14］．

このように，排他的でなく共同で水や道を利用しあう調和的な権利が土地や空間上に層状的に重なって存在することは，物権法定主義を厳格にとらえ，権利について物権か債権か，あるいは私権か公権かといった権利に関する管理や取引上の簡便性を追求する従来の日本の法的思考枠組みを超えるが，人々の生活の多様性，生態系を含めた環境の多様性と有限性を考える場合，日本においても，こうした新しい権利のあり方をあらためて考え，公衆の水への権利（public right to water）を確立することが求められると考える．

注

（1）「アジェンダ21」（https://sustainabledevelopment.un.org/content/documents/Agenda21.pdf, 2018年1月7日閲覧）．

（2）紙幅の関係で地下水は扱わないが，さしあたり宮崎［2011］，小澤［2013］参照．

参考文献

〈邦文献〉

秋山道雄・三野徹・澤井健二［2012］『著）環境用水――その成立条件と持続可能性』技報堂出版．

磯部力［1993］「公物管理から環境管理へ」成田退官記念『国際化時代の行政と法』良書普及会．

江木衷［2008］『日本民法財産編〔明治23年〕物権之部』（日本立法資料全集　別巻502）（初版明治25年刊），信山社．

荏原明則［1999］『公共施設の利用と管理』日本評論社．

小澤英明［2013］『温泉法・地下水法特論』白揚社．

金沢良雄［1967］『水法』有斐閣1頁．

櫻井敬子［2001］「水法の現代的課題――環境，流域，水循環――」，塩野古希記念『行政

法の発展と変革　下巻』有斐閣.
佐々木健［2008］「『学説彙纂』における河川利用の保護――特示命令の射程に注目して――」『法史学研究会会報』12.
佐々木健［2017］『古代ローマ法における特示命令の研究』日本評論社.
佐々木惣一［1922］『日本行政法総論』有斐閣.
三本木健治［1989］「公物法概念の周辺的諸問題」『公法研究』51.
三本木健治［1999］『判例水法の形成とその理念』山海堂.
塩野宏［1991］『行政組織法の諸問題』有斐閣.
塩野宏［2012］『行政法Ⅲ〔第4版〕』有斐閣.
塩野宏［2015］『行政法Ⅰ［第6版〕』有斐閣.
七戸克彦［1990］「物権法定主義――比較法的・沿革的考察――」『慶應義塾大学法学部法律学科開設百年記念論文集』.
七戸克彦［1998a］「水法における公法と私法（一）――民法における水法関係規定を中心に――」『法学研究』71(11).
七戸克彦［1998b］「水法における公法と私法（二・完）――民法における水法関係規定を中心に――」『法学研究』71(12).
芝池義一［2006］『行政救済法講義〔第3版〕』有斐閣.
須田政勝［2006］『概説　水法・国土保全法　治水，利水そして環境へ』山海堂.
田中滋［2014］「近代日本の河川行政史」，牛尾洋也・鈴木龍也編『里山のガバナンス』晃陽書房.
田中二郎［1976］『行政法中巻〔新版・全訂第2版〕』弘文堂.
仲野武志［2016］「公物と私所有権（一）」『自治研究』92(5).
畠山武道［1992］『アメリカの環境保護法』北海道出版会.
原龍之介［1982］『公物営造物法（新版）』有斐閣.
原田尚彦［1972］『訴えの利益』弘文堂.
原田尚彦［1977］「公物管理行為と司法審査――自然公物の利用権と環境権に関連して――」『環境と裁判』弘文堂.
船田亨二［1968］『ローマ法　第1巻』岩波書店.
船田亨二［1969］『ローマ法　第2巻』岩波書店.
保木本一郎［1989］「公共施設をめぐる法的諸問題」『公法研究』51.
松岡勝実［2004］「水法の新局面――統合的水資源開発の概念と制度上の諸課題――」『水利科学』48(1).
三浦大介［2007］「自治体の公物と住民」兼子古稀『分権時代と自治体法学』勁草書房.
見上崇洋［2006］『地域空間をめぐる住民の利益と法』有斐閣.
美濃部達吉［1940］『日本行政法（下）』有斐閣.

宮崎淳［2011］『水資源の保全と利用の法理――水法の基礎理論――』成文堂.
三好規正［2007］『流域管理の法施策』慈学社出版.
吉川勝秀［2009］『河川の管理と空間利用』鹿島出版社.
森光［2017］『ローマの法学と居住の保護』中央大学出版.
森實［1990］『水の法と社会――治水・利水から保水・親水へ――』法政大学出版.
我妻栄・有泉亨［1983］『新訂　物権法（民法講義Ⅱ）』岩波書店.
渡辺洋三［1963］『増補版　農業水利権の研究』東京大学出版会.
渡辺洋三［1972］「河川水利行政と「河川法」『法社会学研究Ⅰ　現代国家と行政権』東京大学出版会.
亘理格［2003］「公私機能分担の変容と行政法理論」『公法研究』65.

〈欧文献〉

Ball, J［2006］"The Boundaries of Property Rights in English Law, Report to the XVIIth" International Congress of Comparative Law, July.
Kaser, M.［1979］*Römisches Privatrecht, ein Studienbuch*, 10th and 11th ed., München: Beck（柴田光蔵訳『ローマ私法概説』創文社，1979年）.
Riddall, J, and Trevelyan, J.［2007］*Right of Way*, 4 th edition, London: Ramblers' Association.

〈資料〉

民法理由書（エクスポゼ）［和訳］佐野智也「明治民法情報基盤」（http://dl.ndl.go.jp/info:ndljp/pid/1367474）（国立国会図書館デジタルコレクション）.
民法第１議案［1988］（法務大臣官房司法法制調査部監修『日本近代立法資料集叢書13』）（商事法務研究会）.
法典調査会［1983］（「法典調査会民法議事速記録１」法務大臣官房司法法制調査部監修『日本近代立法資料集叢書１』）（商事法務研究会）.
法典調査会［1988］（「法典調査会民法主査会議事速記録」法務大臣官房司法法制調査部監修『日本近代立法資料集叢書13』）（商事法務研究会）.
「河川法理由書　1985」『水法参考資料（第２輯）』「第１部　河川法理由書」（復刻・内務省土木局編『水法参考資料（第１巻）』（橘書院）.
［河川法案第一読会］（明治29年３月17日　河川法案　第一読会「貴族院議事速記録第37号」『帝国議会貴族院議事速記録12　第10回　明治29年』（東京大学出版会，1980年）.

（牛尾 洋也）

第6章

ストックとしての里山と持続可能な発展
――琵琶湖水域圏における人と水の相互作用――

はじめに
――持続可能な発展と里山――

「持続可能な発展（Sustainable Development）」を「将来世代のニーズを満たす能力を損なうことなく，現在世代のニーズを満たすこと」と定義したブルントラント報告書から30年がたった．あいまいで，政治的な妥協の産物であると多くの批判を受けたが，持続可能な発展は，国際社会で共有可能な将来像を表す概念として今もなお生きている．

里山あるいは里山的自然(1)を維持・保全し活用することが，持続可能な社会の構築に資するという考え方は，ある程度は社会の共通認識となりつつあると言ってよい［小宮山ほか 2010］．里山・里海などの人手のかけられた自然がもつ生態的価値や文化的価値が認識され，生物―文化多様性保全の観点からも里山の保全・活用は持続可能な発展に資するものと考えられるようになっている．

しかし，ひとたび里山の現状に目を向けると，里山から得られる自然資源は経済的価値を持たず，それゆえつねに里山保全の担い手は不足し，放置されている．私たちは「里山的」ではない自然，つまり人の手が加えられない自然へと変わっていく里山の姿を目の当たりにしている．持続可能な発展に資する里山保全を考える前に，この社会においては里山そのものの持続可能性が危うい状態である．かりに里山保全が持続可能な発展に資するのだとしても，その道筋は遠くかすんでいるように見える．

しかし問題はその道筋，すなわち誰がどのように里山を保全すれば，持続可能な発展へとつながっていくのか，ということだ．里山保全のためになすべきことを明らかにするには，持続可能な発展を理想的な状態を示す目標概念として捉えるだけではなく，私たちが今どのような状態にあり理想的な状態に近づくために「何をすべきか」を導く概念に操作化して捉える必要がある．

本章では，持続可能な発展に資する里山再生ビジョンを議論するためのステップとして，持続可能な発展概念の操作化に対する学術的アプローチの到達点と課題を検討する．そして，持続可能な発展に資する里山の保全・活用のあり方を考えるための準備作業として，琵琶湖水域圏の持続可能な発展を促す政策について検討してみたい．

1　持続可能な発展評価の資本アプローチ

近年，経済学をベースとした持続可能な発展の評価研究が進んでいる．持続可能性は資源経済学の重要概念であることからも，資源の効率的配分を研究する経済学において，持続可能性の概念の操作化が熱心に取り組まれていることは，不思議なことではない．経済学において，持続可能性は経済活動の元手である資本ストックの持続可能性として理解することができる．持続可能な発展評価の「資本アプローチ」と呼ばれる一群の研究は，人間にとっての「富」を人工資本，自然資本，人的資本などの資本ストックの価値で捉えるもので，これらが少なくとも現在世代と同じ水準を維持することに持続可能性の判定基準を求めるものである．

環境・経済・社会の持続可能性を統合的に実現しようという持続可能な発展の概念は，ともすると総花的な目標の羅列に陥り，多様な価値の相克による矛盾を抱え込んでしまう．そう考えると，資本アプローチにより持続可能な発展概念を操作化することは，理論的な裏付けを持ち，より体系的な政策形成の基礎となる可能性もある．

資本アプローチの理論的骨格は，［Dasgpta 2001］が示すモデルである．ダスグプタは，持続可能な発展を「2時点間において1人あたりの福祉（well-being）

が低下しないこと」と定義している．しかし，福祉は幸福など人々の主観的評価によってしか測り得ない要素を含み，それを直接計測して持続可能な発展を評価するための十分な情報的基礎がない[(2)]．また，福祉を直接計測しようとするならば，将来世代において維持されるべき福祉の内容を，現在世代が知ることはできないという問題を回避する必要がある．したがって，ダスグプタは福祉を直接評価するのではなく，福祉の源泉，つまり福祉の決定要因である様々な資本ストックに注目し，これらの価値を減らすことなく将来世代へ受け継ぐという条件を満たしているかどうかによって，ある社会の持続可能性を測ろうとしている．

ダスグプタのモデルは，人工資本，自然資本，人的資本と，資源配分メカニズムである諸制度（institutions）を合わせたものを生産的基盤（productive base）と呼び，生産的基盤の価値を減らさないことを持続可能な発展の判定基準としている．資本ストックの価値は，そこから引き出されるフロー（財・サービス）の価値の総和によって計算される．しかし，資本ストックが生み出す財・サービスには市場で取引されないものもあり，市場価格が財・サービスの価値を正しく反映できないものもある．特に自然資本から引き出されるフローは，市場で取引されない財・サービスを多く含んでいる．したがって資本ストックの価値は市場価格ではなく，シャドー価格によって測る．

ダスグプタが「諸制度」と呼んだものについて，植田〔2015〕は「社会環境」という言葉を当て，次のように説明している．「人々の間に信頼が醸成され自然の持続可能な利用様式が慣習として定着している社会とそうでない社会とでは，その自然資本のシャドー価格は異なる．仮に物的には「豊かな」資本資産があったとしても，それを活かす社会環境がなければ持続可能な発展を実現することはできない」．ソーシャル・キャピタルと呼ばれる人々の間の信頼やネットワーク，地域文化に根ざした規範や行動様式などは，この社会環境を構成するものであり，諸資本の価値を認識し，また利用のあり方を決める際に大いに関わるものである．

持続可能な発展を資本アプローチによって理解することの利点はいくつかあるが［川勝・沼田・清水 2017］，概念的にストックとフローを区別することができ，フロー利用やストック投資のあり方が将来のストックの価値を増やすものか否か，という視点で政策を評価することができることが最大の利点である．この点は，資本ストックの利用と管理をめぐる社会環境（諸制度）のあり方を考えることにもつながる．

2　資本アプローチの展開とその限界

(1)　持続可能な「経済」指標

資本アプローチによって，世界が持続可能な発展の方向に進んでいるか否かを評価しようという経済学者たちの研究は，実践的な動機に基づくものである．使用可能な各国統計のデータセットを用いた評価研究の国際的プロジェクトが急速に進みつつある．

2012年に開催されたリオ＋20（国連持続可能な開発会議）で公開された「Inclusive Wealth Report 2012」は，先に述べた持続可能な発展の資本アプローチに基づいて，ダスグプタら著名な経済学者らが監修した持続可能性指標「Inclusive Wealth Index: IWI」[(3)]を提起した．IWI は人工資本，自然資本，人的資本の価値の合計によって，国単位での多様な豊かさを包括的に含む「富」（Inclusive Wealth, 包括的富）を測るもので，各国統計を用いて「富」の持続可能性を経年的に測定する取り組みが進められている．

日本国内でも，国レベルでの包括的富の試算と，IWI を都道府県・市町村レベルで試算した「新国富指標」［馬奈木 2017］によるランキングが発表されている．それによると，1990年から2000年までの10年間では全都道府県が「持続可能」，つまり全ての資本価値の合計が減少していなかったのに対し，2000年から2010年までの10年間では５県を除く都道府県で「持続不可能」となった[(4)]．多くの地域で資本ストックの減耗が進んでいることを意味する．ただし，新国富指標の資本構成においては人工資本と人的資本が占める割合が非常に大きく，自然資本の割合はごくわずかであるという．また，自然資本の価値（1人あたりおよび総額）が大きい市町村を見ると，上位のほとんどは北海道の市町村が占めている．

これらのことから推察されるように，IWIおよび新国富指標は，人工資本，自然資本，人的資本の価値を貨幣評価して合算したものであるから，経済的価値の評価に偏りがちである．「新国富指標」の算出に使われている主要変数と統計データを見れば，そのことは明らかである[5]．

自然資本に限ってみても，その価値を多面的に捉えて指標化するには，指標化の基礎となる情報基盤が圧倒的に不足しており，多元的な価値を一元化しようとすることには限界がある．資本ストックの価値を貨幣評価できないものがある，また倫理的に貨幣評価すべきでないものも存在するという批判もなされている［諸富 2015］．貨幣評価することで，人間が自然に対する働きかけから享受している価値を可視化できる一方で，交換を前提とする貨幣評価に一元化することによって，価値の多元性を不可視化してしまうことの不利益に留意すべきである．

もっとも，新国富指標は経済のフロー指標であるGDPに対するストック指標として位置付けられており，その意味では持続可能な「経済」指標と言うべきものである．

(2)　人工物には代え難い自然資本

自然資本，人工資本，人的資本の価値を合算する，IWIに代表される資本アプローチが採用する「弱い持続可能性」の立場では，里山学が明らかにしようとしてきた里山的自然の多元的な価値の評価において限界が生じる．資本アプローチの中でも，人工資本と自然資本の代替可能性を前提とする議論に批判的な論者たちからは，人工資本に代替されえない自然資本の存在を強調しようとクリティカル自然資本[6]（Critical Natural Capital: CNC）概念が提起されている[7]．

CNC 論者の中には，生産に不可欠な自然資本ストックとそこから引き出されるフロー（財・サービス）の代替不可能性だけでなく，それを維持する重要な環境機能にも代替不可能性を認めるものもある［篭橋 2016］．水や大気などは人間の生命維持に不可欠な重要な環境（生態的）機能を持つ自然資本であるが，それを支える森林などもまたCNCとして代替不可能なものであることになる．そう考えると，高い環境機能を持つ生態系の価値は，IWI や新国富指標の計算に含めるべきではなく，別の評価方法をとる必要が出てくる．篭橋［2016］はこの点について，「自然資本の代替可能性は物理的な次元だけでなく，人々の価値観や規範，希少性などの社会的文脈にも依存して決まるものであると考えるのが妥当」と述べている．高い環境機能を持つと思われる自然資本がCNCであると言えるかどうかは，その生態的機能を科学的に解明することのみによって決めることができない．人々がそこに何物にも代え難い価値を認めるかどうかが重要な判断根拠となる．

代替不可能性を持つCNCは，市民の基本的権利を保証するために不可欠な役割をはたす「社会的共通資本」［宇沢 2000］概念にも接近してくる．宇沢は社会的共通資本を，市場メカニズムによらず「社会的基準によって，社会的に管理される」べきものとして定義していることを踏まえると，CNCは非市場的な仕組みによって利用・投資されるべき資本ストックであると言うことができる．

(3)　環境ストックの価値を高める政策

資本アプローチを用いる利点は，「富」の価値や投資額を積算する試み自体にあるのではなく，多様なストックへの働きかけを可視化し，私たちの社会がその価値を高めているのかどうかを知り，改善する手がかりとすることにある．

丸山［2012］は，自然が持つ生産力は再生生産システム（生命体の形成過程と解体過程）と一体であるとし，自然がみずから再生するのを待つという受動的な投資による再生産の重要性を述べている．「山留」などに見られる伝統的な里山利用の相互規制ルールは，その意味で受動的投資ということができる．自然の生産＝再生産力を最大化するための知恵が，里山の存在を持続可能なものにすると言ってよい．

里山の利用と保全のための能動的・受動的な種々の働きかけを広義の里山政策と呼ぶとすれば，里山政策とは，自然資本ストックに対する利用と投資である．里山的自然の場合は利用が投資を兼ねる場合もある．あるストックが持つ多様な価値のうち貨幣評価すべきでない価値をも捉えたうえで，市場メカニズムだけに依拠せずに，高めるべき価値について社会的合意を形成し，ストックの利用と投資を行うための努力と工夫が必要である．

筆者は，資本アプローチの限界を念頭に置きつつも，資本アプローチの概念枠組みを借りて定義した「環境ストック」の利用・投資の流れを描き出そうと，公害地域再生と環境保全型農業を通じた地域づくりの事例分析を行った［清水 2008：清水 2012］．IWIや新国富指標のように，経済活動を通した資本ストックの利用・投資フローを把握するだけでなく，ボランティア・NPO活動や地域活動などのミクロな非経済行為による物質的，非物質的ストックの変容過程をもすくいあげようとしたものである．したがって，ストックの価値評価を一元的に定量化することはさしあたり考えない．

環境ストックは，生活環境の構成要素となる自然環境，人工構造物，社会関係，文化，人材（人的能力）のストックからなる．それらの物質的，非物質的なストックという対象を通して地域社会を把握しようとする．自然環境と人工構造物のストックは部分的には補完的であり，とりわけ里山的自然のストックは自然と人工物が複合している場合がある[8]．社会関係，文化，人材の人間に関わるストックは個人や集団に重層的に蓄積しており，互いを明確に切り分けて把握することが難しい．そこで，5種類のストックを概念的には区別するが，事例においては自然―人工構造物の素材的ストックと，社会関係―文化―人材の主体的ストックとに分けて両者の相互作用として環境ストックの変容過程を捉える（図6-1）．これらのストックの価値を損なわずに次世代へ残すために，ど

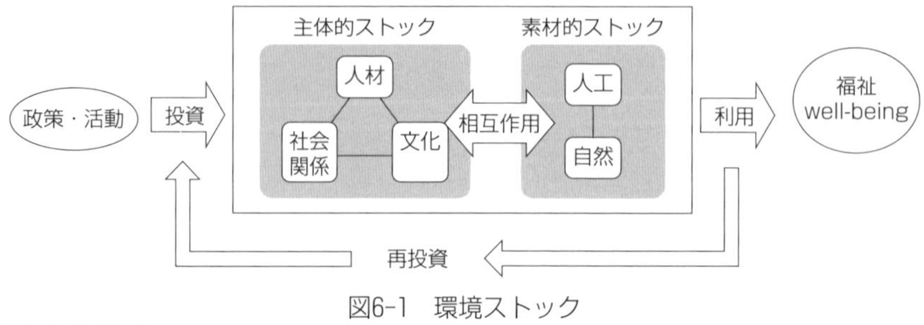

図6-1　環境ストック

（出所）筆者作成.

のような働きかけができるかという視点から，広義の政策を構想し評価することができる.

次節では，本書のテーマともなっている琵琶湖水域圏の持続可能な発展のあり方を考える準備作業として，環境ストック概念を用いて琵琶湖水域圏の人と自然の相互作用の変容を素描してみたい.

3　環境ストックとしての里山
――琵琶湖水域圏・愛知川を例に――

（1）　琵琶湖水域圏の最上流・愛知川

琵琶湖水域圏は，琵琶湖に流入する河川などと，琵琶湖から流出する瀬田川と琵琶湖疏水の水域をともに含み，農業用水や生活用水の利水地域，さらには水循環の観点から，それらの水源となる森林や地下水をも含むものとして考える.「水域圏」は地理学や水文学で用いられる「流域」や「集水域」などよりも広い概念であり，まだ確立された定義を持っているわけではない．しかし，循環型地域社会を構想するうえで核となる水循環を捉えるための鍵概念となる.

琵琶湖への流入河川119本，琵琶湖から流れ出る瀬田川，宇治川，瀬田洗堰から琵琶湖疏水を通り鴨川へ入りそれが合流する淀川，が軸となり，それらの水源や地下水も琵琶湖水域圏に含む（図6-2）．琵琶湖水域圏は歴史をつうじて

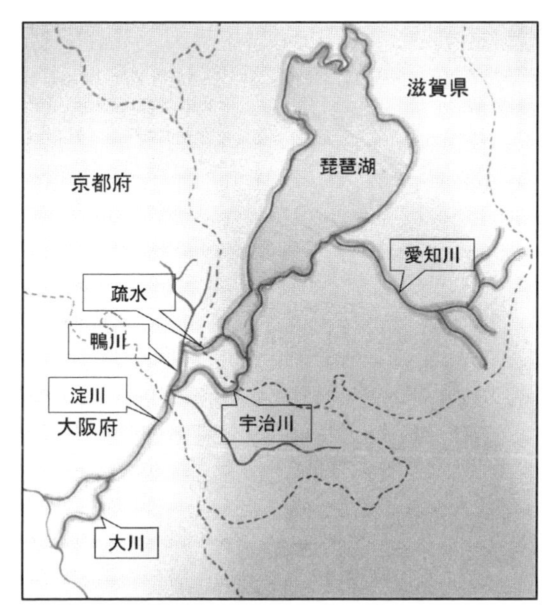

図6-2　琵琶湖水域圏（愛知川～大阪湾のみ）
（出所）龍谷大学政策学部清水ゼミナール［2018］.

人々と自然の関わりが稠密で，人々は水の多様な価値を享受してきた［龍谷大学政策学部 清水ゼミナール 2018］．しかし琵琶湖水域圏はあまりにも広大な範囲となるため，ここではさしあたり，琵琶湖流入河川の一つである愛知川を取り上げる．

愛知川は湖東平野南東部から琵琶湖東岸に流れ込む一級河川で，総延長約41キロメートル，流域面積196平方キロメートルである．鈴鹿山脈の御池岳に源流があり，左岸全域と右岸上流は東近江市，右岸中流は愛知郡，右岸下流は彦根市となる．愛知川源流は1000 m 級の山間をぬうように流れる支流が合流しながら，永源寺付近を扇頂とする扇状地を形成している．扇央にあたる中流部においては水が伏流するために表流水量は少なく，扇端にあたる中下流部に近づくにつれて湧水が豊富になる．

愛知川上流部の小椋谷は，木地師の里として知られる．中でも蛭谷と君ヶ畑には木地師の祖神（惟喬親王）を祀る筒井神社と大皇器地祖神社がそれぞれあり，明治初期まで全国の木地師を統括する機能を持っていた［須藤 2018］．また，中下流では河辺林や孤立山塊など古くから人手が入った二次林（里山林）が形成されているが，源流部の奥山にも広葉樹二次林が広がっている．愛知川流域全体で古くから人間が森林を利用してきたことを伺わせる［山下 2018］．

愛知川中流の両岸に形成された河岸段丘からは，約1400年前ごろの古墳が多く発見されており，渡来人のものである可能性が指摘されている．これらの河岸段丘上は耕作に必要な水を得にくいために，ため池や「井（ゆ）」と呼ばれる灌漑用水路が発達した[9]［愛知川水利史編集委員会 1992］．井戸による地下水の農業利用も古来より行われている．愛知川中下流域を含む湖東平野は近畿有数の穀倉地帯であるだけでなく，鎌倉時代以降には愛知川の伏流水を利用した麻布生産（近江上布）が盛んであった．

戦後には国営愛知川農業水利事業により永源寺ダムが建設され，ダムからの農業用水の配分は愛知川沿岸土地改良区がおこなっている．

(2)　愛知川と環境ストック

このように，琵琶湖水域圏の最上流部の１つである愛知川は，上流から中流，下流に至るまで，森林，河川，地下水をはじめとする自然環境を古くから人間が利用してきた．中でも水は人間の生活に欠かせないストックであるため，ここでは愛知川流域の素材的ストックとして水に注目し，主体的ストックとの相互作用の中での両者の変容を粗描してみたい．

総合地球環境学研究所 愛知川研究プロジェクト班［2016］によれば，愛知川流域の水ストックは，1972年の永源寺ダム完成以前は河川水，地下水，ため池などの小規模で多様に分散していた．しかし，複雑かつ厳格な水利慣行と不安定な水供給は，灌漑施設の管理に多大な労力を要するもので，農家にとっては筆舌に尽くせぬ労苦を強いるものだった［愛知川水利史編集委員会 1992］．そのような状況から脱却するために，永源寺ダムを整備し一元的管理が目指された．

この変化は愛知川流域の水ストックのあり方に大きな影響を与えたと考えられるため，ここでは永源寺ダムの運用開始以前から現在までの変化を大きく捉えてみたい．

ダムからの送配水が一元的に管理されることによって，各農家・集落における井堰・水路の維持管理作業や水利用の監視の労力と，水論（水争い）は大幅に減少した．しかし，実際はダム建設に伴う圃場整備による用排水分離や作付けの変化によって用水量が増加したために，ダムの水だけでは不足することがあり，地下水の利用や排水の反復利用等，複数の水源を補完的に利用する必要性がなくなったわけではない［総合地球環境学研究所 愛知川研究プロジェクト班 2016］．

この間の変化により愛知川流域の環境ストックの価値は高まっているのだろうか．ここでそれを正面から検証する準備は十分でないため，全体の状況を概観するとともに今後の研究課題を明らかにしておくにとどめたい．まず，灌漑設備と一体となった地下水，河川水などの水ストックについて考えると，小規模で多様な分散水源を利用していた時に比べて，永源寺ダムを中心とする灌漑設備への投資によって，農業生産性の向上につながり農家の生活の質は向上した．しかしそれが水ストックの維持に寄与しているかどうかは定かでない．水循環の変化を推定する必要もあるだろう．ただ，永源寺ダムでは環境維持のための放水は行っておらず，瀬切れの発生や，ダム下流への土砂供給不足など，河川環境の変化によって水循環に変化が生じていることも考えられる．用排水分離による農業用水の非循環的利用様式の普及が流域の水ストックに与える長期的な影響を検証する必要があるだろう．また，水源に目を向けると，東近江市の森林の97％は民有林でとりわけ個人所有林が多くを占めており，森林整備が課題となっている状況は，今後の水源涵養機能の維持向上にとってプラスとは言い難い［東近江市 2017］．

人的能力，文化，社会関係のストックについて考えると，地域住民の水管理への関わりの変化がこれらのストックに影響を与えていると考えられる．伝統的な灌漑用水路である「井」を複数集落で共同利用していた頃は，集落内および集落間で水利用における上下関係があった[10]といい，厳格な水利秩序を形成していた．集落間の水争いの責任をとって切腹した人の言い伝えも残るという[11]．しかし，水を得るための苦労と表裏をなすように，人々は常に水に触れ水を知り，水の価値を高く評価してもいたであろう．水をめぐる稠密な社会関係が，地域環境の共同利用管理の基礎となっていた可能性もある．総合地球環境学研究所 愛知川研究班プロジェクト［2016］は，愛知川流域の農業用水不足は量的不足というよりも，水管理および利用調整の問題であると指摘している．水ストックを持続的に維持するための主体的ストックは，暗渠化された配水管を流れてくる水をバルブ操作で出し入れするだけでは蓄積されない．「近い水」が「遠い水」になることによって，人々が蓄積し継承してきた水管理の知恵や社会関係のストックは損なわれている可能性もある［嘉田 2002］．

おわりに

本章では，持続可能な発展概念が根拠のない理想でも議論のための概念でもなく，この世界を真に持続可能なものにする努力を促す鍵概念とするために，資本アプローチの到達点と限界を踏まえてストック概念で地域環境を見ることの意義を論じた．地域環境を構成する物質的，非物質的ストックは，互いのあり方に影響を与えており，その相互作用を捉えることで，ストックの変化を実態に即して理解することができる．

琵琶湖水域圏の最上流，愛知川流域の環境ストックが持続可能な発展に資するようなものであるかどうか，という問いに即座に答えることはできない．研究課題は多く，多分野にわたる科学的知識と地域に蓄積された人々の経験を集め，ストックの利用・管理のあり方を決める材料としていかなければならない．

しかし，物質的，非物質的諸要素からなる地域環境を環境ストックとして見ることは，目前の課題を持続可能性の観点から捉え直し，働きかけるための手がかりになると言えるのではないだろうか．

注

（１）本章では，里海，里湖，里川などの人間が生活の中で密接に関わり利用してきた自然を包括的に意味する言葉として，里山を用いる．「人の手が入った自然」および「文化としての自然」という２つの側面から規定される「里山的自然」［丸山 2015］の意味合いも，ここでは「里山」という語に含むものとする．

（２）近年では主観的幸福を定量的に把握しようとする研究が国内外で増加している．

（３）国連大学報告書の訳書である植田・山口［2014］ではIWIに「包括的富指標」という訳語が使われたが，馬奈木［2017］はそのわかりにくさを指摘して「新国富指標」という訳語を提案している．いずれもIWIを指している．

（４）この傾向は世界的に見られるものである．

（５）例えば，自然資本は森林資本，農地資本，漁業資本，鉱物資本から構成されており，森林資本の価値は森林蓄積，木材生産者価格，生産者のレント率，森林面積，森林エコシステムの価値から算出されている．

（６）他に本質的自然資本，臨界自然資本などの訳語がある．

（７）CNC概念を最初に提起したデイヴィッド・ピアスらは「生存や福祉（well-being）に必要不可欠な生態的資産」と定義している［Pearce et al. 1993］．

（８）水田のように，人工構造物を含んでいても生態系の一部として機能するものもある．ここでは，生態系サービス供給可能性を持つストックは自然環境ストックとして考える．

（９）愛知川には上位段丘と下位段丘があるが，灌漑用水路が多く作られたのは主に下位段丘面である．

（10）井を共同利用していた集落間では，今も下流集落が上流の井を清掃するなどの関係が残っているという．2017年８月19日，山上町での聞き取り調査より．

（11）2017年６月５日，永源寺地区での聞き取り調査より．

参考文献

〈邦文献〉

植田和弘［2015］「持続可能な発展論」，亀山康子・森晶寿編『グローバル社会は持続可能か』岩波書店．

植田和弘・山口臨太郎訳［2014］『国連大学 包括的「富」報告書――自然資本・人工資本・人的資本の国際比較――』明石書店．

宇沢弘文［2000］『社会的共通資本』岩波書店．

愛知川水利史編集委員会［1992］『愛知川水利史』．

篭橋一輝［2016］「将来世代に引き継ぐべき自然環境をどう考えるか」『生命と倫理』．

嘉田由紀子［2002］『環境学入門〈９〉環境社会学』岩波書店．

川勝健志・沼田壮人・清水万由子［2017］「持続可能な都市発展政策としての自然資本管理と主観的幸福――長岡京市の西山保全事業を事例に――」『福祉社会研究』17.
小宮山宏・武内和彦・住明正・花木啓祐・三村信男［2010］『サステイナビリティ学〈4〉生態系と自然共生社会』東京大学出版会.
清水万由子［2008］「環境ストック概念を用いた公害地域再生の理論的検討：持続可能な地域発展に向けて」『環境社会学研究』14.
清水万由子［2012］「持続可能な地域発展の分析枠組み――兵庫県豊岡市コウノトリと共生する地域づくりの事例から――」『環境社会学研究』18.
須藤護［2018］「東近江・小椋谷と木地師」，牛尾洋也・吉岡祥充・清水万由子編『琵琶湖水域圏の現状と可能性――里山学からの展望――』晃洋書房.
総合地球環境学研究所 愛知川研究班プロジェクト［2016］「統合的水資源管理のための「水土の知」を設える――愛知川の章――」.
東近江市［2008］『愛東の歴史』第１～３巻.
東近江市［2017］「第２次環境基本計画」.
丸山徳次［2012］「持続可能性の理論と里山的自然――フクシマ以後の里山学――」，牛尾洋也・鈴木龍也編『里山のガバナンス』晃洋書房.
丸山徳次［2015］「持続可能社会と里山の環境倫理」，村澤真保呂・牛尾洋也・宮浦富保編『里山学講義』晃洋書房.
馬奈木俊介［2017］『豊かさの価値評価：新国富指標の構築』中央経済社.
諸富徹［2015］「持続可能な発展を計測する指標」，亀山康子・森晶寿編著『グローバル社会は持続可能か』岩波書店.
山下直子［2018］「東近江の森林資源」牛尾洋也・吉岡祥充・清水万由子編『琵琶湖水域圏の現状と可能性――里山学からの展望――』晃洋書房.
龍谷大学政策学部　清水ゼミナール［2018］「琵琶湖流域における人と水のかかわり――環境社会学から考える――」『龍谷大学里山学研究センター2017年度年次報告書』.

〈欧文献〉

Dasgupta, P.［2001］*Human Well-being and The Natural Environment*, Oxford: Oxford University Press（植田和弘監訳『サステイナビリティの経済学』岩波書店，2017年）.
Pearce, D, Turner, R. K. O'Riordan, T. Adger, N. Atkinson, G. Brisson, I. and Brown, K. et al.［1993］*Blueprint 3: Measuring Sustainable Development*, London: Earthscan.

（清水 万由子）

第Ⅱ部

琵琶湖と地形

第7章

流域をとらえる
——愛知川流域の地形・水系・地割——

はじめに

琵琶湖を近江盆地の中心にいただく近江国は，律令時代より変わらぬ12の郡より構成されていた．幕政が終わりを告げた際，近隣の多くの府県が複数の国を再統合して誕生したのに対し，近江国一国は明治5年には最終的にそのまま滋賀県に移行した（明治9年からの5年弱，現福井県の嶺南地方を一時的に併合していたことがある）．鈴鹿山脈に源を発する愛知川は，源流の一部に犬上郡を含みつつ，愛知郡と神崎郡にはさまれて湖東平野を琵琶湖まで流れ下る．『滋賀県統計書2015年度』による数字では，その流域面積208.1 km^{2}は，琵琶湖流域全体の5.6％に相当し，琵琶湖に注ぐ河川としては，野洲川10.4％，姉川10.0％，安曇川8.1％，日野川5.8％に次ぐ5番目の規模となる．ここでは，この愛知川の流域をひとまとまりの地理的単位ととらえ，その地理や水理上の特徴を，特に人との関わりにおいて概観する．あわせて，こうした流域の風土をとらえるための視座についても若干の考察を与える．

1 水系の作る地形，地形の規定する水系

(1) 郡と河川流域

愛知川流域を含む湖東平野の水系全体の姿を，基盤地図情報の水涯線（レベル2500）で描いたものを図7-1に示す．図の範囲での県内の水系はすべて，図で鈴鹿山脈の位置する東側より西方に流れ出て琵琶湖へと注いでいる．そのうち三重県境近くまで源流を遡れるのは，愛知川をはじめとして犬上川や野洲川な

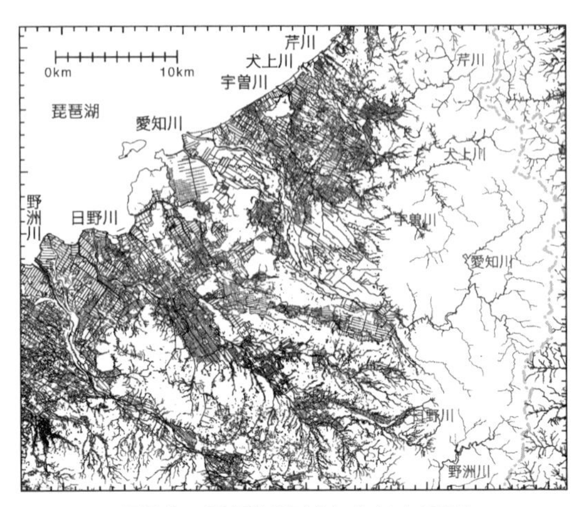

図7-1　愛知川流域を含む水系図

（注）基盤地図情報水涯線（レベル2500）を用いて作成.

ど，図に河川名を記載したいくつかの大河川に限られる．こうした河川は，より降水量の多い源流山地域での雨水を一筋の流れに集積するため，氾濫を繰り返して発生させて，今なお治水上の要注意河川となっている．また，犬上川・宇曽川・愛知川については，これらの源流域が入り組み合う谷筋を形成しており興味深い.

近江国内の令制12郡のうち，野洲郡と甲賀郡を除く残りのすべての郡は，国境の分水嶺から琵琶湖に渡る境域を持つ．近江国の郡のこうした形状は，こうした大河川のそれに規定されたものでもある．犬上愛知郡境や蒲生野洲郡境の一部分に見られる直線境界などを除き，郡境は自然地形を，つまり，大河川やまたはその分水嶺をなぞっていることが多い．現在では，地域をつなぐ媒体が鉄道や道路などの同じ程度の標高地点を結ぶような，いわば水平的な結合に依拠する面が強いが，かつては自然の水の確保は生活や生産に必須の前提であったから，その時代には水系による垂直的な結合（標高の異なる地点を結ぶつながり）も今よりずっと大きな意義を持っていたであろう．その意味で，近江国内での郡ごとの風土の固有性は，水系を媒介とする結びつきにより，流域それぞれの性格を直接的に反映するものでもあった．

他方，県内にはこうした大河川以外にも多くの1級河川が存在する．これらも含み中小の河川のほとんどは，用水や排水のための人工流路であるとの側面も強い．図7-1に示すのは現状の水路網ではあるが，圃場整備などが行われる以前においても，例えば，神崎郡の大同川などのように条里地割に沿った直線流路区間を持つ河川は少なくなかった［五個荘町史編さん委員会1992：237］．このように，中小規模の河川で耕地の間を流れるものは，多かれ少なかれ何らかの人工的な流路規制を受けてきたと考えられる．さらに，例えば，愛知郡内の愛知井（えちゆ）や安壺井（あんこゆ），神崎郡の筏川などのように，灌漑水路として全く人為的に掘削された歴史を持つと思われる河川も存在する［八日市市史編さん委員会 1983：613；愛知川町史編集委員会 2005：508；東近江市愛東の歴史編集委員会 2009：217］．

(2)　河川の作る地形

愛知川流域の中下流部を含んで湖東平野の標高図を示したものが図7-2である．琵琶湖の水位0ｍは標高84.371ｍに相当し，そこから約100ｍ高度を増して，図の東方の標高180ｍあたりからは山地地形へと移行する（茶系統の彩色）．琵琶湖とこの山地地形との間の高度差でわずか約100ｍ幅の区域こそが，生活と生産の大部分が営まれてきた場である．この高度幅約100ｍは，さらに標高100ｍと130ｍあたりで区分でき，3分割してとらえることができる．図では，それぞれ低い方から青系統，黄緑系統，黄系統に彩色している．

愛知川の扇状地は南は布引丘陵，北は宇曽川あたりまでの相当広い範囲に及んでいて，愛知神崎両郡に蒲生郡北部もあわせた平野部の自然景観を支配する大規模なものである．愛知川扇状地の北側には，犬上川の扇状地がすぐ隣接していて，これもまた犬上郡の平野部を支配する規模を持つ．どちらの扇状地もその扇端は標高100ｍあたりに位置し，それより低い部分は三角州を含む氾濫平野となっている（青系統）．他方この標高100ｍより高い扇状地の部分は，標

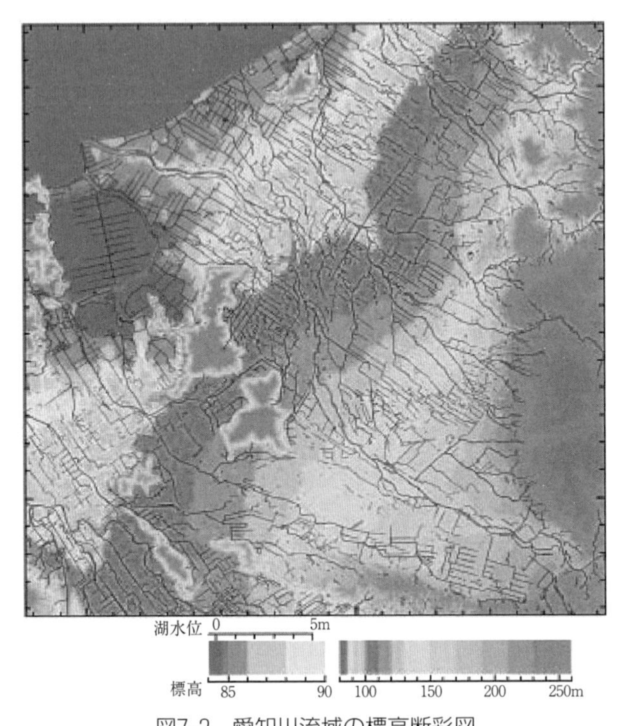

図7-2　愛知川流域の標高断彩図
（注）基盤地図情報標高点 DEM 5 m メッシュ値を用いて作成.

高130 m あたりで勾配が変化しているので，より低い標高での緩傾斜部分（黄緑系統）と，やや傾斜がきつくより標高の高い部分（黄系統）に分けられる．図でも断彩色の区切りを，標高130 m 以下では10 m ごと，以上では20 m ごとと変えている．

愛知川本流は，1-2万年ほど前には布引台地を西の湖やまた水茎岡山のあたりまで流れて出ていて，その後現流路の位置まで北進してきた［八日市市史編さん委員会 1983：45；五個荘町史編さん委員会 1992：37］．また，愛知川中流の特に黄系統の彩色の高度にあたる部分では，よく発達した河岸段丘（2-30万年前）が見られる．これらはどちらも，愛知川中流の左岸域が相対的に隆起，右岸域が沈降しつつあることの帰結である．宇曽川はこの愛知川と犬上川の両扇状地にはさまれて，このはざまの低地へと寄せる小流を多数集めながら流れ下る．したがって，宇曽川沿いにはこうした支流の合流点を中心に水はけのよくない所が存在する．宇曽川も扇状地を形成しているものの，その規模は谷出口から２km四方ほどにとどまる．

愛知川や犬上川の扇状地の扇端となる標高100-110 mあたりには豊かな水量を誇る湧水地が多数分布し，また，その程度あるいはより低い標高の地点には自噴式井戸が広く見られる［高谷・西田 1964：33-39］．愛知郡の不飲川や神崎郡の大同川・宮荘川など中小河川には，扇端に位置する湧水池を水源とするものも多い［五個荘町史編さん委員会 1992：231；愛知川町史編集委員会 2005：529；彦根市史編集委員会 2011：14］．この状況において，湖東平野の低地景観に独自の表情をもたらしているのは，中生代火山岩からなる独立峰の存在である．このうち，繖山と箕作山はこの扇端近くに位置し，伏流水の湧出を促す天然の堰として働いて，その東側に湧水帯を生じさせている．旧五個荘町の繖山東側では，標高が100 mほどあるにもかかわらず，かつて田舟で耕作するような強湿田も存在した［五個荘町史編さん委員会 1993：159］．一方，繖山と荒神山は，愛知川や犬上川が最下流でなす堆積作用を妨げる自然の障壁となっていて，その背後での大中之湖・西の湖・曽根沼などの内湖の形成に貢献している．火山の生成物の残滓であるこうした山体の存在が水域成立の誘因となっている事実は興味深い．これらの独立峰はいずれも巨石をはらむ岩体からなり，それゆえそれ自身が信仰の対象でもあった．また，繖山の頂にあった戦国大名六角氏の本拠地である中世城館観音寺城が，石材を多用した城郭として安土城などの石垣普請の近世城郭の祖形を提供したのも，ゆえなしとはしない［北原 2008：46-55］．

湖岸に目を転じると，湖岸線沿いの幅２kmほどの区間は標高で86 m以下，湖水位換算でわずか+2 mに満たないほとんど勾配のない低地帯が広がることがわかる．この中にあって，古くからの村落は，自然堤防や湖岸の浜堤などの微高地上の立地となっている．瀬田川に洗堰が建設される以前の明治前期には，琵琶湖水位は現在よりもほぼ１m高い水準にあり，繰り返しそれを越える高水にもみまわれていた［中川ほか 2017：309-334］．近年，湖東の湖岸部に限らず，琵琶湖岸に接するこうした低地にも住宅地が設けられることがあるが，居住の適地であるかは慎重に判断した方がよい．湖水位は変動する．湖岸線までが琵琶湖ではない．

2 古代の開発と地形

地形と水系が形作る地理的条件のなかで，人の営みのあり方の痕跡は地割として地表に姿を表す．地割を記録した網羅的な資料としては，20世紀後半以降に地形図作成を目的に撮影された空中写真と，明治初期の地籍編成の際に作成された地籍図がある（愛知郡神崎郡では，東近江市のうち旧湖東町・旧永源寺町と豊郷町を除いて地籍図集は発刊済み）．どちらも土地一筆まで面的な詳細が表現されているものであり，また，特に空中写真は編集加工のなされていない一次資料として貴重である．中川［2016：267-288］は，琵琶湖南湖東岸に位置する烏丸半島とその周辺の湖岸域を対象に，この両者に種々の歴史的・考古的資料も援用することで，風土の足跡をとらえる方法の一事例を示した．ここでは，同等の資料に基づくが，異なる視点からの試みのひとつとして，地籍図に記された字名のうち，古代に起源を持つと思われるものの分布に着目する．図7-3にいくつかの古代遺称字名の分布を条里地割とともに示した．以下，順に解説を加える．

A 綾戸，綾堂　綾は渡来人である漢部（あやべ）の伝えた高級織物のことで，「綾戸」や「綾堂」はその工房跡を示す遺名と考えられる．日本書紀の記載では，応神期に渡来，雄略期に漢直の姓を賜ったとする．いずれも愛知川沿いでその下流域を中心に分布するのが興味深い．また，同じ織物に由来する「服部」も愛知川右岸に神崎郡の村名として残る．

D 犬飼　犬飼部は，ヤマト王権における部民のひとつで，王権直轄地である

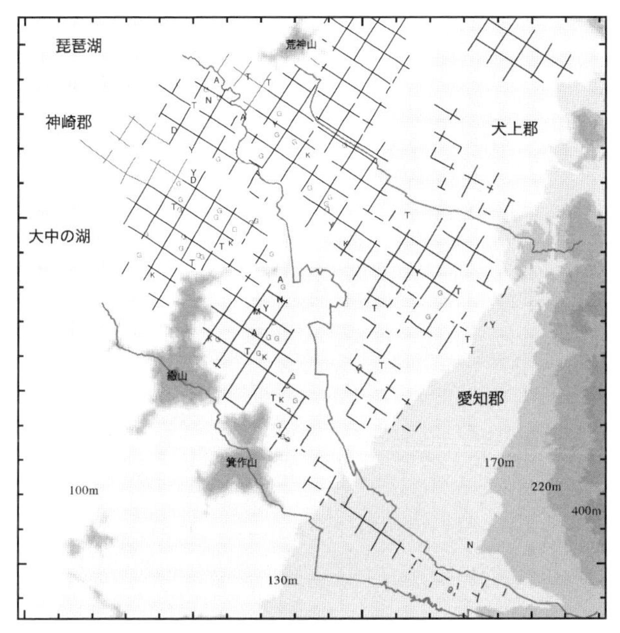

図7-3　愛知郡神崎郡における古代遺称字名の分布

屯倉（6世紀頃）の運営にかかわっていたとされる．のちの栗見庄となる境域内の２カ所に残る．

T　白鳳寺院跡　字名ではなく，白鳳廃寺の遺構地を示す．条里に先立つ時代の建設で，古くからの開発の拠点地に立地したと想定される．愛知神崎郡の標高130ｍほどから湖岸近くの低地にまで広く分布する．

G　五位田，位田　位田は，律令のうち田令の位田条に規定のある位階俸給の田地のことである．四品以上の諸王あるいは五位以上の諸臣に支給され，例えば，正五位に12町とする．「五位田」の字名が多いのは「御位田」の転化か．条里地割のある部分のうち，神崎郡内では標高約120ｍまでに広く分布するが，愛知郡ではやや偏りが見られる．国衙領としてその支配の及んでいた範囲を示すと見られるので，両郡での支配の実態の違いを反映しているのかもしれない．実際，愛知郡での分布の空白域は，南都の寺院支配の強かったところ（元興寺領愛智荘など）に相当しているようである．

N 奈良田，M 大安寺　「奈良田」は南都寺院に貢納する寺田であったことに由来すると考えられる．神崎郡普光寺村の「ナラ田」は同地が東大寺領因幡庄に，愛知郡妹村の「奈良町」は同村に春日神社があり興福寺領鯰江庄に，それぞれ含まれることに帰せられる．神崎郡簗瀬村の「奈良田」については以下に考察する．

天平19（747）年『大安寺流記資財帳』には，同寺領荘園として，「神前郡一処，愛智郡一処」とある．このうち，愛知郡のそれは大安寺領池庄（鎌倉遺文7680）であろう．神崎郡については，従来柿御園荘内に比定されてきたが，その論拠が近世文書にしか現れず，近年では，同寺領を柿御園荘に帰する考えには疑問が呈されるようになっている［永源寺町史編さん委員会 2006：190］．実は，簗瀬村のすぐ南に位置する北庄村（現宮庄）には，簗瀬村と接する位置に「上/下大安寺」の字名が残る．読みはダイヤスジではあるが，これが大安寺田の遺称であれば，同寺領「神崎東西地」（平安遺文1331）を神崎郡の中央部に近いこのあたりに比定できるのではないか．ちなみに，上述の『大安寺流記資財帳』には，平城京寺院である同寺の起源を古く聖徳太子発願の熊凝精舎に求める記述がある．が，この熊凝草創説話は，大安寺の伽藍造営を担当した額田氏出身の僧道慈によるその氏寺であった額安寺の縁起を粉本とした創作であるのではとの見解が示されている［福山 1948：15-30］．簗瀬村を含む旧五個荘町域には，瓦屋寺や石馬寺をはじめとしてこの聖徳太子にまつわる伝承が多数残る［五個荘町史編さん委員会 1992：295］．これらはそのまま史実とは考えられず，むしろその伝承の起源が大安寺領であったことに由来するのであれば，字名遺称地の位置との一致が注目される．ちなみに，同じく同寺領であった愛知郡池庄の周辺についても，百済寺や南北花沢村などに太子伝承を伝えている．

K 桑原　続日本紀の天平宝字２（758）年６月条に，神崎郡人の桑原史人勝ら1155人が同族とともに桑原直の姓を賜ったとする記事がある．この字名は同氏族の遺名と考えられる．神崎郡と愛知郡の平野中央部に分布を見る．

Y 倉ノ町 矢倉　類聚三代格巻12の太政官符に延暦14（795）年閏７月15日付で，郡の正倉を失火延焼を防ぐため郷ごとに分散して建設するよう指令するものがある．クラノマチの字名はこの遺称と考えられている．また同様のものとして，ヤグラがある．どちらも数は多くないが，平野部にあまり偏りなく分布する．

以上のような古代遺称字名の分布からは，古代の早い時期からの開発が愛知郡神崎郡の平野部，特に標高130 m 以下の領域には広くまんべんなく及んでいたことが，改めて確認できる．図7-3の条里の里界線（条里地割については第９章参照）からは，この二郡では郡ごとに単一の主条里が平野部を覆い尽くすように構想されたことが読み取れる．乙女浜村・福堂村・新開村は中世の開発，栗見新田・栗見出在家は近世の開発によっていて，そのため，前者では古代条里と接続する条里の施工がみられるものの相応の歪みが存在し，後者の地割は古代条里とは接合しない．愛知川洲先のこの地域を除けば，条里地割の分布は，湖岸近くの低湿の土地や，繖山東麓の扇端湧水地帯で強湿田のあるようなところにまで及んでいて，開発の早かったことを物語っている．一方の山側では，愛知郡の標高130 m 以高では条里地割も遺称地名も見られなくなり，神崎郡では確認はできるものの一町方格の条里地割は標高とともに明瞭さを欠いてゆく．ただし，条里地割の確認の困難となる岡田村でも九ノ坪の字名が残り［八日市市史編さん室 1986：10］，しかも，神崎郡主条里の坪位置に正しく収まる（図7-3の“9”）．愛知郡でも条里の山側起点が標高170 m ほどにあること（第９章）を考えると，両郡で標高130 m 以高の土地も，開発が及んでいなかったというよりは，単に開発のやや後発の地であっただけのようである．この図7-3における遺称字名と条里地割の分布のあり方がともに，先に述べた図7-2の黄緑系統と黄系統との分類に整合しているのは興味深い．

おわりに

ここでは，愛知川流域についての風土のあり方を概観した．その際，水系図と標高断彩図に加え，古代遺称字名の分布を用いた．流域全体を鳥瞰するこのような視点に加え，微視的な詳細を積み上げるような分析の観点も，それぞれの地域の風土の豊穣を理解するのにまた有効であろう．別途第９章では，後者の立場から，愛知神崎両郡の条里地割について考察している．そこでは地割の詳細を可視化するのに，高度成長期以前となる1961年撮影の大縮尺の空中写真を利用した．それが写し込むのは地割のその時点での姿ではあるが，それはそれ以前の来歴の積み重なりの帰結でもあり，それゆえそこにはそうしたものも重層的に表現されていることになる．地形・水系・地割の互いにからみあって存在する姿は，自然的景観のみならず社会的景観や歴史的景観も包摂して，いわば流域の風土の固有の表情の反映とも言える．付与のままならない自然社会環境のなかで，ひとは，人間的な営みを望みまた実現しようとし，そこから多面的な価値の創造をもたらすような実りある苦闘を繰り広げることになる．風土のあり方というものは，こうした人々の営為の歴史が織りなすものの集約的な表現とも言えるのではないか．

（付記）

図の製作には，国土地理院の基盤地図情報を使用した．

参考文献

愛知川町史編集委員会［2005］『近江愛知川町の歴史 第１巻』愛知川町．
永源寺町史編さん委員会［2006］『永源寺町史 通史編』東近江市．
北原治［2008］「矢穴考１――観音寺城技法の提唱について――」『滋賀県文化財保護協会紀要』21．
五個荘町史編さん委員会［1992］『五個荘町史 第１巻』五個荘町役場．

五個荘町史編さん委員会［1993］『五個荘町史 第4巻（2）地名と景観』五個荘町役場.
高谷好一・西田一彦［1964］「ビワ湖東岸の地質と地下水の流出機構について」『地球科学』74.
中川晃成［2016］「琵琶湖湖岸線の変遷――烏丸半島とその周辺域の絵図，地図，空中写真――」『里山学研究 2015年度年次報告書』龍谷大学里山学研究センター.
中川晃成・吉田天斗・井上康裕［2017］「琵琶湖水位の150年，特にその自然変動および長期推移」『里山学研究 2016年度年次報告書』龍谷大学里山学研究センター.
東近江市愛東の歴史編集委員会［2009］『東近江市史　愛東の歴史 第2巻』東近江市.
彦根市史編集委員会［2011］『新修彦根市史 第10巻』彦根市.
福山敏男［1948］「額田寺（額安寺）」『奈良朝寺院の研究』高桐書院.
八日市市史編さん委員会［1983］『八日市市史 第1巻』八日市市役所.
八日市市史編さん室［1986］『八日市市の地名と景観』八日市市教育委員会.

（中川 晃成）

第8章

河川，琵琶湖，盆地による〈繋がりと分断〉を考える

——近代化の「負の遺産」克服のために——

はじめに

戦後の日本では太平洋ベルト地帯を中心に工業化の顕著な進展がみられ，東京湾や瀬戸内海は許容量をはるかに越える汚染物質が流入し瀕死の状態となった．一方，こうした工業化に取り残されたかに見える農山村においてもさまざまな形で近代化が押し進められた．

農業の機械化，化学合成肥料の導入，そして大規模な灌漑システムの構築や圃場整備事業の実施である．また，林業分野においては，戦後復興に伴う木材不足やチェーンソーなどの導入に見られる林業の機械化を引き金として，天然林の伐採とスギ，ヒノキなどの植林（拡大造林事業）が大規模に行なわれた．

こうした農林業の近代化によって，かつては農業生産や日常生活に必要不可欠であった里山は放置され，植林地化され，あるいはまた開発（宅地，ゴルフ場，工業団地など）され変貌していった．里山と農家が繋がりを失っていくというこうした状況は，農業用水の主たる供給源である河川と農家との間においても起こった．

農林業の近代化がどのような正負の遺産を地域社会に残したのかを愛知川流域を対象として論じ，〈流入河川や琵琶湖，そして滋賀県の盆地構造〉がもたらす〈繋がりと分断〉の働きが農林業近代化の「負の遺産」の克服にどのように作用するのかを考えたい．

1「河川・琵琶湖の近代化」と農業水利の近代化

愛知川流域では有数の米作地帯ゆえに農業水利の近代化が早くから進んだ．愛知川流域ならびにその少し北に位置する宇曽川流域では，図8-1に示されているように，多くの大型井戸，井堰，溜池，逆水施設（琵琶湖の水のポンプアップ施設）が設けられたが，戦後，それらの地域をカバーする形（逆水地域を除く）で，農業用利水ダムである永源寺ダム（1972年完成）を水源とする大規模灌漑施設

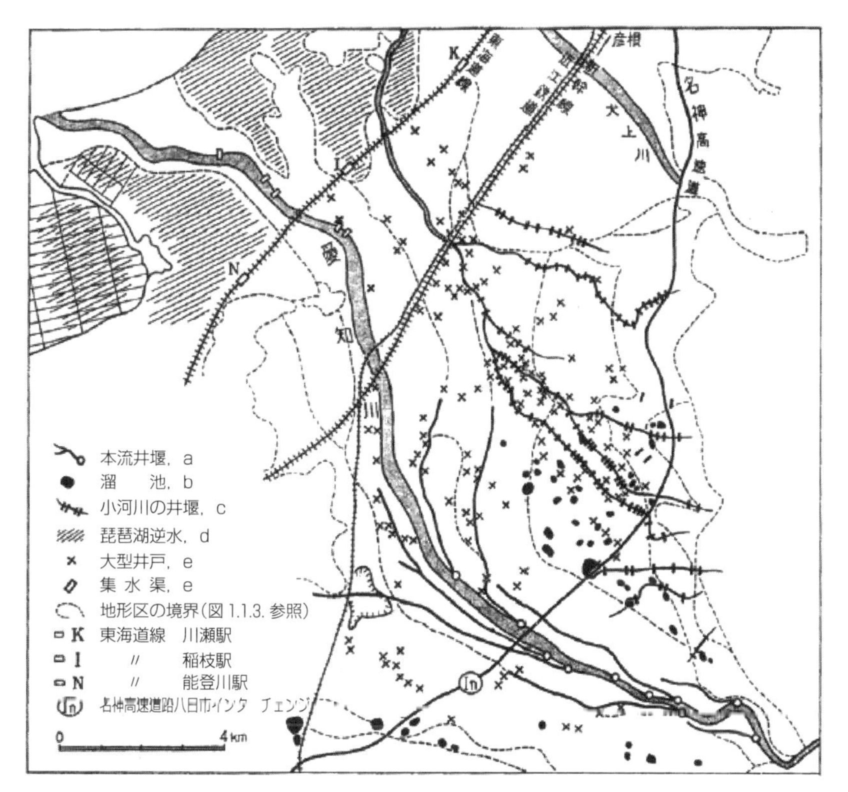

図8-1　愛知川・宇曽川流域の大型井戸，井堰，溜池，逆水
（出所）近畿農政局淀川水系農業調査事務所編［1983］『淀川農業水利史』．

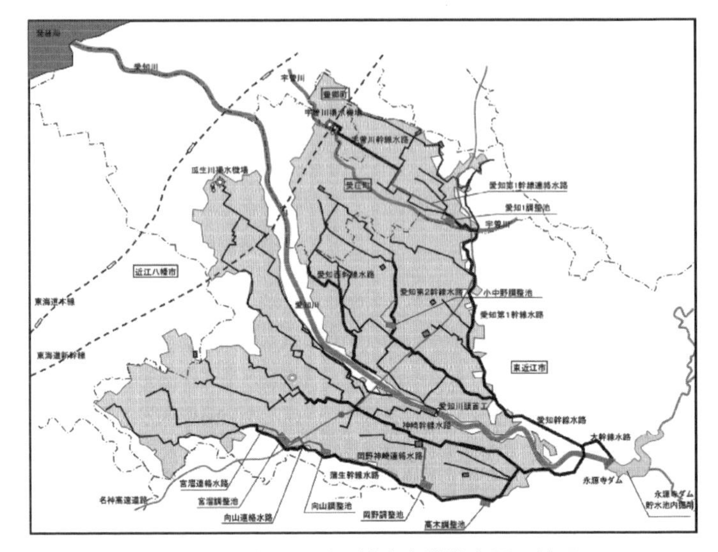

図8-2　国営かんがい排水事業湖東平野地区
（出所）国営かんがい排水事業「湖東平野地区」の概要（http://www.maff.go.jp/kinki/press/seibi/suiriseibi/pdf/141024-01.pdf, 2017年3月1日閲覧）.

（国営かんがい排水事業・湖東平野地区）の整備がおこなわれた（図8-2）．農業水利の近代化は，「河川の近代化・装置化」を基盤としておこなわれたのである．

ここで，「河川の近代化・装置化」とは，河川にダム，頭首工，堤防（スーパー堤防）などが設置されることによって，河川水の合理的な利用（電源開発や水資源開発など）が促進されることを意味する［田中 2012］．

滋賀県における「河川の近代化・装置化」は，「琵琶湖の近代化・装置化」とも連動している．「琵琶湖の近代化・装置化」は，1905（明治38）年の南郷洗堰の設置から始まるとも言える．南郷洗堰の設置によって，琵琶湖の水位は1m近く下がり［淀川百年史編集委員会 1974：1071-1075；中川ほか 2017］，琵琶湖沿岸域の地下水位の低下をも引き起こした．その結果，従来の浅井戸による灌漑は不可能となり，大型の深井戸が必要となり，それに伴って大型の動力ポンプの導入が必然化されただけではなく，戦後には農業用水の安定供給のための農業用利水ダム（永源寺ダム）の建設が求められることになった．

琵琶湖の１m近くもの水位低下は，戦前，戦後の内湖の干拓事業を当然のことながら容易にし，米の生産量の拡大に大いに貢献することになる．そして，「琵琶湖の近代化・装置化」は，琵琶湖全体を人為的に水位調節が可能な「人造湖」へと変化させた戦後の琵琶湖総合開発事業（1972-1997年）によって徹底化される．

2　農林業近代化の「負の遺産」

(1)　農林業のモノカルチャー化

河川や琵琶湖の近代化・装置化は，たとえば南郷洗堰のように結果的に，あるいは永源寺ダムの建設と大規模灌漑施設の整備のように意図的に農業の近代化を押し進めた．

農業の近代化は，かつては手放しで肯定されたが，今では環境面などからその見直しがおこなわれている．たとえば，滋賀県の「魚のゆりかご水田[1]」などの取り組みはその事例である．

農業の近代化は，農業生産性の向上がその主目的であったが，結果としては多品種少量生産から少品種大量生産への転換に帰着した．かつて農家の人は百姓と呼ばれていたが，それは彼らが多様な種類の作物を工夫しながら年間を通して栽培していたことに由来すると言われる．すなわち，農家の人々は，多様な作物を育て，そのために多様な農作業（播種，育苗，施肥，草取り等々）をこなしてきたがゆえに「百姓」と呼ばれていたというわけである．農業の近代化は，手間のかかる多様な作物の栽培を放棄させ，米などの少数の作物を大量に生産する方向へと農業を導いていった．言い換えれば，農業は米作モノカルチャーへの道を近代化の名の下に歩んでいったわけである［田中 2015］．

農林業の近代化は，収穫量の安定や増大などの恩恵を与える一方で，さまざまな問題を流域に引き起こした．

(2)　上流域の問題──拡大造林の爪痕

河川や琵琶湖の近代化とは直接には関わらないが，「林業の近代化」も少品種大量生産へと林業を導くものであった．戦後の拡大造林政策によって，針葉樹モノカルチャー化が進み，山はスギやヒノキだけの人工林の山へと変貌し，さらに高齢化や人手不足などによって手入れが行き届かなくなり崩落の危険性の高い山へと変貌していった．

愛知川支流の茶屋川上流には今は廃村となった茨川の集落があるが，そこでは，製炭業が衰退した後，補助金による植林（造林）が進められた．しかし，植林の完了に伴って収入が途絶し，集落の人びとは挙家離村を次々と余儀なくされていった［筒井 2017］．そして，その集落は，今，手入れされない植林地から流出する土砂・土石に徐々に呑み込まれつつある．奥山の荒廃と土砂流出は，まさに針葉樹モノカルチャー化の爪痕である．

(3)　中下流域の諸問題

中下流域ではどうなったかというと，農業や日常生活全般が近代化されると，肥料や燃料供給源としての里山は不要になり，スギ・ヒノキが植林され，また放置され，集落間近にまで「山が下りてくる」ことになる．その結果，山と耕地や人家が近接することによって獣害問題が深刻化することになる．

河川の近代化を象徴するダムが建設されると，ダムの上下流においてさまざまな問題が起こる．ダムの上流では河床の上昇が起こり水害の危険性が増し，ダム自身も土砂で埋まり堆砂率が上がっていく（堆砂問題）．また，ダムの下流部では，上流からの土砂の流入が途絶することによって河床低下が起こる．愛知川では永源寺辺りで河床低下がみられるとのことであるが[(2)]，一般的には橋脚の掘り崩しが起こり，橋が流されるといった被害が発生し，また取水堰が用をなさなくなったりもする．愛知川では，土砂採取も手伝って河床の低下が進み，第３章で述べた「底樋」が露出し用をなさなくなるといった問題が実際に起こっている[(3)]．これは用水路の存在が潤いを与えてきた街並み景観の破壊へと繋がっていく問題でもある．また，最近琵琶湖の沿岸域で問題とされている「浜枯れ（湖岸侵食）」問題も，ダムでの堆砂によって琵琶湖への土砂流入が減少したことが一因ではないかとも言われている[(4)]．

ダムはその下流域でしばしば濁水問題を引き起こす．紅葉が清流にその影を映すことで人を集めていた観光地はその景観を傷つけられるし（永源寺），川石に苔が付かずアユが育たないといった被害も起こる．また，ダムへの貯水による放流量低下は，川が一部干上がる「瀬切れ」を引き起こし，アユやビワマスの遡上を阻害する．愛知川はかつては全国から良質なアユを求めて釣り師が集まったとのことであるが，それも今や昔のことになっている[(5)]．

大規模灌漑施設の建設と圃場整備によって用排水分離や用水路の暗渠化がおこなわれると，従来の田越し灌漑に比べて水田や用水路における生物多様性が劇的に減退する．また，大規模灌漑施設によって，用水管理は，水の配分をめぐる「村落と村落の緊張関係」の下での管理から「土地改良区と個別農家の制度的関係」の下での管理へと変化する〔田中 2015〕．これは用水管理の合理化ではあるのだが，村落間対立の解消は村落内部の紐帯を弛緩させると同時に，村落間対立・緊張を前提として成り立っていた「郷祭り[(6)]」の賑わいに影を落とすことにもなりかねない．

内湖が生物多様性の揺り籠のような場所であるというのは第3章でも述べたが，その内湖の干拓という名の近代化が琵琶湖全体の生物多様性に与えた影響も甚大である．

3　「負の遺産」の克服と未来像の模索

これまでに述べたことから明らかなように，河川の流域や琵琶湖には解決すべき問題が山積している．そして，これらの問題を解決していく上でもっとも重要なのは流域の人びとのネットワークである．しかし，流域の人びとのネットワークについて考える上で重要となるのが，河川が人びとの間に〈繋がりと分断〉の双方を生むという本来的に両義的な存在であるということである.

(1) 河川による〈繋がりと分断〉

河川は政治や経済あるいは文化の〈回廊〉として上流と下流を結びつけると同時に，上流と下流，右岸と左岸の〈分断〉の働きもする．河川によって流域の人びとは繋がりかつ分断される．琵琶湖流域の人びとと淀川下流域の人びととの関係については第3章で述べたが，たとえば，長良川（岐阜県）の場合ならば，「飛山濃水」という言葉に象徴されているように，山また山の飛騨地方と広大な平野に恵まれつつも洪水に苦しむ美濃地方のそれぞれの利害，すなわち上流と下流の利害がしばしば激しく対立してきた.

また，一般的に行政区域がしばしば河川を境界線として構成されていることからも分かるように，右岸と左岸もしばしば対立してきた．たとえば，洪水の際に右岸側の人びとは，いずれにしろ決壊するならば，左岸側の堤防が先に決壊してくれることを，決して口には出さないが，心の底では願わざるをえないというわけである．こうした心性を長良川河口部の輪中地域では自嘲を込めて「輪中根性」と呼んでいる.

河川は，このように人びとを繋げると同時に分断するという両義性を持っているが，流域の人びとをネットワーク化するためには繋がりを活かし，分断を克服する工夫が必要である.

(2) 愛知川と東近江市――〈流域地図と行政地図〉の重なりの幸運 (1)

山積する河川流域の問題の解決にとって流域の人びとのネットワークが重要なのだが，河川の上流と下流や右岸と左岸が行政的に分断されていると，河川の両義性は〈繋がり〉よりも〈分断〉に比重が移りがちになる．先に挙げた岐阜県の飛騨と美濃の対立も江戸時代の藩政区分上の分断を引きずっているという側面もある.

ところで，中小河川を除けば，日本の多くの河川は，市町村などの複数の行政区によって分割されている．言い換えれば，「行政地図」と「流域地図」とが一致していない[(7)]．その点において，愛知川は，中下流部では右岸側が別の市町村（愛荘町と彦根市）となってはいるものの，東近江市にその流域全体がほぼ収まっている珍しい川である（第3章図3-2参照）．たとえば，滋賀県の高島市を流れる安曇川はどうかというと，最上流部は大津市や京都市だったりするし，長浜市は，姉川をカバーしているかに見えるが，姉川が伊吹山から直接流れ出てきている上流部は米原市だったりする．このように一つの市町村が比較的大きな河川の全体流域をカバーしている事例はなかなかない．日本全国の河川をすべて調べたわけではないが，私が知っているもう一つの河川は石川県の白山市を流れる手取川である．その流域は，源流域から河口まで白山市でほとんどカバーされている（下流部一部区間は川北町）．愛知川と東近江市，手取川と白山市といった一つの市町村に比較的大きな河川がほとんど収まっているという関係は珍しく，通常は全体流域が複数の市町村によって分断されている．

このように，愛知川は東近江市にその流域全体がほぼ収まっているのだが，その意味するところは，東近江市は，河川の流域が背負わされている諸問題に対処する上で，大きな優位性をもっているということである．

一級河川である愛知川の管理は国から滋賀県に委託されており，東近江市には管理権限はない．しかし，東近江市は愛知川流域の諸問題に滋賀県や中央省庁と協力して流域一貫の総合的・統合的河川管理を押し進める可能性をもっている．茶屋川上流域の拡大造林で荒廃した奥山から流れ出る土砂や濁水を抑制し，永源寺ダムの放流濁水の長期化を防ぐ，あるいは瀬切れ問題を軽減する．これらの取り組みは，東近江市が愛知川流域の森林組合や漁業組合，土地改良区あるいはまた市民団体や研究者などとネットワークを組み，そのネットワークを介して県や中央省庁をその取り組みに引き込んでいくことによって可能となるはずである．もし愛知川が複数の市町村によって分断されているならば，こうした取り組みはより困難となろう．

(3)　琵琶湖と滋賀県――〈流域地図と行政地図〉の重なりの幸運 (2)

愛知川と東近江市との重なりがもたらす優位性について論じたが，これと類似の事態は，琵琶湖流域（集水域）と滋賀県との関係においても見出される．すなわち，琵琶湖流域は滋賀県域とほぼ重なっている．琵琶湖総合開発法（1972年～1997年）や琵琶湖保全再生法（2015年～）という琵琶湖の名を冠した法律ができたのも，それらの是非は置くとして，この重なりが重要な働きをしている．

この重なりの重要性については，琵琶湖博物館の戸田孝も指摘していて，彼は，「石鹸運動や，その成果としての滋賀県琵琶湖の富栄養化の防止に関する条例」の成立を挙げて，この重なりがもつ重要性に言及している(8)．

(4)　琵琶湖による〈繋がりと分断〉――多中心性のネックレス構造

先に愛知川の中下流部の右岸側は他市町村（愛荘町と彦根市）となっていると述べたが，河川流域の諸問題を解決していく上で，東近江市は，愛荘町や彦根市ともネットワークを作っていかなければならない．流域をめぐる諸問題の解決には，一般的には各種地域団体や市民などとのネットワークが重要な働きをするが，忘れてはならないのが，市町村間のネットワークの構築である．

滋賀県においてこの市町村間のネットワークを考える上で重要となってくるのが，滋賀県下の市町村が琵琶湖によって繋がりかつ分断されているという事態である．河川が人びとの間に〈繋がりと分断〉を生む両義的な存在であることについてはすでに述べたが，琵琶湖もまったく同じような両義的な存在なのである．

山梨県の甲府盆地の中核都市は甲府市一つである．同じように，山形盆地の中核都市も山形市一つである．しかし，滋賀県の場合は，同じ盆地構造（近江盆地）でありながら，その盆地の中央に琵琶湖が位置することで一つの都市が盆地の中心部で中核的位置を占めるということが起こり得ないという特徴がある．その結果，琵琶湖を囲むように大津市，草津市，近江八幡市，東近江市，彦根市，長浜市，高島市（旧高島町や旧今津町など）といった，それぞれに独自の文化と産業をもつ中小規模都市が併存するという構造が形成された．そして，それらの都市はかつては琵琶湖の舟運によって相互に繋がり繁栄していたわけである．滋賀県では，その盆地構造と琵琶湖の存在ゆえに「多中心性のネックレス構造[(9)]」とでも呼べる，複数の政治・経済・文化圏の併存が生まれた．

これらのことを考えると，まさに琵琶湖は〈繋がりと分断〉を生む両義的な存在であることが分かる．滋賀県は，盆地の中心の県庁所在地にすべてが集まるという中央集権的な構造になっておらず，地域分権的で多様性に富む一方で，他方では統一が取りにくいというマイナス面をももっている．

(5) 〈峠〉による繋がりと分断

もう一つここで付け加えておかなければならないことは，滋賀県全体をカバーする盆地構造とそれを取り囲む山々の峠の配置が「多中心性のネックレス構造」を強化しているという側面である．盆地は周囲の山々によって他地域から分離・分断されており，「峠」を介して他地域と交流することになる．峠も，河川や湖と同じように，人びとの間に〈繋がりと分断〉を生む両義的な存在なのである．たとえば，峠を越えて商業活動を行なった近江商人の活躍は，この峠の両義性にその存立基盤があったと言えよう．峠を介して繋がってはいるが，峠越えは危険でもある．その危険を冒すところに商機が生まれるのである．

峠を介して他地域と繋がることで，盆地社会は他地域の政治・経済・文化などの影響を受け，一般的には，それらは盆地の中核都市においてその盆地社会固有の政治・経済・文化などに融合していく．おそらく甲府盆地の甲府市や山形盆地の山形市においてはそうした融合が起こっていたはずである．しかし，琵琶湖が中心に陣取る滋賀県ではそうならなかった．ネックレス構造をなすそれぞれの都市は，峠の向こうにある地域の政治・経済・文化などの影響をそれぞれに引き受け，独自の政治・経済・文化などを形成していったのである．

おわりに

これまでに述べてきたような流域の諸問題の解決や地域活性化一般にとって重要なことは，地元の人びとが地元内部で相互（人と人，人と市町村，市町村と市町村，県と市町村など）に，また外部の人びとと，活動的で多元的なネットワークを組んでいくことである．

滋賀県においては，琵琶湖に流入する諸河川，県の中心に位置する琵琶湖の存在，そして滋賀県を取り巻く峠の存在という3つの〈繋がりと分断〉の契機によって，「多中心性のネックレス構造」が出来上がった．それゆえに滋賀県において人びとや市町村間のネットワークを考える際に重要なポイントとなるのは，人びとが，そして各市町村がこれらの〈繋がりと分断〉をいかに活かし，また克服するのかということである．

多様性というものは，統一性からはみ出す要因として日本ではしばしば否定的に見られてきたが，多様性は相互補完性を生み出す契機としてもっと評価される必要がある．やり方次第でお互いの違いを楽しみ，相互に刺激し合うことがもっとできる．

その際にキーポイントになるのが，そのネットワークの核となる人や市町村の存在である．誰がということでは，各市町村の首長や知事が重要な働きをすることができるであろうし，どの市町村がということであれば，愛知川という琵琶湖への流入河川を包摂する市域をもつがゆえにさまざまな流域問題に対処しなければならない東近江市はあきらかにその有力候補の一つとなろう．

最後に，生き物のネットワークの話に絡めて論を閉じよう．岸由二は，里山に偏重した近年の環境保全運動に苦言を呈しつつ，次のように述べている．「『すみ場所（ビオトープ）』の多様性とそこに生きる生き物の多様性．その両者の多様性をしっかりと保全すること（ネットワーク化）が『生物多様性』の本来の目的である[(10)]」と．彼のこの発言とこれまでの議論を結びつけるならば，奥山，河川，里山，農地，琵琶湖，そして淀川下流域といった「すみ場所（ビオトープ）」の多様性を保全し，さらにそれぞれの「すみ場所（ビオトープ）」における生き物の多様性を保全・回復するということが重要であるということになる．奥山の荒廃は河川の荒廃を生み，それが人びとの魚や水との潤いのある触れ合いを奪うという形であるいは洪水のリスクを高めるという形で，人びとの日常生活を脅かし，それらがさらには森や川などの自然の保全へと向かう気持ちや余裕を人びとから奪うという「負の連鎖」がある．これを断ち切ることが必要なのである．

「すみ場所（ビオトープ）」のネットワーク化と人びとや市町村のネットワーク化がうまく接合することによって流域と琵琶湖，そして淀川流域の未来は展望することができる．

注

（1）滋賀県「魚のゆりかご水田プロジェクト」(http://www.pref.shiga.lg.jp/g/noson/fish-cradle/2017年3月1日閲覧)．

（2）愛知川漁業協同組合「サイト管理人のつぶやき」(http://www.s3.x0.com/tubuyaki.html, 2017年3月1日閲覧)．

（3）西村久子［2013］「愛知川伏流水の復元について」『西村久子／県政報告』第43号．

（4）浜枯れ（湖岸侵食）の実態については，瀧他［2007］を参照．日本全国の沿岸部で進行する海岸浸食も，全国の河川で数多くのダムが建設され，海への土砂流出が減少したことが一因である［宇多［1997；2004］．

（5）愛知川清流会「次世代に残そう清らかなる川」(http://www.hitoumi.jp/event/12_echigawa.pdf, 2017年3月1日閲覧)．

（6）「郷祭り」については，市川［2015］ならびに第3章参照．

（7）「行政地図」と「流域地図」という考え方については，岸［2013］を参照．

（8）戸田孝「滋賀県域と琵琶湖集水域の一致」『戸田孝の私設琵琶湖博物館』(http://www.lbm.go.jp/toda/ohmi/drainage.html, 2017年3月1日閲覧)．

（9）滋賀県では，バブル期の1990年に「琵琶湖リゾートネックレス構想」が策定され，バブル崩壊と共に立ち消えとなっている．「多中心性のネックレス構造」は，こうした政策においても意識されていたと思われる．

(10)「今週のインタビュー #291：地球に暮らしなおすための地図を手に入れろ／岸由二さん（慶應義塾大学経済学部教授）」『MAMMO.TV』「(http://www.mammo.tv/

interview/archives/no291.html, 2017年3月1日閲覧).

参考文献

市川秀之［2015］「湖東地域における複数村落による神社祭祀」『人間文化』（滋賀県立大学），38.

宇多高明［1997］『日本の海岸侵食』山海堂.

宇多高明［2004］『海岸侵食の実態と解決策』山海堂.

岸由二［2013］『「流域地図」の作り方』筑摩書房（ちくまプリマリー新書).

中川晃成・吉田天斗・井上康裕［2017］「琵琶湖水位の150年，特にその自然変動および長期推移」『里山学研究センター 2016年度年次報告書』龍谷大学.

瀧健太郎・児玉好史・都築隆禎・伊藤禎和・加藤陽平［2007］「琵琶湖湖辺域における湖岸保全施設によらない湖岸管理の実現可能性に関する一考察」『リバーフロント研究所報告』リバーフロント研究所.

田中滋［2012］「近代日本の河川行政史――ナショナリゼーション・近代化から環境の事業化へ――」，牛尾洋也・鈴木龍也編『里山のガバナンス――里山学のひらく地平――』晃洋書房.

田中滋［2015］「〈水利と米作の複雑系〉を読み解く――河川と里山の社会史――」，村澤真保呂・牛尾洋也・宮浦富保編『里山学講義』晃洋書房.

筒井正［2017］「廃村茨川に生まれて――森林文化再考――」『流域のくらしと奥山・里山（龍谷大学里山学研究センター2016年度年次報告書)』龍谷大学.

淀川百年史編集委員会［1974］『淀川百年史』建設省近畿地方建設局.

（田中 滋）

第9章

近江愛知郡神崎郡の条里と古代愛知川流路

はじめに

畿内の国々と同様，近江盆地においても，条里にもとづく一町（約109 m）方格の土地区画は，平野部の耕地において典型的にみられる風景といえる．20世紀後半の圃場整備事業などにより耕地の広範な統合整理が遂行され，ここ半世紀ほどで失われてしまった部分も少なくないが，古代に起源を持つこの土地区割は今でもなお随所で現認できる．ここで対象としたのは，近江国の令制12郡のうち，愛知川流域となる愛知郡と神崎郡，さらに犬上郡の条里である．当該地域を含んで滋賀県内では，地券発行に伴う地籍図（おおむね明治6年製作）が多く残っており，自治体単位で地籍図集などとして近年公刊されるようになった．これによれば，高度成長期前に撮影された空中写真も援用して，条里の詳細な状況を近代初頭にまで遡り再現することが可能となる．本章ではその結果を示すとともに，こうした条里のあり方より推論される事柄についても考察する．

以下では，地名，特に村名に近世期のそれを用いる．地籍図はこの村ごとにその実務も担い製作されたものである．

1 条　　里

(1) 近江の条里

戦国時代末期の土地制度の変革以降，統治実務上忘れ去られていた条里の存在に着目しその解明を試みたのは，『坂田郡志』［中川 1913］を嚆矢とする．つまり，近江の条里がその先駆けであった．ここで対象とする神崎郡と愛知郡についても，その後相次いで刊行されたそれぞれの郡志『近江神崎郡志稿』［大橋 1928］と『近江愛智郡志』［中川 1929］において取り上げられ，同じ方法論が踏襲された．それは，一町方格の地割を実地で認めるとともに，地名に条・里・坪などを示す数詞遺称や，あるいは田地売券や荘園史料に条里坪付を渉猟し，これらに基づき，郡全体での条里方眼を条里図として集成するものである．

こうして，近江国では，条里は郡ごとに独立に施工されていて，琵琶湖東岸の郡では，その主条里は条の数詞が北から南に，里のそれが東から西に進むこと，またこれに整合して，坪は北東隅からまず南に進み南西隅に終わる平行式を採用していることが明らかになった．当初，里の数詞呼称は例外的な場合を除いて条に共通であることが前提と考えられていた．しかし，里の起点はむしろ条ごとに全く独立に定められることが原則であって，条ごとに相応の坪付け史料のない限り，里の数詞呼称は正しく復元できないこと，またその際の各条の里の起点位置はその条の可耕地の存在限界にあたること，などが徐々に明確化してきた．高橋［2006：1-35］は，近江国について遺存する当時知られていた条里史料を網羅し，あらためて近江全郡の条里図の整理提示を行った．このような明瞭な体系化が，里呼称の比定の再検討やさらなる新史料の発掘などの呼び水となっている［例えば，櫻井 2011：1-12；田中 2011：93-110；古川 2011：1-27；中川 2016：267-288］．

(2)　条里地割の再現

以下で行う条里考察の方法論も，原則的に郡志や高橋［2006：1-35］のそれと変わるところがない．しかし，条里地割の同定精度において決定的に向上している．その際の基本資料が，主に国土地理院撮影の1961年空中写真である．これは，2500分 1 国土基本図作成のため高度2000 m に満たない低空から撮影されたもので，地表の人物も確認できるほどの大縮尺となる．この空中写真を，2014年以降同院より提供されているレベル2500の基盤地図情報も援用し標定する．この際の位置決定の精度を標定後の空中写真画像に基盤地図情報を重畳することにより見積もると，地表換算で基盤地図情報のそれと同じ１，２ｍの程度であった（実際の標定の過程で，基盤地図情報の精度に区域ごとの違いを認めることがあったが，その制作は現在では主に外部発注であろうから，受注業者によるものかもしれない）．この標定を経た空中写真上でトレースすれば，撮影時，つまり1961年当時の条里地割が同程度の精度で再現できることになる．また，明治初期地籍図の表現内容と照合することで，再現地割はさらにその時代まで遡って存在していたことが確認できる．今回は，こうして決定した条里地割線を，基盤地図情報と同じ形式の緯度経度値からなるxmlファイルとして整備した．

(3)　神崎・愛知・犬上郡条里

上述の方法で定めた神崎・愛知・犬上３郡の条里の全体像を図9-1に示す．ここでは，条里地割のうち６町ごとの里界線のみを描いている．この３郡内では古代東山道がほぼ一直線に貫いており，条里もそれを基準として３郡統一条里として施行されたとみなすことがある［高橋 2006：1-35］．しかし，上述の精度で描いた図9-1からは，郡境での条里区画のずれなどにその個別性がうかがわれる．のみならず，同一郡内においても条里方位の場所による異なりや正方方格からの逸脱が広く存在することも明瞭に認められ，仮想的な条里の正方方眼を実際の地割にそのままあてはめる考えには無理があることを示している．

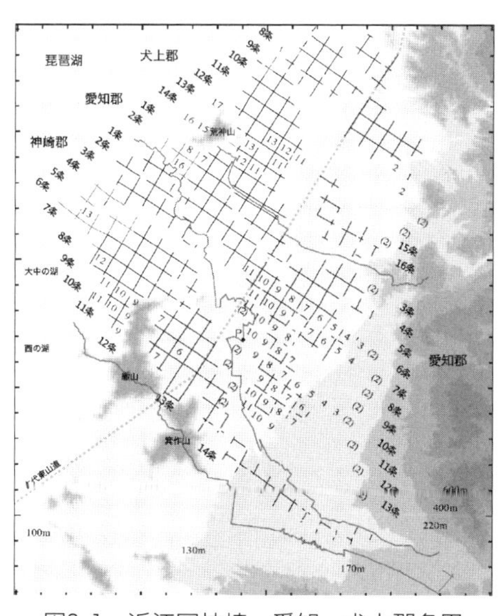

図9-1　近江国神崎・愛知・犬上郡条里

同図には里の数詞を記すが，それは比定史料の確認できるところのみに限った．したがって，記載のない条については，現状で里の起点は確定しない．図で里の数詞が高橋［2006：1-35］と異なるのは，弘福寺平流荘にあたる愛知郡2条7里8里と3条16里で，ここでは考古的知見とも整合する北原［2002：63-69］の比定案に従う．さらに，今回大縮尺空中写真を用いたことで，土地それぞれの固有性がより容易に視認できるようになった．このことより，愛知郡6条と神崎郡10条11条の里の従来の比定案についても疑問が生じた．次にこれについて述べる．

2 里の比定

(1) 愛知郡香荘

愛知郡6条7条の里の比定の手がかりは，平安末から南北朝期に存続したとされる香荘についての史料である．鳥羽上皇の院庁は，同荘の尊勝寺への寄進立荘にあたって，保延4（1138）年11月16日に下文（平安遺文5004）を発しており，その中でその四至を愛知郡7条の5，6，7里のうちの東西18坪南北5坪の矩形域と指定している（図9-2）．この境域は近世の沖村と香之庄村をあわせたそれとほぼ一致していて，あるいは別途，豊満神社文書による7条の坪記述とも整合して，7条の里の比定は従来説で動かない．問題は6条である．同年5月20日の下文（平安遺文5001）では，同荘の位置を「在管愛智郡八木郷善田庄内/四至/東限愛智山/南限八條堺/西限七條八里堺/北限六條南二坪並北坪/六條三里十二箇坪/四里十二箇坪/五里十二箇坪/七條四里五里六里七里/山壹處 字廣岡 船坂 大波計/愛智野」とする．従来説［高橋 2006：1-35］は，6条の里の起点を7条より2里西に位置するとするもので，そうすると両条でこの下文の示す荘域の西端が揃う，とした．

この香荘の立地を図9-2で確認してみる．11月16日付下文の境域に相当する沖村と香之庄村は，北は宇曽川と，南はやや出入りがあるが南川にはさまれている．平安期文書である5月20日付下文の「愛智野」は蚊野外村と小八木村の，「廣岡」は平柳村と北坂本村の，それぞれ字名として明治初期にまで遺存した

図9-2　愛知郡香庄と周辺域の空中写真

［横田 1979：256；259；愛東町教育委員会 2003：63；愛荘町立歴史文化博物館 2010：62］．その位置は，前者は宇曽川の南岸，後者は南川の北岸にあって，やはり両河川にはさまれている．両文書から推測される香荘のこの立地から考えると，６条３，４，５里の計36坪も宇曽川に接しその南岸とするのが合理的であり，であるなら，宇曽川流路の形状からは，６条の里の起点は７条のそれより１里だけ（従来案の２里でなく）西へずれるとする比定がより適切であろう．

６条についてはこのほかにも条里史料があるので，本提案を検証してみる．郡志［中川 1929：1巻406］が平安末から鎌倉前期とする金剛輪寺文書に，「小大國郷六條九里十六坪字大磯部」との記述がある．本提案では，この坪は島川村字川原口で，磯部村（現石橋の一部）に接する位置となる．小大国郷は，磯部村，あるいは，石部神社氏子圏であった山塚・土橋・磯部・沓掛村に相当し，嘉吉元（1441）年『慈雲庵領目録』（相国寺慈照院文書）［愛知川町史編集委員会 2005：630］には「小大国郷千東町六段」が見え，これは磯部村の字名（６条９里35坪）に残る．同史料にはまた，八木郷として6条6里16坪と7里11坪が見え，それぞれ，島川村字老神と南蚊野村（現軽野の一部）字流南町に相当する．保延4（1138）年『東大寺愛智荘坪付帳』（平安遺文2401）には，愛知郡の6条から13条まで多くの坪記載がある．そのうち6条の記載分は，下八木・島川・吉田・土橋・磯部・沓掛村，つまり，すべて小大国郷と八木郷のうちにおさまる．ここで，6条10里28坪の「東一段百六十歩」との記述に注目したい．この坪は，石部神社の隣接地となる沓掛村字常徳に相当し，方形だが東西が1町よりやや狭い．この「東」の解釈であるが，常徳の東隣の非整形の字杉ノ木を指すものとも考えられる．

図9-3　神崎郡山前五箇荘の空中写真

(2)　神崎郡山前五箇荘

神崎郡については，郡志の条里史料は9，10，11条に限られていたものの，その際の里の比定はこれらの条に関しては現在でも通説とされている．『能登川の歴史』[東近江市能登川の歴史編集委員会 2011：444] は，郡志以来見出されていなかった条里史料を新たに多数付け加えた．このうち繖山の西側に位置する伊庭荘のそれは，従来説と整合しそれを補強する内容であった．ここで問題とするのは，繖山の東側の山前五箇荘についてである．対象域内では，10条6里と11条7里に計3件の坪付け史料がある．いずれも郡志ですでに扱われていたものであるが，それらの坪位置について郡志以来の通説を変更し，1里東に比定したい（図9-3）．

上述の坪付け史料のうち2件は10条6里の田地売券である．延宝元（1673）年のものは，「壱反弐畝弐拾八歩」「神崎郡山之前南ノ庄之内金堂村十条六里拾五坪ニ在之下地也，字名ハ大水口也」とし，貞享3（1686）年のものは，「私領田地弐畝拾九歩」「神崎郡南之庄金堂村領内十条六里九ノ坪ニ有之，字名ハあなし也」と書く．この9坪と15坪は東西に隣合う位置にある．確かに，従来の比定案でも文書にある金堂村域内となるが，これを従来案より1里東にずらした方が，前者の字名が「大水口」であることにより整合する．というのは，地籍図も示すように，そのあたりは湧水地で，特に，9坪東南端にある川曲池は宮荘川の水源地のひとつともなっている［五個荘町史編さん委員会 1992：270；1993：148］．また，郡志の9坪の田券での字名は「あなし」であるが，明治期のそれは「安養寺」で，郡志は翻刻の際にくずし字を誤読した可能性が指摘できる．

11条7里の坪付け史料は，天正12（1584）年の畠地売券で，「在神崎郡山前南庄之内十一条七里五坪ニ在之」「字ハムクノ木」と書く．従来の里の比定では，この坪位置は耕地の存在し得ない山中に相当するので，この比定は明白に誤りである．従来説より1里東とすると，川並村字登田に相当し，そこは地籍図では畑地ではないものの不整形の田地となっている．

実は，10条6里の坪位置は，すでに『五個荘町史』［同編さん委員会 1992：227］においても問題提起されていた．が，結論にはいたらず，また町史全体の記述も郡志の比定を踏襲したものとなっている．この件を再考した高橋［2006：

1-35］も，従来説を支持した．こうした際に暗黙の前提となったのが里の数詞の連続性で，伊庭荘での比定をそのまま山前五箇荘へと延長している．ところで，この10条と11条について，従来説の８里はその６町四方の里区画全体が繖山の山地に含まれることに着目したい．もし可耕地を想定し得ないこうした里に限っては，数詞の割り当てがないのであれば，繖山西側の伊庭荘での従来の比定とここでの繖山東側の山前五箇荘の新比定案が両立することになる．ちなみに，９条については耕地となる平坦部がどの里にも存在し，里の数詞の付与は連続的になる．条里呼称導入の本来の目的が耕地の地番付けであることを認めれば，このように可耕地の想定し得ない里区画には数詞が付加されず，里の数詞が連続しない事例が生じたとしても不思議はない．また，里の起点が条により異なることも，それぞれの条での山側の可耕地の限界点を里の起点としたものとして同様の理解が可能である．

ここで示したような里の数詞が連続しない事例は，少なくとも近江国内では初の指摘である．また，例えば，東大寺覇流荘にあたる犬上郡14条の未詳里は17里とされてきたが，従来説の16里は全体が荒神山域となるので，ここでも里の数詞の割り当てがない事例であるかもしれない．

山前五箇荘については，室町院領として見えるうちに「新八里庄」が含まれ（鎌倉遺文21307），また，『看聞日記』の永享２（1430）年11月６日条などにも，「山前南庄同七里八里両村并北庄」とある．この八里庄は，従来説では９，10，11条の８里がいずれも繖山山中にあたり，その位置比定に困難があった．ここでの里の比定が正しいとすると，石馬寺村の本村が11条８里に相当するので，自然な解釈として，八里庄の故地の推定ができる．

(3)　神崎郡６条，８条

それまで条里史料のなかった神崎郡の６条と８条についても，『能登川の歴史』［東近江市能登川の歴史編集委員会 2011：444；2012：95］は新史料を発掘した．が，なぜかその位置比定を示していないのでここで行う．まず，６条については，新宮西区有文書に慶長5（1600）年12月16日付で「栗見北庄」「13つ（里？）17坪」とするものがある．同区は近世の宮西村に相当し，17坪は村内に2カ所の候補地がある．文書のこれ以上の翻刻がないので判定の根拠はないが，ここではこのうちの西側としておく．8条については，安楽寺文書（目録B98）に文明8（1476）年3月12日付田地寄進状に，「在神崎西郡垣見郷惣領方八条十二里廿八坪」とある．垣見村は主に7条にあたり，当該坪は同村内でなく，同じ郷に属する山路村の字廿八ノ坪に比定できる．地籍図での坪の地割の形状も「北縄本西付半折半内西付二畔在之」との記述に整合する［能登川の歴史編集委員会 2008：59］．

3　郡境と愛知川流路

ここでは，愛知郡については6条の，神崎郡については10条11条の，それぞれ里の比定の従来説を改める提案を行った．また，神崎郡6条8条の新資料による比定案を示した．以上の結果もあわせ，図9-1の愛知郡神崎郡の条里の分布の全体像に今一度立ち返り，その意味するところを考察したい．図では，条ごとの里の起点の位置の目安に，比定史料のある条にはその2里相当位置が記載してある．愛知郡では各条の里の起点は，いずれも鈴鹿山脈の西端に位置する．山麓の扇状地地形のうち，緩傾斜面の東端あたり（標高170 m 程度に相当）に条里の起点がおかれているという一貫した傾向が読み取れる．一方，神崎郡においては，最南部の13条14条を除けば，里の起点は愛知郡との郡境に位置することになるはずである．図9-1の郡境は原則として明治初期地籍図によったが，一部不明な部分は現状の行政界で代用した．神崎郡8条やその前後の条では，里の起点が明白にこの郡境線を越えているように見える．これはどう解釈したらよいのであろうか．

もともと，愛知郡と神崎郡は，愛知川で境を接していたものと思われる．現愛知川流路は河口まで一筋で，琵琶湖には神崎郡7条のあたりで注ぐが，かつては最下流部ではいく筋かに分流していたであろう．条里の設計された奈良時代に，そのうち神崎郡服部村あたりで分流する最北流が，図に示す愛知神崎郡境と定められたと考えられる．また，それより上流部分では，現流路とこの郡境はおおむねの一致は見るものの，詳細に言うと出入りが多々ある．例えば，愛知郡妹村と中戸村は，対岸の愛知川左岸に耕地を持つ．逆に，その少し下流の神崎郡神田村は，愛知川右岸に耕地のみならず集落を有し，続く外・川合寺・下野・奥村も右岸に耕地を持つ．さらに，特筆すべきは愛知川村で，村域全体が愛知川左岸に属するので時に間違えられるが，同村は明治12（1879）年に愛知郡に編入されるまで，神崎郡に属していた．愛知川村の特殊事情は，古代東山道の駅家ではなかったが，『関東往還記』弘長２（1262）年２月７日条に「愛知川宿」として見えるなど中世以来宿場町であったことである．15世紀前半成立の仏教説話集『三国伝記』巻４第21には，永和年中（1375-1379）に，現在は右岸にある大日堂が左岸に鎮座していたことをうかがわせる記述がある．愛知川村は，古代の村域が中世以降に宿場町として街化した際，主に右岸の現境域に拡張したことが想定される．

ところで，愛知郡については坪付け史料が豊富に遺存し，神崎郡６条から11条の里の起点と輻輳する位置で，多くの坪比定が可能である．これらを網羅して記載したのが図9-4である．愛知郡の条里地割の明瞭に残るところのみならず，地割の乱れているところでも，坪付けの与えられている個所が少なくない．これに対し，愛知郡の豊満・東円堂・北清水・南清水・大清水・小田苅村，つまり，現愛知川流路に沿う右岸に，坪付けの空白域が帯状に継続して存在している．そうすると，この右岸空白帯上に神崎郡の里の起点を想定することに無理がないことになる．実際，図9-1と図9-4に示した点Ｐは不動池の位置を表していて，この池は旧河道を起源とする湧水地のひとつである．神崎郡の条里の起点位置に合致するよう，古代には愛知川流路が，少なくとも小田苅村から愛知川村にかけては，現流路より500ｍから１kmほど東側となる図の例えば線分PQのあたりに存在したのではないか．以上述べたように，神崎郡の条里のあり方（各条の里の起点位置）から発想されたこの想定は，愛知郡の坪付けや，右岸における旧河道を示す地割や湧水地の存在と整合的なものである．

図9-4　愛知神崎郡境の愛知川村周辺の空中写真

おわりに

ここでは，愛知川流域の愛知郡神崎郡に加え犬上郡の一部について，高度成長期以前まで遺存してきた条里地割の精度の良い再現を行った．このうち，愛知郡と神崎郡については，従来の里の数詞呼称の比定で再考すべき点のあることを述べた．また，愛知川流路の変遷はたびたび言及される点であるが，条里やその坪付け，あるいは地割のあり方などから，条里の構想当初には愛知川中流の一部が現在とは異なる流路にあったことを推定し，その具体的な位置想定を示した．

（付記）

図の製作には，国土地理院の基盤地図情報，および同院撮影の空中写真（1961年撮影）を使用した.

参考文献

愛荘町立歴史文化博物館［2010］『明治の古絵図――愛荘町――』愛荘町立歴史文化博物館.
愛東町教育委員会［2003］『明治の古絵図――愛東――』愛東町.
愛知川町史編集委員会［2005］『近江愛知川町の歴史 第1巻』愛知川町.
大橋金造編［1928］『近江神崎郡志稿』滋賀縣神崎郡教育会.
北原治［2002］「弘福寺領愛知郡平流荘について」『滋賀県文化財保護協会紀要』15.
五個荘町史編さん委員会［1992］『五個荘町史 第1巻』五個荘町役場.
五個荘町史編さん委員会［1993］『五個荘町史 第4巻（2）地名と景観』五個荘町役場.
櫻井信也［2011］「近江国栗太郡の条里復元」『栗東歴史民俗博物館紀要』17.
高橋美久二［2006］「近江の条里」，高橋美久二編『近江の考古と地理』サンライズ出版.
田中健一［2011］「近江国野洲郡条里図の復元について」『条里制古代都市研究』27.
中川晃成［2016］「琵琶湖湖岸線の変遷――烏丸半島とその周辺域の絵図，地図，空中写真――」『里山学研究 2015年度年次報告書』龍谷大学里山学研究センター.
中川泉三編［1913］『坂田郡志』滋賀縣坂田郡役所.
中川泉三編［1929］『近江愛智郡志』滋賀縣愛智郡教育会.
能登川の歴史編集委員会［2008］『明治の古絵図――能登川――』東近江市.
東近江市能登川の歴史編集委員会［2011］『東近江市史 能登川の歴史 第1巻』東近江市.
東近江市能登川の歴史編集委員会［2012］『東近江市史 能登川の歴史 第4巻』東近江市.
古川与志継［2011］「野洲郡の条里地割と湖岸をめぐって」『野洲市歴史民俗博物館研究紀要』15.
横田英男編［1979］『湖東町史 下巻』湖東町役場.

（中川 晃成）

第10章

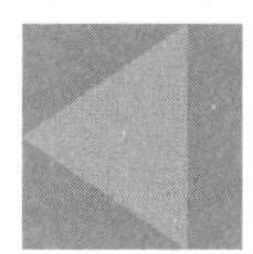

戦後の里山開発と谷埋め盛土地すべり

はじめに

戦後しばらくの間，都市型斜面災害は，戦前と同様に小規模な崖崩れが多かった．まれに地すべりが発生した事もあったが，それらはほとんど住宅地外からの土砂流入であった．しかし，1970年代半ば以降，高台の宅地造成地で奇妙な地震被害が顕れるようになった．被害分布がまだら模様で，激しく住宅が壊れた場所と全く無傷の地域が混在する不思議な宅地被害である．被害調査によって，これらの多くは，谷埋め盛土の「地すべり」であることが判明した．すなわち，住宅地の内部に原因がある災害であり，それまでの宅地災害とは質的に異なるものだった［釜井・守随 2002］．しかし，当初は，この現象の性質について様々な意見があり，地すべりによる地盤の破壊では無く，揺れが大きかっただけという意見も土木・建築系の研究者を中心に根強かった．また，この種の災害は特定の地域に限られるとする意見も，工学系の研究者を中心に強かった．その結果，こうした被害が地すべりによるもので，しかも都市では普遍的に起き得る災害であると認知されるには，地震による被害を数回経験する必要があった．本章では，こうした，谷埋め盛土の地すべりという，極めて戦後的な災害現象に対する拒絶と受容の歴史を振り返り，里山の開発がもたらした災害のリスクを論じたい．

1 谷埋め盛土地すべりの出現

既に戦前から都市化していた東京23区や阪神間を除き，丘陵（里山）の宅地開発は，1950年代の後半から都心に近い地域から始まった．当初は，丘陵斜面（旧地表面）に沿って雛壇に造成するという小規模なものであったが，1960年代に入ると大型化し，尾根を削ってその土砂で谷を埋める大規模な造成が行われるようになった．多くの都市では，1960年代中期には，そうした谷埋めを伴う開発を経験し，1970年代に入ると更に周辺部に開発が波及していった．当時から，何人もの地質学者や地形学者が，そうした宅地開発の危険性を指摘していたが，彼らの声は列島改造ブームの中で省みられることは無かった［羽鳥 1971；田村 1977］．

結果的に，膨大な数と面積の谷埋め盛土が，山の手の住宅地に形成され，そして，やはり危惧されたとおりの状況となった．すなわち，1970年代の終りごとから，地震や豪雨によって谷埋め盛土が宅地を載せたまま，塊（かたまり）となって滑る災害が繰り返し発生したのである．谷埋め盛土地すべりが多発した場合，一回の地震で数十の死者や数千の家屋の損傷といった大きな被害が発生する．しかも，この新しいタイプの地すべりは，見かけ上は安全と考えられる平坦な山の手の住宅地で発生するので，多くの住民はリスク（谷埋め盛土）の存在を意識することなく暮らしている．さらに，そうしたリスクそのものは，宅地開発の過程で人為的に生み出されたものである．すなわち，谷埋め盛土地すべり災害は，危険性の認識とリスクが誕生した過程が，従来の崖崩れや地すべり災害とは本質的に異なっている．すなわち，谷埋め盛土地すべりの出現によって，宅地災害は，異なるステージに入ったと言える．

2　谷埋め盛土地すべり小史

(1)　最初の犠牲者

1968（昭和43）年５月16日に発生したM7.9の十勝沖地震は，青森県から北海道の太平洋岸に広く被害を及ぼした．地震の揺れは，最大でも震度５強程度であり，しかも人口密度の低い地域であったにもかかわらず，50人あまりの死者と多数の負傷者を出した．土砂災害が多発したからである．土砂災害は，八戸・小川原地域の段丘・丘陵地で多く発生し，火山灰で覆われた斜面の浅い崩壊によって33名の犠牲者を出した．この時，土砂災害を激化させた原因の一つは，前日までのややまとまった降水と雪解けによる地下水である［青森県 1969］．地下水は，斜面土層だけで無く，盛土の中にも大量に貯まっていた．道路・線路の路床・路盤・堰堤なども崩壊したが，その多くは火砕流堆積物や火山灰を盛土材とした谷埋め盛土であった．特に，南部町（旧名川町）剣吉中学校（現在は廃校）では，谷埋め盛土地すべりによって生徒４名が亡くなっている．彼らは，避難の途中，校舎玄関前の通路が崩れ落ちたため，級友40人と共に流動化した土砂に巻き込まれた［黒田ほか 1968］．谷埋め盛土地すべりによる最初の犠牲者である．

中学校付近における当時の波形の再現した結果によると，地震動は意外に小さかった．最大加速度で240 cm/s/s，最大速度で16 cm/s 程度と推定されている．通常の谷埋め盛土は，この程度の地震動では崩壊しない．したがって，地すべりが発生した原因は，材料に火砕流堆積物や火山灰を使ったため，そもそも谷埋め盛土の密度が小さく（品質が悪く），液状化しやすかったためと考えられる．盛土の崩壊が，地震の主要動よりも少し後だったこともこの推定を裏付けている．

1960年代は，こうしたいわゆる「最初からダメな盛土」が大量に作られた時期であった．例えば，札幌市郊外の造成地（清田団地）でも，この地震によって谷埋め盛土上の住宅数十軒に被害が出た．札幌のケースでは，造成は昭和36年（1961年）であるので，造成後数年ほどで発生した事になる．しかし，発生数が少なく，特殊な例と思われたためか，学界からはあまり注目されなかった．しかし，この札幌南部の造成地では，2003年の十勝沖地震でも同様の被害が繰り返された．

(2)　杜の都の震災――1978年宮城県沖地震――

戦後初の都市型地震災害

1978年（昭和53年）6月12日に宮城県沖で発生したM7.4の地震は，仙台市を中心とする都市圏に多くの被害を与えた．こうしたM7クラスの地震は，宮城県沖では明治以降11回も発生している．しかし，1978年宮城県沖地震は，それ以前の地震に比べ，マグニチュードの割に被害がきわめて大きかった地震として注目される．これは，仙台都市圏が戦後大きく発展し，生活環境がこの間に大きく変わったためであった．すなわち，日本人にとって，この地震は，現代化された大都市に，まとまった地震被害が発生した最初の例として，重要な意味を持っている．

この地震では，死者28名，負傷者11028名，建物の損壊は179225棟に達した．しかし，家屋全壊率は，0.3％と低く，大規模な火災も発生しなかったことから，都市の震災としては中程度以下とされた．これは，仙台中心部の地盤が比較的固いためと，現代の都市システムが全体としては耐震性を向上させていたためと考えられる．しかし，液状化，ライフラインの被害，宅地造成地の斜面崩壊（谷埋め盛土の地すべり），ブロック塀の倒壊という現代的な都市型地震被害セットは，この地震で確立したといえる．

谷埋め盛土の災害

造成地の谷埋め盛土地すべりは，この地震によって，改めて世間に注目された．だが不思議なことに，当時，これらの谷埋め盛土の地すべりそのものはいわば「仙台の古い盛土（昭和43年新都市計画法施行以前）限定」の災害として処理された．つまり，1968年十勝沖地震の時と同じ論法である．確かに，被害の発生した造成地の数と造成地全体の数を年ごとに比べると，宅造法すら無かった1961年（昭和36年）以前は造成地全体の89％，1962（昭和37）年から1968（昭和43）年の宅造法のみの７年間は全体の64％の造成地で谷埋め盛土地すべりが発生した．これに対し，1969（昭和44）年に新都市計画法が施行され，開発許可制度が始まってからは，被害のあった造成地は全体の21％に減少している［浅田2006］．しかし，規制の効果を強調する前に，それがあってもなお約２割の造成地で問題が生じている点に，この問題の深刻さが表されているとみるべきであった．

さらに，盛土の地すべりは，他の都市では起きにくいという議論があった．問題を小さく考えようとする動きであるが，中には一片の真実もあった．それは，仙台の丘陵を作っている地質である．仙台では，造成時に削られて盛土に使われたのは，丘陵の基盤である第三紀層の砂岩，泥岩である．これらは，湿潤と乾燥の繰り返しによって，ただの砂や泥に分解してしまう性質があり，スレーキング現象と呼ばれている．この現象は，普通は地表で見られるが，地下水位が上下する環境では，地下でも起きる．仙台の盛土は，そういう環境にある場合が多い．そのため，「盛土が弱くなり，地すべりが起きた．他の都市では同じ様な材料を使っていないので安全」という理屈が考えられた．しかも，「仙台では動くべき盛土はあらかた動いたので，将来は安全」という解説もあった．

しかし，これらの都合の良い理屈が通るほど，現実は甘くない．そのことを，われわれは次の1995年阪神・淡路大震災や2011年の東日本大震災で思い知ることになる．歴史的に見れば，1978年当時に谷埋め盛土地すべりの本質を正しく認識し防止策を講じていれば，その後の被害は軽減できたかも知れない．その意味で，この地震は，谷埋め盛土地すべりを広く認知させると同時に，そのリスクに関するノーマルシーバイアスを，有識者も含めて広く共有してしまった地震であると言える．

(3)　モダン都市の大震災――1995年兵庫県南部地震――

兵庫県南部地震では，低地と台地の境界部に被害が集中し，震災の帯と呼ばれた．この震災の帯の北側の台地には，ほぼ震度６相当に揺れた地域が拡がっていた．この地域では，家屋の倒壊等は圧倒的に少なかったが，地表の亀裂や陥没・隆起など，地盤の激しい変動によって被害が発生した領域が，まだら模様に点在していた．これらの地域は，ほぼ例外なく造成以前の谷を埋めて作られた盛土で起きた．この地震では，少なくとも214カ所で谷埋め盛土地すべりが発生し，多くの住宅が全壊・半壊の被害を受けた．特に，西宮市仁川では，流動化した土砂が11戸の人家を埋積し，34名の人命を奪った．この場所では，水道施設の建設のため，幅の広い支谷を埋め立てて，深さ約20 m に達する厚い盛土が作られていた．盛土の内部が地下水で満たされていたため，崩壊した土砂は流動化し，被害が拡大したのである［釜井ほか 1995］．

阪神間モダニズムの時代，阪神間の私鉄沿線では，早くから宅地造成が盛んだった．しかし，意外にも戦前から開発されていた地域では，比較的被害が少なかった．開発する場所を選んでいたからである．例えば，昭和３年頃開発された阪急夙川駅に近い西宮市木津山町一帯では，当初の開発は台地の平坦部分に限られ，谷の内部や低地はそのまま残されていた．しかし，戦後になって，こうした悪条件の場所も盛土によって平坦化され，住宅が建設された．その結果，1995年にはそうした谷埋め部分だけが被災したのである．関西でも高級と言われる“夙川”ブランドが，土地のリスクを覆い隠したのかも知れない．

一方，機械力で押しまくる戦後スタイルの宅地造成は，1960年代に入ると加速した．その様子は，農業用水のための「溜め池」がこの時期から急速に消えていく事にも顕れている．埋め立てられた溜め池は芦屋と西宮市で77箇所，神戸市の長田・湊川地域だけで114箇所もあると言われている［三田村 2003］．そのうちの何割かは，需要が急速に増えていた学校や公民館，病院などの公共施設用地となった．一方，過半数の溜め池跡は宅地となり，その多くは液状化した．特に，芦屋市三条町や神戸市東灘区森北町５丁目の様に，溜め池跡が液状化し，より大規模な谷埋め盛土地すべりに発展したケースでは，多くの住宅に被害がでた．

本来，谷は地表水・地下水が集りやすい場所である．谷を締め切った溜め池が長期間維持されたのは，そこが水を集めやすい地形地質条件があったからである．その条件は，谷を埋めても変らない．そのため，造成後長い年月を経ると，谷埋め盛土にはじわじわと地下水が集ってくる．その頃には，配水管も劣化しているので，ますます地下水位が高くなる．これが，多くの古い盛土で地下水位が高い主な理由である．こうした地質条件の盛土は全国に無数に存在する．阪神地域の様に，それらの一部が，地下水位の高い危険な盛土に変るのは，時間の問題であった．1995年兵庫県南部地震は，そうした当たり前の事を示した地震であった．

(4)　2011年東北地方太平洋沖地震――再現された地すべり災害――

2011年３月17日に発生した東北地方太平洋沖地震（M9.0）は，岩手県沖から茨城県沖の幅200 km，長さ500 km の範囲を震源域とするわが国観測史上最大の地震である．この地震では，沿岸部の津波と原子力発電所の爆発による被害が顕著であるが，それ以外にも大きな傷跡を東日本の各都市に残した．地盤の液状化と谷埋め盛土の地すべりは，その代表的な災害である．

谷埋め盛土の地すべりは，仙台市を中心に約5000箇所の宅地に被害を与えたが，その多くは，1978年と同じ場所であった．例えば，仙台市太白区緑ヶ丘４丁目の地すべりは，1978年の地すべりとほぼ同じ範囲，同じ深さですべり，住民が覚えていた亀裂の位置まで同じであった．ここでは，1978年の被災後，本格的な地すべり対策は行われることなく，ほぼそのままの状態で放置されていた［Kamai et. al. 2013］．したがって，この場所で被害が繰り返された原因の一つは，仙台市が1978年以後の33年間を無為に過ごしたことであると言える．しかし，その一方，2011年には，1978年には壊れなかった盛土でも，地すべりが発生した．例えば，仙台市青葉区折立５丁目では，ほぼ単一の移動体を形成する典型的な地すべりが発生した．この住宅地は，1965年から1970年に造成されたので，1978年の揺れは経験したが被害は免れていた．同様な例は，仙台市内に広く分布する．このことからも，2011年の地震は，1978年より広範囲により強い揺れをもたらしたことがわかる．

こうした宅地盛土地すべりへの行政の対応は，2011年と1978年とでは大きく異なっていた．2011年の災害では，300億円を超える莫大な国費が投入され，多くの地点で調査と対策が行われたのである．その結果，被害地点の多くで，盛土に地下水が貯まっていたことが確認された．更に，盛土の材料であった泥岩・砂岩のブロック（掘削土塊）がスレーキングし，ほぼ砂や粘土と変わらない水準にまで軟弱化していたこともわかった．つまり，盛土は作られてから数十年経過してもなお，危険性が増す傾向にあったわけである．地盤工学の常識では，盛土は作られた直後が最も不安定で，その後は圧密で強度が増加し，安定性を増して行くはずである．しかし，自然界の中に位置する実際の盛土には，地盤工学の常識が当てはまらない場合があり，宅地盛土には無いはずの地下水も存在する．こうした当たり前のことが確認されるまでに，1978年以後の33年間が必要であった．

写真10-1　2011年東北地方太平洋沖地震によって発生した谷埋め盛土地すべり（福島市）．

正面の崩壊に巻き込まれた住宅以外にも，背後の盛土域で広範囲にわたる宅地被害が発生した．

3 遅れてきた公害

里山が次々と開発され，谷埋め盛土が数多く作られた高度経済成長期は，公害の時代でもあった．この時期，工場や車の煤煙や排水によって，空気や水が汚染され，四大公害病といわれる深刻な社会問題も発生した．そのため，政府は，公害対策基本法（1967（昭和42）年），大気汚染防止法（1968（昭和43）年），水質汚濁防止法（1970（昭和45）年）などを柱とする公害対策を相次いで打ち出し，1971（昭和46）年には環境庁が発足した．1970年代は時代の潮目が変化し，環境保護が時代の主流となった時期である．これらの対策では，監視体制が徹底され，加害者の故意・過失を問わず法的責任を追及できる「無過失責任」を規定するなど，事業者に厳しい方針がとられた．その結果，現在では，空気や水の汚染問題はほぼ解消し，地上の公害はほぼ克服されたと言える．

しかし，谷埋め盛土が，その後深刻な被害をもたらすとは，当時想像もされなかった．戦後しばらく，1978年の宮城県沖地震まで，それほど大きな地震が無かったためである．そのため，環境保護が叫ばれていた1960年代後半から1970年代に至ってもなお，里山は宅地開発され，次の時代には地すべり予備軍となる谷埋め盛土が数多く作られていた．その意味で，谷埋め盛土地すべりには，「遅れてきた公害」という一面がある．遅れては来たけれど，水や空気の汚染問題と同じく，社会全体で対処するべき課題であるという意味である．

盛土が砂の様な材料で出来ている場合，内部の地下水位が高く，動水勾配が急であると，盛土の地下浸食が起きる可能性がある．地下浸食が起きた場合，時間が経てば経つほど，盛土の内部は「スカスカ」になっていく．地下侵食の発生は，結局，排水システムの経年劣化に依存するので，ダメな盛土の数は，時間と共に増える宿命にある．つまり，造成地にとって，谷埋め盛土は，いわば「遅効性の毒薬」であり，不安定な谷埋め盛土は，ほぼ年数に比例して増加することを覚悟しなければならない．行政もこの事情はわかっているが，上手く対処できずに，結局，次の地震災害を迎えてしまう事態が繰り返されている．例えば，深刻な谷埋め盛土地すべり災害を1978年宮城県沖地震で経験し，この問題に最も敏感なはずの仙台市は，2011年に至るまで有効な対策をほとんど取れなかった．ここで，単純な疑問が湧くであろう．なぜ，仙台市は貴重な33年間を眠ったまま過ごしたのであろうか？

その原因の一つは，行政が法の規制以上のことをできないという単純な事実である．当時も宅造法や都市計画法による規制が存在した．しかし，これらが防災上，必要十分な合理的な指針であり，その基準を全ての人が守るはずだという期待は，宅地災害の現実を知る者からすると楽観的すぎる．そもそも，技術基準の改定スピードは遅く，きっかけとなる様な深刻な災害が起きるまでは，普通は改善されない．したがって，技術基準というものは常に災害の後追いであり，災害の変化・深化についていくのは難しい宿命にある．

更に，こうした甘めの技術基準さえ正確に守られない現実がある．例えば，盛土の底に敷設される排水管の継ぎ手は，重機の重さによって容易に外れてしまう．そのため，造成中は常に注意を払い，場合によっては人力で埋め戻す必要がある．しかし，どれだけの谷埋め盛土でそうしたケアが行われたであろうか？もちろん，書類上はきちんと行われた事になっているので，行政の手続き上は瑕疵が無い．しかし，谷埋め盛土地すべりは，そうした行政の期待とは関係なく発生することは，過去の災害からも明らかである．すなわち，様々な意図しない不作為によって事態が深刻化する点は，大気や水の汚染の場合と良く似ている．谷埋め盛土地すべりを「遅れてきた公害」と呼ぶべき理由の一つである．

4　未災の思想
――おわりに代えて――

住民が“未災”の意識（未来に被災するであろうという覚悟）を高めることは，最

写真10-2　宅地造成花ざかり（横浜市南区，1962年）
ブルドーザーの車列が尾根を削り，土砂を谷の中に落としている．日本の大都市の多くで，こうした宅地が多数造成された．
（出所）朝日新聞社提供．

も効果的な防災・減災対策である．そのためには，住民が災害のリスクを受け入れる必要があるが，谷埋め盛土の地すべりの場合は，それすら難しい．津波や自然斜面の地すべり・土石流など，リスクが目に見える災害と異なり，谷埋め盛土地すべりは，一見，災害とは無縁に思われる，大都市の山の手の住宅地において，大地震や極端な豪雨などで発生する低頻度の現象だからである．しかし，長期的広域的に見れば，谷埋め盛土地すべりの災害は，将来いずれかの都市で必ず発生する．したがって，時間的・空間的・経済的制約があるなかで，直ちに行うべき災害対策は，未災地でいる間に自治体・住民間で足元の地盤情報を共有し，宅地のリスクを「我が事」と捉える常識を身に着けることである．

一方，現在の宅地に関する社会的枠組みは，都市が拡大していた時代に作られたものである．当時は，開発規制が主眼であり，人口減少，家余りも想定されていなかった．さらに，最近は，災害が激甚化・広域化する傾向にあり，宅地を取り巻く境界条件（自然的誘因と社会状況）は確実に変化している．この状況に対処するためには，安全・安心な「都市のたたみ方」を探る必要があるが，これまで拡大する都市しか知らなかった日本人にとり，それは未知の領域である．そこで仮に，この新しい知の塊を「未災学」と呼ぶことにすると，谷埋め盛土地すべりの問題は，未災学の応用問題ということになる．我々の都市の未来は，我々が「未災の思想」に立脚できるかどうかによって，大きく左右されることになるだろう．

参考文献

青森県［1969］『青森県大震災の記録――昭和43年の十勝沖地震――』．

浅田秋江［2006］『怖いのは地震ではなく地盤である』丸善仙台出版サービスセンター．

釜井俊孝・鈴木清文・磯部一洋［1995］「兵庫県南部地震による都市地域の地すべり」『地質ニュース』486.

釜井俊孝・守随治雄［2002］『斜面防災都市』理工図書．

黒田和男・垣見俊弘・安藤高明［1968］「1968十勝沖地震，青森県東南部地域の予察」『地質ニュース』168.

田村俊和［1977］「山・丘陵――丘陵地の地形とその利用・改変の問題を中心に――」，高橋裕編『土木工学体系19，地域開発論（Ⅰ）』彰国社．

羽鳥健三［1971］「宅造地の崩壊」『国土と教育』9．

三田村宗樹［2003］「阪神淡路大震災からⅠ　谷埋め盛土・ため池跡地」『URBAN KUBOTA　特集　液状化・流動化』40.

Kamai, T., Ohta, H., Ban Y., and Murao H.［2013］“Landslides in urban residential slopes induced by the 2011 off the Pacific coast of Tohoku Earthquake” in H. Kawase ed., *Studies on the 2011 Off the Pacific Coast of Tohoku Earthquake*, DPRI Series Vol. 1, Springer.

（釜井 俊孝）

コラム 1 里山の心理的景観と環境教育

精神医学において芸術療法の一環として使用されている「風景構成法」という描画心理テストがある．このテストは，1969年に精神医学者の中井久夫が箱庭療法を導入する前のプレテストとして考案したもので，その後に多くの専門家たちの手により発展を遂げ，現在も臨床現場で使われている．テストの手法や解釈の仕方は流派によって異なるが，基本的には被験者に川，山，田，家……などの一定の要素を順に描いてもらい，後は被験者に要素を自由に付け足して描いてもらうという仕方でおこなわれる．里山学の観点から興味深いのは，このテストで描かれる主題がまさしく里山の景観にほかならないことである．それは実際の里山の景観というより，むしろ里山の心理的景観と呼ぶべきものである．

このテストを筆者が取り上げた事情を説明しよう．筆者は20年近くにわたって大学や専門学校で心理学に関連する授業を担当しており，そのなかでこのテストを学生に紹介し，実際に描かせてきた．当初はとくに問題を感じることはなかったのだが，10年ほど前からしだいに学生のあいだに異変が起こっていることに気付いた．20年前の学生の絵には，山や川，家，自分，道，畑，田んぼ，電柱，他の人々と家……といったさまざまな要素が結びつき，里山の生活風景が描かれていたのが普通であった．しかし現在の学生の絵の多くは，自分の家のほかに家がなく，また道も電柱も畑も描かれず，殺伐としているのが普通になってきたのである．紙面が限られているので，筆者の勤務先の大学生（2回生）が2016年に描いた絵から，典型的な例を二つ取り上げてみよう．

残念ながら昔の学生の絵を保管していなかったので比較することができないのだが，それでも図1と図2について若干の解説をしたい．いずれも現在の大学生が描く絵の代表的パターンとして取り上げたもので，とくに珍しいわけではない．

図1の特徴は，山と川の配置がいびつであることよりも（学生のなかには山頂から川が流れている絵を描く者もいる），その光景のなかで生きているのが自分だけで，しかも川で魚を釣っており，田畑も道路も周囲の家も描いていないことにある．つまり山の中での生活が，キャンプあるいはサバイバルのイメージで描かれており，とても「生活」とは呼べない状況が描かれているのだ．実際には，この学生にとって

図１

は明らかに「山の中の生活」を具体的にイメージすることができず，他の要素がなにも思い浮かばなかったというのが正しいだろう．そこから推測されるのは，まずこの学生はそもそも山や川を観察したこともなければ，もしかすると足を踏み入れたこともないほど，都市生活から一歩も外に出たことがないのではないか，ということである．また，釣り人をつうじて「食べもの」との関係をかろうじて描いているが，田畑も牧場も描かれていないことから，自分の食べるものや飲むものがどこから来るのか，自分の生活を何が支えているのかを意識しことがほとんどない，と推測される．つまり，この学生にとって生活を支えている基盤はブラックボックスであり，都市以外の世界をイメージすることがきわめて難しいと思われる．

図２のほうは図１とは反対に，自分の生活とその基盤，また他者たちとの関係のあり方をよく描き出している．ただし，そこで描かれている生活は里山的生活ではなく都市生活であり，山や川はレジャーもしくは宅地開発の空間として描かれている．図１とくらべて山や川がより現実的に描かれているところから，図１の学生が大都市の中心市街地に育ったことを想像させるのにたいして，図２の学生は山や川と隣接した都市郊外に育ったことを伺わせる．いずれにしても図１と図２のいずれも現在の大学生の描く絵としてはきわめて一般的であり，そこで描かれているのが伝統的な「里山的生活」の風景ではないという点で共通している．

もちろん，このような図を描く学生だけでなく，昔ながらの里山的生活風景を描く学生も存在する．しかし，20年前に７割近くいたそのような学生は，現在では１

図２

割にも満たなくなっている．ただし上述の図を示すことで，筆者は現在の学生に精神的問題があると言いたいわけでも，知的な問題を抱えていると言いたいわけでもない．逆に，この二つの図を描いた学生はまったく正常であり，精神的にも知的にも健全である．ここで言いたいのは，かつて風景構成法が発案された当時は誰もが描くことができると想定された里山の風景が，現在の若者たちにはまったく想像できなくなっている，ということである．

実際，現在の学生たちのほとんどは市街地に住んでおり，農村に住んでいる学生は例外的である．大都市のマンション生活とグローバル市場での消費生活が一般化した現状においては，近隣の人間関係を経験したこともなければ，自然が身近な生活など想像できない学生が一般的になるのは当然である．また風景構成法が発案された時期の1970年に1035万人だった農業就業人口は，2014年には324万人へと三分の一以下に激減しており，里山的風景もそれに合わせて現実に消失していることが推測される．したがって，学生たちが里山的風景が描けなくなるのは当然のことであり，正常であると言える．

しかし，だからといって問題がないわけではない．というのも，図１が典型的に示しているように，そうした学生たちにとっては，自分の生活を支えている諸要素，たとえば自分が消費している水や食物がどこから来るのかが，まったく想像できないものになっているからである．

現在，筆者も携わっている環境教育が直面しているもっとも深刻な問題，したがって将来の持続可能社会に立ちはだかっている最大の障害はそこにある．すなわち，高度な都市生活がますます一般化するにつれて，個人の生活を支える基盤がますますブラックボックス化していき，もはや自然環境と人間生活のあいだの関係を私たちは具体的に想像できなくなっているのである．とりわけ地球環境問題というマクロな問題を理解するためは，生態系をはじめとするきわめて複雑かつ抽象的なシステムのなかで人間生活を捉える必要があるのだが，人間と自然環境の関係についての具体的イメージが与えられる経験がなければ，地球環境問題をいくら教わったところで思考に定着しないのである．

マクロな抽象的システムを理解するためには，ミクロな具体的システムのモデルが必要になる．というのも，前者は後者の延長線上で捉えられるからである．かりに山のなかの小さな村に住んでいるなら，水がどこから来るのか，きれいな水を守るための仕組みはどうなっているのか，水が足りなければどうなるのか，といったことを容易に想像することができるだろう．つまり小さな村での生活という具体的で経験的なモデルがあれば，地球規模の水問題についてもその延長線上で関心を抱き，自分なりに考察することができるだろう．また，どのような資源が生活を支えているのかについても，具体的に理解し，考察することができるだろう．しかし，そのような具体的で経験的なモデルがなければ，たとえ環境教育によって抽象的な仕方で理解できたとしても，そこから具体的な問題を考察することも，具体的に行動することも難しくなる．それは，フランス料理を実際に食べたことのないシェフにフランス料理の教科書を読ませて作らせるようなものである．

持続可能社会を実現するには，教育機関の環境教育の内容を充実させる必要があるのは当然である．しかし，その教育が実効性をもって機能するためには，その前提となる自然共生型社会の経験的モデルを子どもや若者たちに与えることが不可欠であることを，先ほどの二つの図は示唆しているように思われる．逆にそのような経験的モデルを与えることができなければ，先ほどの二つの図は近い将来にはたんなる心理的景観から現実の自然景観になっていくだろう．というのも，里山的生活景観をまったく想像できない子どもたちが将来に大人になって社会を動かしていくとしたら，彼らにとって里山が荒廃することは当たり前に思われるだろうし，したがって現実の里山も放置され，殺伐とした無人の荒野になっていくだろうからである．端的に言えば，自然共生型社会や持続可能社会について，子どもたちが（たとえどれほど小規模であっても）そのような社会を具体的に経験することもイメージすることもできなくなるとしたら，将来に自然共生型社会や持続可能社会はたんなる抽象的なお題目にとどまり，実際に目指されることも実現されることもなくなるだろう.

（村澤 真保呂）

第Ⅲ部

琵琶湖といきもの

第11章

環境DNA分析による琵琶湖水系の魚類相解析と生態研究への応用

はじめに
――環境DNA分析とは何か：研究事例とともに――

生物は生きている限り，生命を保つための生理的な活動を続けている．それらは呼吸であり，消化吸収であり，体温の維持であり，生物個体としての体制を維持するために常時必要な，つまり恒常的な活動である．その結果として，生物は環境中に老廃物を捨て続けており，人間でいえば「アカ」のようなものがその例である．魚類で言えば体表の粘液が剝がれ落ちたものも同様で，これらには古くなった自らの細胞が含まれている．また，実は糞にも自らの細胞が含まれていて，これは食物が胃から腸を経て消化されながら移動していく際に消化管の上皮組織から剝がれて混入したものと考えられる．このように，生物は生きている限り，周囲の環境中に「自らの細胞」をばらまきながら暮らしていることになる．では，細胞の中には何が含まれるか？動物の細胞であれば，核があり，ミトコンドリアがあり，それらのなかには遺伝物質である「DNA」が入っているのである．

近年，環境中に生物が水中に放出したDNAを手掛かりとして，その「放出した主」の情報を得ようとする分析技術が急速に発展してきている．水中であれば水の中に，陸上であれば空気中や土壌中に含まれる生物由来のこうしたDNAは「環境DNA」と呼ばれている．広義には環境中に存在しているDNAはすべて環境DNAの範疇に含まれるが，近年急激に進んでいる研究開発の対象は，哺乳類や魚類など，大型の生物に由来する環境DNAである．もちろん環境中には微生物由来のDNAも多く含まれているため，実は以前から微生物学分野では環境DNAが研究対象とされてきた．微生物はもともと形態学的に種の判別（同定）をすることが困難な分類群であるために，濾過などによって集めた環境DNAを分析して生息する種を知ろうとする方法論が生まれやすかったと考えられる．また，大型生物を対象とした環境DNA研究との大きな違いは，微生物の場合には「その生き物自体が濾紙の上に回収されていること」である．大型生物の場合はバケツで水を汲んだ際に，その中に例えばクジラや魚が入るわけではなく，それらの生物から放出されたDNAが水に含まれた形で回収されるだけであり，生物個体自体が含まれている可能性が高い微生物の場合と異なって，「水試料をもとに生息している種を知る」ことの対象になりにくかった．つまり，同定が可能なだけのDNAが含まれているとは想像されていなかったのではないだろうか．しかし，実際にはクジラ類も魚類も海水を濾して回収した環境DNA試料から検出が可能である［Thomsen et al. 2012］．ごく希薄で分析不可能であろうと当初考えられていた大型生物由来の環境DNAであるが，現在では種の同定のみならず，場合によっては生物量の推定にまで利用されるようになって，急激な発展を続けている．

これ以降，本稿の中では大型生物由来の環境DNAに限って議論を進める．世界で初めて環境DNA分析をもちいた研究例は，フランスにおける外来種・ウシガエル *Lithobates catesbeianus* の検出である［Ficetola et al. 2008］．彼らはウシガエルが侵入している池を巡り，種特異的に設計したプライマーセットを使ったPolymerase Chain Reaction（PCR）によってウシガエルのDNAを水試料から検出した．さらに，オーソドックスな「鳴き声」による相対定量とDNAの相対量を比較すると，生物量が多いと考えられる池でよりDNA量が多い関係がありそうであることを見出した．Jerde et al.［2011］では「sight unseen detection」，つまり「見ることなく検出」と題して北米で問題を引き起こしているコクレン（*Hypophthalmichthys nobilis*）とハクレン（*Hypophthalmichthys molitrix*）の検出例を報告している．これら2種のアジア原産のコイ科魚類はミシシッピ川流域で分布域とその密度を増加させており，国を挙げての駆除および拡散防止策が実施されているが，その分布状況把握のためにより高感度な環境 DNA 分析を導入した．その結果，捕獲による調査では分布していないと考えられていた水域からも DNA が検出され，駆除対象領域の設定等の計画立案に役立てられている．日本においても環境 DNA 分析の技術は早い時期から始まっており，Minamoto et al.［2012］では世界に先駆けて，複数種の魚類を一度に検出する手法が提案された．また，Takahara et al.［2012］では，対象種としたコイ（*Cyprinus carpio*）の生物量を推定するという，これも全く新たな環境 DNA 分析の利用方法を提案している．近年では Uchii et al.［2016］において，同じくコイを対象として，本種の中にみられる「野生型」と「養殖型」の遺伝子型を区別しつつ検出する技術が発表されている．両者は外見ではほぼ区別が付けられないために，「外来型」である養殖型がコイの個体群の中で広がっていっても，その広域的な確認は容易ではなかった．しかし，「捕まえて確認する」のではなく，「捕まえずに直接遺伝子を確認する」という環境 DNA 分析の特徴を生かした興味深い応用例である．2015年には Miya et al. が Minamoto et al.［2012］よりも高精度に多くの魚種を同時検出できる能力を有するユニバーサルプライマーを発表した．ユニバーサルプライマーとは種類ごと，ではなくある分類群（今回であれば魚類）全般の DNA を一括して増幅できるプライマーのことであり，これにより種同定に利用する遺伝子領域を増幅して次世代シーケンサー（NGS: Next Generation Sequencer）で読み取ることで網羅的な種同定が可能になる．こうした網羅的な種同定作業のことをメタバーコーディングと呼ぶが，ミトコンドリアの12S 領域に設計されたこのプライマーセットは多くの魚類を種レベルで同定可能で，今後の環境 DNA メタバーコーディングでは標準的に利用されるプライマーセットとなると考えられる．こうした種特異的な検出，網羅的な種の検出，の各種技術を用いた研究例は学術論文として未報告のものも含めると，日本国内では北は北海道から南は沖縄まで，全国で実施されるようになっている．

1　琵琶湖での研究実施例：種の分布と季節変化

本節では琵琶湖沿岸部の魚類を対象として実施された環境DNAメタバーコーディングによる研究例を挙げる．琵琶湖では沿岸帯か沖帯かに関わらず，長年にわたって各種の魚類相調査が実施されてきた．大規模でかつ古い調査例としてはびわ湖資源調査団（BST）による調査が挙げられる．この調査では沿岸帯から沖帯にかけての各種魚類の場所利用を漁獲統計や独自調査によって明らかにし，更に特筆すべきはその「夏と冬」という季節変化を始めて描いて見せたことにある［びわ湖生物資源調査団 1966］．現在でもこの当時の規模での琵琶湖魚類全般を対象とした一斉調査は行われておらず，非常に貴重な情報を我々に提供している．ただし，一斉といっても，実際には個別の小さな調査の成果や漁獲情報を取りまとめて全体像を得ているというのが実際である．これは決して批判ではなく，実際に捕獲を伴うような調査手法をとる限りは，広域的な水域を相手にするときには避けようがない．こうした空間規模の調査と取りまとめにかかる労力は膨大で，それがためにこれに類した後継調査が実施されていないといっても過言ではない．一方，環境DNA分析による魚類相のメタバーコーディングの強みは捕獲を伴わずに水試料のみから魚類相組成を明らかにできることにあり，相当小労力で多地点かつ継続的な調査が可能な点にある．本研究例では琵琶湖沿岸に設定した21地点（図11-1）で4季節に採水した試料を環境DNAメタバーコーディングに供し，1年間の種組成変化を解析した．なお，この調査は筆者の研究室で学生諸氏とともに継続しており，環境DNA試料自体は既に2年分蓄積されている．季節ごとに1度の調査だが，これは調査車両で琵琶湖を1周して採水するだけであり，おおよそ半日余りで終了する．人員としては毎回3から4名であり，21地点で個別に魚類を捕獲するといった直接捕獲の手法と比べると，極端に労力が小さい．採取した水は車内で移動中に濾過（Yamanaka et al.［2016］参照）してしまうため，研究室に戻れば濾紙を冷

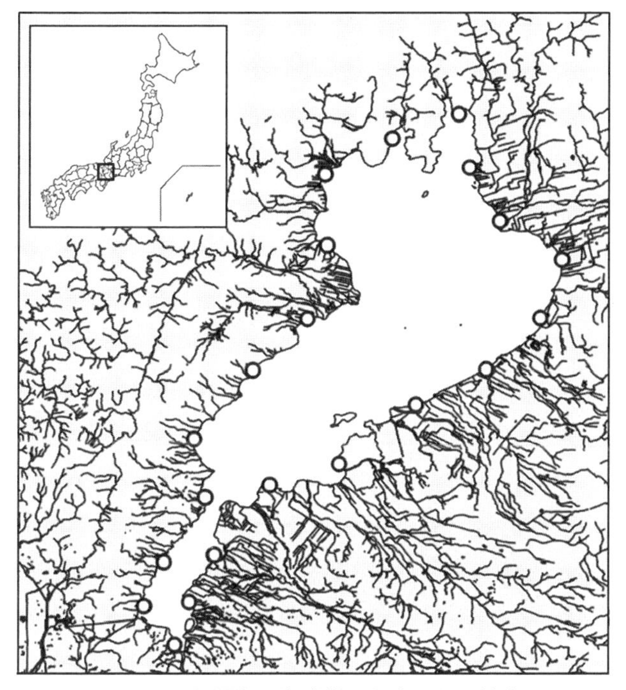

図11-1　琵琶湖の湖岸帯に設定した21地点
（注）白丸で示す.

凍保存するだけでその日の作業は終わりである．また，この調査自体は全く魚類の知識も，捕獲の技術も必要なく，自動車の普通免許と，濾過器材を扱う簡単な練習を済ませれば誰でも行う事が出来るため，長期の調査を継続する際に人員の手配が非常にやりやすい．

以降の実験ステップでは，濾紙の上に残された残渣の中からDNAを抽出し，これをDNA試料としてユニバーサルプライマー［Miya et al. 2015］を用いたPCRで対象遺伝子領域を十分に増幅したうえで，NGSによってDNA塩基配列の読み取りを行う．NGSでは最大で1000個ほどのDNA試料を同時に分析することが可能である．得られた塩基配列情報は各種の前処理で選抜・整理されたのちに魚類のDNA塩基配列が格納されたデータベースに照合して，どの試

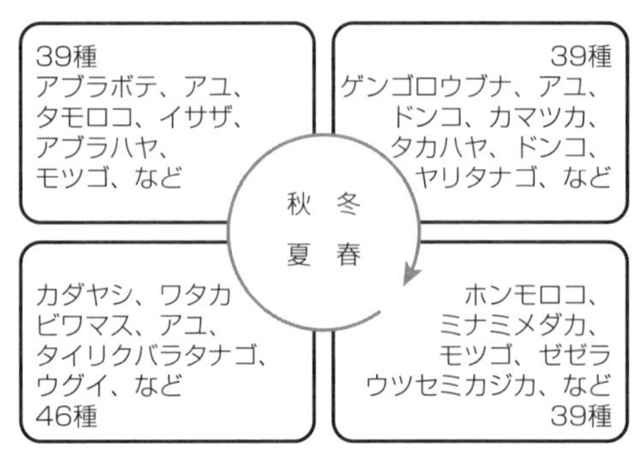

図11-2　琵琶湖湖岸帯から環境 DNA メタバーコーディングによって検出された魚類の例.

料中（つまりはどの時期のどの地点の水の中）にどの魚種の DNA が含まれていのかが決定される. このような検索・照合はかなり自動化されたパイプラインと呼ばれるデータ処理フローによって行われる. 結果として, 2015年11月, 2016年2月, 5月, 8月の試料から, それぞれ39種, 39種, 39種, 46種の淡水魚類が検出され, 合計では年間通して50種が検出された（図11-2）.

魚類群集組成について地点間の非類似度をもとに PERMANOVA によって解析したところ, 環境変数として与えた緯度と季節が, ともに有意な効果を持っていた. また, 季節と緯度との交互作用は有意ではなかった. 続いて地点間距離と非類似度との関わりについて Mantel テストによって解析したところ, 地点間距離は非類似度と有意な正の相関を持ち, 距離が離れるほど, 非類似度が高くなる結果であった. これはつまり, 近いところどうしで魚類の組成は似ていて, その組成は季節的に変化していくということである. NMDS によって群集の非類似度をもとに群集間距離を二次元平面にプロットし, 季節という時期的効果, 琵琶湖に二つある湖盆のうち南湖盆（南湖）にある地点か北湖盆（北湖）にある地点か, もしくは琵琶湖の東岸か西岸のどちらにある地点かという空間的な効果を解析した. 結果, 北湖と南湖という空間的な要因でみた場合に,両グループに区分された地点がもっとも明瞭にまとまってプロットされた．琵琶湖の北湖と南湖は水深その他の環境条件が大きく違っており，この解析結果はそうした違いが水域間での群集組成の違いを生み出している可能性を示唆するものである．群集組成が季節や空間的な位置によって違うという結果が得られたため，次に種ごとにそれぞれの空間分布とその季節的変化を解析した．結果，フナ類（*Carassius spp.*）やオオクチバス（*Micropterus salmoides*），ブルーギル（*Lepomis macrochirus*）のように地点や季節にほとんど依存せずにいつでもどこでも検出される種や，ウグイ（*Tribolodon hakonensis*）のようにほとんど北湖でしか検出されない種，ワカサギ（*Hypomesus nipponensis*）のようにほぼ冬のみに検出される種など，様々な検出パターンが明らかになった．これらの結果はそれぞれの種の生態と強く関わっていると考えられ，環境選好性があまり厳しくなかったり，生物量が比較的多い種は普遍的に出現し，季節的な場所の移動，例えば産卵期における湖岸への来遊などを行うような種はその効果を反映した結果となっている．こうした解析の結果は直感的な想像と合致していて特に驚くべき内容ではない．ただ，多地点・複数季節の魚類群集組成のデータが得られているからこそ，そうした直感的な仮説を検証することが可能になっているのであり，簡便に小労力でデータが得られるようになった環境DNA分析の影響は大きい．ここでは季節や地理的な位置などを環境要因として解析しているが，大規模な空間分布情報が時系列的に取得できる環境DNA分析による調査であれば，データ量が蓄積するにしたがって，より微妙な，直感的には推測できなかった弱い影響を持つ環境要因についても，統計学的にその効果を評価できるようになる．

2　淀川での研究実施例：魚類の回遊

本節では琵琶湖からの唯一の流出河川である淀川において実施された，環境DNA分析による魚類の回遊の調査例を挙げる．多くの動物はその生活環を完結させるために複数の生息場所を必要としている［Noss 1911］ために，そうした異なる生息場所間の接続が維持されている必要がある．また，そうした移動は個体群間の遺伝的な交流も可能にしているという点でも，種の存続にとって欠かせないものである．通し回遊魚といわれる魚類の場合，ニホンウナギ（*Anguilla japonica*）であれば河川で成長したのちに海に下って産卵し，サケ（*Oncorhynchus keta*）であれば逆に河川に遡上して産卵するといった大規模な移動を行う．こうした海と川とを行き来する魚類にとっては，産卵場所と生育場所をつないでいる河川は重要な接続経路である．ただし，河川にはしばしばダムをはじめとする人工的な河川横断構造物が建設され，生息場所間の接続性が失われて回遊性魚類の自由な移動の障害となる［Agostinho 2008; Katano 2006］．こうした魚類への影響は実際の魚の移動を追跡調査することで評価されるべきであるが，これにはこれまで，目印となるタグをつけた個体を放流して再び別の地点で捕獲する標識再捕を行ったり，発信器を埋め込んだ個体をラジオテレメトリーによって追跡するなどの方法がとられてきたが，いずれも回収率が低かったり，相当高額な機材を使わねばならなかったりという難点があった．つまり，横断構造物を作るたびに，そして長期にわたって影響評価を実施するには効率やコストの面で採用するのが難しい方法しかなかった．

本研究ではダム等の河川横断構造物が魚類の河川内移動に与える影響のモニタリングに環境 DNA 分析を応用することを目指し，その可能性を示すべく淀川水系を対象として調査が実施された［Yamanaka & Minamoto 2016］．琵琶湖南端から大阪湾に至る約70 km の区間に計15の地点を設定し，7月から翌年6月まで毎月1回の採水を行った．対象区間には河口から上流へ向かって，淀川大堰，天ヶ瀬ダム，瀬田川洗堰の3つの河川横断構造物があり，魚類の通過に配慮して魚道が設置されているのは最下流の淀川大堰のみで，特に上流側の2つの構造物が大きく魚類の河川内移動に影響していると考えられた．採水やDNA 抽出は採用した手法が若干前章の研究例とは異なるが，分析ステップは同様である［詳細は Yamanaka & Minamoto 2016］．大きく異なるのは，ユニバーサ

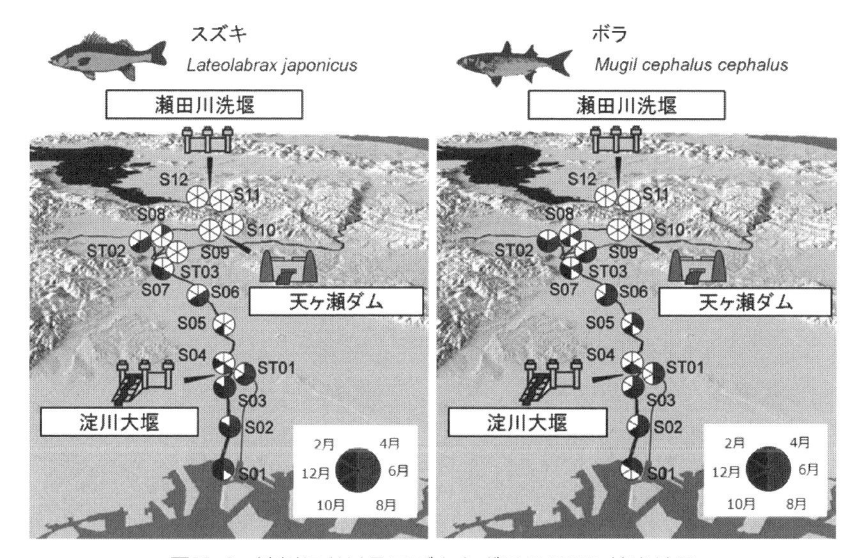

図11-3　淀川におけるスズキとボラの DNA 検出結果

（注）４月から翌年の２月までの分析結果を２か月ごとにパイチャートで示しており，色が塗られていれば対象種の DNA がその月に検出されたことを表す．両種とも京都市伏見区付近（S08地点）まで遡上している様子が見て取れる．天ヶ瀬ダムより上流側（S10-12）では一度も検出されなかった．Yamanaka & Minamoto［2016］の図を改変．

ルプライマーではなく，特定魚種に着目した種特異的なプライマーを用いてリアルタイム PCR によって陽性・陰性を判断するという方法をとったことである．対象種は海域と河川域とを回遊するスズキ（*Lateolabrax japonica*）*s* とボラ（*Mugil cephalus cephalus*）の２種で，ミトコンドリアのチトクローム *b* 領域をターゲットとする種特異的なプライマーを設計した．

結果として，スズキとボラは類似の季節移動をしていることが推測された．すなわち，４月以降の暖かい時期になると急速に河口から40 km ほどの地点にまで侵入し，夏から秋にかけては河川内から広く検出された（図11-3），12月までは地点数を減らしつつも河川内の複数地点で検出されたが，最も寒い２月には淀川大堰よりも下流側の汽水域まで降っていそうであることが分かった．スズキとボラは偶来性淡水魚類に分類されており，必ずしも淡水域での生活が生活環を回すにあたって必須ではないが，餌を求めて暖かい時期には河川内に侵入するとする過去の知見と整合的な結果が得られた［Fuji et al. 2010，川村 2001：485，勢能 2001：459］．天ヶ瀬ダムの前身となった大峯ダムが大正時代に建設される以前は琵琶湖にまでスズキなどの海産魚が遡上していたとされるが，現在の天ケ瀬ダムには魚道がないため，それよりも上流側からはボラもスズキも検出されなかった．その一方で，最下流の淀川大堰は，魚道が機能しているのか，その上流側からも広域にわたって両種のDNAが検出された．なお，近接した地点でも検出の有無に違いがあることから，環境水中のDNAが一方向に流れて拡散する流水環境においても，環境DNAによって検出される種は採水地付近の魚類相を反映していると考えられた．このような回遊魚を対象とした環境DNA分析は，時系列で情報を取得することにより，季節的な海からの遡上と降河を明瞭に読み取れ，移動の障害となっている要因を検出するのに有効に利用できる．河川のような流水環境では環境DNA分析の結果を解釈する際にデータが反映している空間範囲に注意が必要であるものの，既にアユ（*Plecoglossus altivelis altivelis*）を対象としてその分布のみならず地点ごとの生物量までも推定しようとする研究例［Doi et al. 2017］も報告されており，池や沼といった水の動きが少ない水域に限らず，環境DNA分析は利用されるようになってきた．様々な水域において「水を汲むだけ」という統一的な手法で生物相調査ができる環境DNA分析の利用は，ますます広がっていくだろう．

おわりに
――当たり前に使われる，道具としての環境DNA分析――

生態学は環境と生物との関わりを明らかにしていく学問である．生態学で得られた知見は現代社会では環境保全に取り組む上で不可欠な情報となっている．ただ，生態学的研究を実施する際に，そのさらに基盤である「生物の分布情報」は十分に得られていないのが現状である．そもそも，「どこにどのような生物がどれくらいいるのか？」という問いは野外で暮らす生物のことを研究するうえで不可欠な情報であるにもかかわらず，その様な状態にあるのは，「取得の困難さ」が大きな要因である．琵琶湖の魚類の例でみたように，包括的な広域総合調査が行われることは非常にまれで，しかも同時期に広域に行うのではなく，長期的に少しずつ調査を進めて，全体の情報を統合することが多い．こうした状況では，「同じ時点の広域分布情報」は得られず，また，労力的に時間を追って継続的に取得し続けることはほぼ不可能である．こうした局面で，環境 DNA 分析は少なくとも調査の時点では専門家が必要なく，広域的な同時調査がアレンジしやすい．そして，長期継続調査となった際でも，人員に変更が生じることによって大きな影響は受けない．もちろん，種の組成を時系列で広域的に取得する，という事以上のデータは現在の技術では不可能なため，もちろん既存の捕獲による調査を否定するものではない．例えば成長の様子や健康状態を知ろうとすれば，個体を捕まえて観察するしかない．しかし，それでもなお，広域でかつ超長期に生物の分布情報を取り続けられる可能性のある環境 DNA 分析にかかる期待は大きい．今後，環境 DNA 分析は「誰でも扱える目の細かい大きな網」として，世界規模での生物多様性観測で調査道具として使用され，そこから得られるビッグデータに基づいた資源解析や新たな保全施策や体制の構築が進んでいくだろう．

参考文献

Agostinho, A.. A.., Pelicice, F. M. and Gomes, L. C. [2008] "Dams and the fish fauna of theNeotropical region: impacts and management related to diversity and fisheries," *Brazilian Journal of Biology*, 68.

びわ湖生物資源調査団［1966］『びわ湖生物資源をめぐって』近畿地方建設局.

Doi, H., Inui, R., Akamatsu, Y., Kanno, K., Yamanaka, H., Takahara, T. and Minamoto, T. [2017] "Environmental DNA analysis for estimating the abundance and biomass of stream fish," *Freshwater Biology*, 62.

Ficetola, G. F., Miaud, C., Pompanon, F. and Taberlet, P. [2008] "Species detection using environmental DNA from water samples," *Biology Letters*, 4.

Fuji, T., Kasai, A., Keita, W. S., Ueno, M., and Yamashita, Y. [2010] "Freshwater migration and feeding habits of juvenile temperate seabass *Lateolabrax japonicus* in the stratified Yura River estuary, the Sea of Japan," *Fisheries Science*, 76.

Thomsen, P. F., Kielgast, J., Iversen, L. L., Møller, P. R., Rasmussen, M. and Willerslev, E. [2012] "Detection of a diverse marine fish fauna using environmental DNA from seawater samples," *PLoS ONE*, 7.

Jerde, C. L., Mahon, A. R., Chadderton, W. L. and Lodge, D. M. [2011] ""Sight-unseen" detection of rare aquatic species using environmental DNA," *Conservation Letters*, 4.

Katano, O., Nakamura, T., Abe, S., Yamamoto, S. and Baba, Y. [2006] "Comparison of fish communities between above-and below-dam sections of small streams; barrier effect to diadromous fishes," *Journal of Fish Biology*, 68.

河村功一［2001］「スズキ」，川那部浩哉・水野信彦・細谷和海編『日本の淡水魚』山と渓谷社．

Minamoto, T., Yamanaka, H., Takahara, T., Honjo, M. N. and Kawabata, Z. [2012] "Surveillance of fish species composition using environmental DNA," *Limnology*, 13.

Miya, M., Sato, Y., Fukunaga, T., Sado, T., Poulsen, J. Y., Sato, K., Minamoto, T., Yamamoto, S., Yamanaka, H., Araki, H., Kondoh, M. and Iwasaki, W. [2015] "MiFish, a set of universal PCR primers for metabarcoding environmental DNA from fishes: detection of more than 230 subtropical marine species," *Royal Society Open Science*, 2.

Noss, R. F. [1991] "Landscape connectivity: different functions at different scales. Landscape linkages and biodiversity," in W. E. Hudson ed., *Landscape Linkages and Biodiversity*, Washington DC: Island Press.

瀬能宏［2001］「ボラ」，川那部浩哉・水野信彦・細谷和海編『日本の淡水魚』山と渓谷社．

Takahara, T., Minamoto, T., Yamanaka, H., Doi, H. and Kawabata, Z. [2012] "Estimation of fish biomass using environmental DNA," *PLoS ONE*, 7: e35868.

Uchii, K., Doi, H., Minamoto, T. [2016] "A novel environmental DNA approach to quantify the cryptic invasion of non-native genotypes," *Molecular Ecology Resources*, 16.

Yamanaka, H., Minamoto, T. [2016] "The use of environmental DNA of fishes as an efficient method of determining habitat connectivity," *Ecological Indicators*, 62.

（山中 裕樹）

第12章

カワウ問題解決のための順応的管理と河川環境改善

龍谷大学では，2004年に里山学研究の体制ができて，2005年４月24日に「里山環境における鳥獣害問題の課題を探る」というテーマで龍谷大学瀬田学舎でワークショップが開催され，私は企画にかかわるともに，「カワウ問題の現状と対策より」〔須川 2006〕という題で琵琶湖のカワウ問題を中心に報告した．里山環境という切り口から鳥獣害問題を考えるのは，当時としては先駆的な企画であり，関心を持つ多くの人が集まった．

環境省鳥獣専門官横山昌太郎氏に「鳥獣問題解決のための特定鳥獣保護管理計画制度」の講演をしていただいた．横山氏は，環境省特定計画技術マニュアル（カワウ編）〔環境省 2004〕作成時の担当者で，私は作成のためのワーキンググループに参加していた．

1 カワウ問題へのかかわり

私は琵琶湖の越冬水鳥の個体数の変遷に1970年代から関心を持つうちに琵琶湖のカワウ問題から全国に多発するカワウ問題に巻き込まれていった〔須川 1990；須川 1993；須川 2001；成末・須川 2002〕．

1982年に竹生島で戦後はじめてカワウの再営巣（５巣）が竹生島のサギ類のコロニー（集団営巣地）内に確認された．戦後，1960年代まで，残留毒性の強い農薬のために食物連鎖のトップにいるカワウを含む魚食性水鳥は個体数を減少させた．野に舞うコウノトリやトキが姿を消し，カワウの国内の営巣数も限られていて絶滅に瀕している状況であった．1971年に環境庁ができ，毒性の強い農薬規制が進み，琵琶湖におけるカワウの営巣確認は喜ばしいニュースと受け止められた.

ところがその後琵琶湖におけるカワウの個体数は増加し，1990年代にはいると営巣地における森林枯死や水産被害が問題となり，私は1992年に琵琶湖におけるカワウ対策のための基礎調査にかかわった［須川・植田 1993；須川編 1997］. その後25年もカワウ問題にかかわることになった. 滋賀県とのかかわりは現在も継続しており，京都府のカワウ問題にもかかわり，また国レベルや，近年では関西広域連合のカワウ対策にもかかわることになった.

2　カワウの特定鳥獣保護管理計画のための基本指針作成

鳥獣の保護および狩猟の適正化に関する法律があり，2014年に法の題名が「鳥獣の保護および管理並びに狩猟の適正化に関する法律」となった. 増加種対策としてシカ・イノシシ・サル・カワウなどに対して特定鳥獣管理計画の指針を国が示し，必要とする自治体が特定計画を作成することになった.

カワウについての国の指針は，第１版が2004年に，９年後の2013年に改訂版が作成された. このいずれもワーキンググループのメンバーとして作成にかかわった.

管理計画の基本的な考え方は順応的管理であり，鳥獣管理のための３本柱として，被害対策，個体数調整・個体群管理，生息環境改善がある.

順応的管理は，2004年の環境省技術マニュアルの図（図12-1）で示したように，左側に非順応的管理を対置して示すと判りやすい.

非順応的管理は，基本的方針をブラックボックス（素人の行政担当）で決定し，うまくいかないようだとまた次の方針に移るというフローで，そこには関係者への説明が不在で，モニタリングもない. といっても，少なくとも議会への説明はあり，そこを通れば合意形成されたことになっていた.

順応的管理は，事業計画をオープンに議論してできるだけ合意形成をおこない，また実行した事業についてはモニタリングすることで，計画の妥当性や不

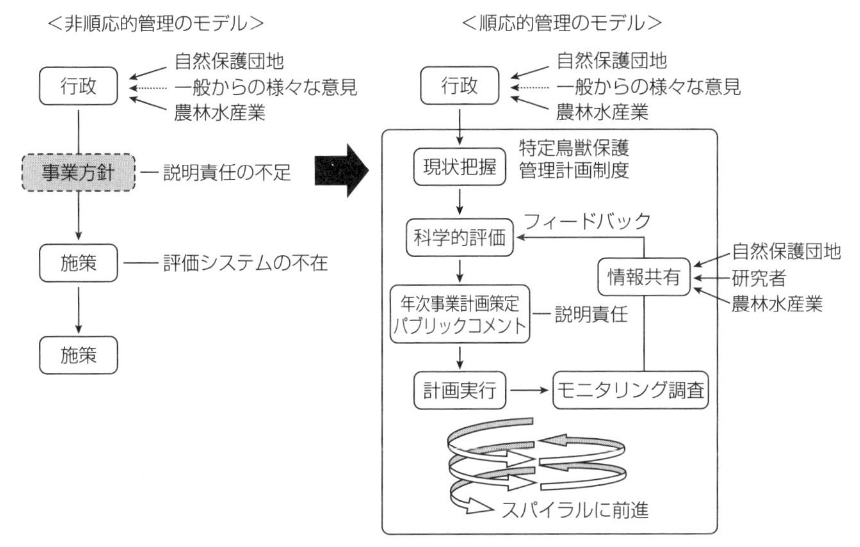

図12-1　非順応的管理と順応的管理

（出所）環境省［2004］.

十分な点を認識して次の計画に生かしていくという考えである．図12-1に描いているように「スパイラルに前進する」．

2004年版の「はじめに」の部分では，それまでは特定計画の経験として哺乳類しかなく，はじめての鳥類であり留意すべき点が多いと書かれている．哺乳類は行動圏が限られ，生息環境は主に山地である．しかしカワウの行動圏は極めて広大で，生息環境は河川や湖沼などの多様な湿地環境である．個体数調整技術は，否定はしないまでも未確立と書かれていた．カワウの行動圏の広さから広域的連携，情報共有にもとづいて進めるべきと書かれていた．

3　カワウの特定計画指針の改訂版作成

それから９年たった2013年，環境省は技術マニュアルの改訂版「特定鳥獣保護管理計画作成のためのガイドライン及び保護管理の手引き」（［環境省 2013］，以下改訂版）を作成した．

改訂版では，はじめにの部分に「冷静に被害状況を把握し，持続可能な体制とカワウを管理するための計画をつくることが先決である」「古来よりカワウは日本に暮らす在来種であるため，撲滅や駆逐でなく「ほどほどにいる」ことが大前提となる」との基本姿勢が示されている．つまりカワウによる被害を許容できる状態にするにはどうすればよいのかが大きな課題となる．

９年の間に各地においてカワウ対策についての失敗や成功例の経験が蓄積された．改訂版では，それらの諸経験を収集して，都道府県の担当者が，自分のかかわる地域の現況を考える上で適切な事例にアクセスできるしかけとして「鵜的フェーズ」を示している．

個体数の規模や段階に応じて１～６のフェーズごとに必要な対応を示している．改訂版は特定計画作成のためのガイドラインであるが，特定計画作成まで至らないカワウの個体数が少ない地域でも，さまざまなカワウ問題は発生しているので，そのようなフェーズの地域も含めて問題解決指針を示している．

個体数が増えるにしたがって，被害状況の把握→関係者が現状を把握して対策を話しあう場の確保→個体群管理と被害対策のための計画をつくり実行という手順へすすむべきと提言している．

京都府のカワウの個体数は1000羽程度であり，個体数や被害状況の基礎的な把握はされ，またカワウ対策の協議会があるフェーズ（フェーズ3）であり，フローにしたがうと次なる課題は計画づくりとの課題が見えてくる．

１万羽を超える滋賀県のようなフェーズ（フェーズ5）となると，滋賀県が琵琶湖で試みた個体数調整・個体群管理の経験がモデルとなる．

滋賀県では1990年代に数が増え，多い時には３万羽を越え（７万羽以上となった2008年秋の記録もある［須藤 2017］），そのために深刻な水産被害やコロニーにおける樹木への被害が起こり，竹生島は樹木が枯れ土壌の支えがなくなるために，深刻な土壌流出が憂慮された．

滋賀県は全国的に見てもカワウの個体数が多く，カワウの被害は深刻だったが，行政はなかなか順応的管理の考えには立たず，非順応的管理の見本のような対策が続いた．2009年に特定保護管理計画（第1次）を作成し［滋賀県 2009］，特に被害対策と個体数調整に力を入れ，個体数調整のための専門的な技術を持っている人がかかわることで個体数調整がかなりうまくいって，だいぶ個体数が減り，竹生島の植物も復活しつつある．個体数調整は高性能空気銃を使ったシャープシューティングという手法によって行っている．シャープシューティング（Sharpshooting）とは，一定レベル以上の技能を備えた専門的・職能的捕獲技術者（カラー culler：一般狩猟者であるハンター hunter とは区別される）の従事を前提とする銃器を用いた捕獲体制の総称である［須藤 2017］．射手と空気銃のポンパーの2人一組でポンパーは射手の捕獲について正確に記録することにより，モニタリングをする上での信頼できる情報が得られる．滋賀県では何万羽もいたのが1万羽以下に減ってきて，やっと被害対策とか，生息環境改善とかもじっくり考えていくことができる段階となった．今までは，あまりに個体数が多かったので，何も考える気が起こらないというのが実態だったと思う．個体数はある程度制御されたが，内陸部へのコロニーの分散がおこっていてきめ細かい対策を考える必要がおこっていると言える．

理想的なゴールとして鵜的フェーズ6がある．カワウの個体数はほどほどに抑え込まれ，深刻な被害がおこっていない状況である．フェーズ6のモデルとしては山梨県の経験を参照すべきと書かれている．山梨県水産技術センターに勤務していた坪井潤一氏は日本で最初にカワウの本を出版した［坪井 2013］．坪井氏が中心となって山梨県下の漁協ときめ細かく連携して被害対策を実施し，富士川河川敷のカワウのコロニーを残して，他の場所へのコロニーの分散を管理し，また富士川河川敷のコロニーにおいてドライアイスを使って卵を殺す繁殖抑制を行うことでカワウによる被害を押さえている．

4 京都府の事例

カワウの現状を関係者が把握する手法として情報シートを作成することになった．情報シートは，コロニーと集団ねぐらについての情報シートと，採食地となっている場所について漁協単位に作成している飛来地（採食地）情報シートの二つからできている．また，これら二タイプの情報シートが京都府内のどの地域に関して作成されているかがすぐに判る概括地図（図12-2）から構成されている．

概括地図を見ると，京都府内の主要な河川が示されており，それぞれの漁協がどの範囲をカバーしているかが判り，それぞれ漁協単位の飛来地情報シートを見る入口となる．また，概括地図には，過去に記録のあるカワウのコロニーと集団ねぐらの位置がそれぞれ番号付で示されている．集団営巣している場所は京都府内に１～３ヶ所，それと夜になって集まってくる集団ねぐらがある．

夕方，コロニーと集団ねぐらに集結するカワウの個体数を数えて合計すると京都府にカワウは何羽いるかということがわかる．カワウの近畿・中部広域協議会では年３回（３月，７月，12月）一斉に数えることにしている．

京都府のカワウのコロニーと集団ねぐらで数えられた個体数の合計の推移をみると変動はあるが1000羽前後である．滋賀県はかつては３万羽以上いたので全体の総数は滋賀県に較べるとかなり少ないが，それでも数十羽のカワウがそれほど大きくない河川にいつかれると，放流したアユを採食されて，釣りとかに大きな影響を与えるので何とかしないといけないということになる．

個体数調整をして減少させようとするだけの発想だと，他の府県からどんどん入ってくるから難しく，被害対策を地道にするとともに，長期的には被害が発生しにくい生息環境へと改善していくという総合的な対策方針をとる必要がある．

カワウ問題の一つは，カワウの被害を受けている人が，その被害をまわりの

図12-2　京都府内の内水面漁協におけるカワウによる被害発生地域，ねぐら・コロニーの位置番号

（出所）環境省［2013］（京都府提供）.

人になかなか理解してもらうことができないことである．しかし，集団ねぐら・コロニーの情報シートと漁協単位の飛来地（採食地）の情報シートをしっかりとつくることで，行政担当者も状況が理解でき，また関係する人々に容易にその状況を伝えることができるようになる．

環境省改訂版［環境省 2013］において私は京都府のカワウ対策についての紹介を担当した．京都府は前述したように，鵜的フェーズとしてはフェーズ3（個体数レベルは500以上で3000羽未満）である．ねぐら・被害の実情は把握していて関係者の協議会があるという段階なので次なる課題は，計画の作成ということになる．

5　京都府における注目すべき動き

京都府の一部河川では，最近漁協が研究者や市民と連携して河川の環境改善に向けて積極的な活動をしている［竹門 2016］．この動きはカワウの特定計画で考えられている生息環境改善につながる動きとみることもできる．主たる活動は，海から遡上する海産アユの遡上を妨害している多くの井堰や落差工を，河川管理者の許可も得て，海産アユの遡上期に人工魚道を設置する活動である．国や府の河川管理者が，治水上の理由もあって不要な井堰などを撤去する動きともあいまって，いままで遡上できなかった中流域まで海産アユの遡上が実現している．

魚が特定の場所にたまることが少なくなるため，カワウ側から見ると餌が採りにくい河川へとなっていく．

山梨県の富士川は海産アユが遡上することもないので放流アユに頼るしかない．また琵琶湖自体は極めて淡水魚の生産性は高いが，海とのつながりということでは，大阪湾から淀川を遡上した海産アユが宇治川に入っても天ケ瀬ダム止まりでそれ以上は遡上できなくなっているという問題がある．

鴨川などの京都市内の河川は，かつては淡水魚の稚魚が多く群れる河川であり，稚魚のつくだに「鷺知らず」は京のみやげだった.「加茂川の鷺しらず　みやげを提（さ）げていざ立たん」と鉄道唱歌53にも歌われている．放流アユや海産アユを越えて「鷺知らず」,「カワウ知らず」の稚魚が群れる河川をとりもどすことが，カワウ対策の最終的ゴールと言えるだろう．

内水面漁業は多様である．放流アユに頼るとしても放流したアユが十分に成長できないような瀬切れをするような河川では，増殖努力を達成することが困難で漁業権は設定されない．滋賀県の漁協の位置図を見ると，京都府に較べて漁業権が設定されていない河川区域が目立つ．

6 国レベルの順応的管理

カワウ対策において国は順応的管理を都道府県に勧めているが，一方で国レベルも進めている．それは以下のような形と理解できる．

2004年の技術マニュアルで体系的にカワウ管理法を示した．個体数調整のように参照できる事例がない項目はそのように書いている．2013年改訂版では9年間の都道府県におけるカワウ対策の経験を収集し,「ガイドライン及び手引き」として収集された成果を都道府県の担当者に示している．その際に状況の違う地域で有効な経験の情報につながる示し方が「鵜的フェーズ」である．

つまり，定期的（およそ10年単位）に各地の進んだ経験を体系的に収集・整理して都道府県に示すというスパイラルが，国レベルの順応的管理手法だと言えよう．

改訂案から4年たって，各地のあらたな経験が蓄積されつつある．カワウ対策とはこういうものだと決めつけないで，被害対策・個体数調整や個体群管理，さらに生息環境改善について，あらたな考えや手法を獲得していくことが求められている．

参考文献

環境省［2004］「特定鳥獣保護管理計画技術マニュアル（カワウ編）」
（http://www.env.go.jp/nature/choju/plan/plan3-2a/full.pdf, 2017年11月20日閲覧）.
環境省［2013］「特定鳥獣保護管理計画作成のためのガイドライン及び保護管理の手引き（カワウ編）」（http://www.env.go.jp/nature/choju/plan/plan3-2f/index.html, 2017年11月17日閲覧）.
滋賀県［2010］「特定鳥獣保護管理計画カワウ」. p73.（注：第1次の計画，現在第3次の策定中）
須川恒［1990］「琵琶湖竹生島のカワウのコロニー」『かわう』8.
須川恒［1993］「魚食性水鳥（ウやミズナギドリなど）の生態と現況」『関西自然保護機構会報』14(2).
須川恒［2001］「琵琶湖のカワウ問題から見えること」『野鳥』11月号.
須川恒［2006］「カワウ問題の現状と対策より」『龍谷大学里山学・地域共生学オープンリサーチセンター2005年度年次報告書』.
須川恒編［1997］『カワウによる竹生島植生影響調査報告書（平成7年度）』カワウ環境研究会・滋賀県生活環境部自然保護課.
須川恒・植田潤［1993］「琵琶湖のカワウの最近の動向について」『かいつぶり』20.
須藤明子［2017］カワウ管理における科学的・計画的捕獲. 野生鳥獣被害防止マニュアル改訂版鳥類編. 農林水産省.（http://www.maff.go.jp/j/seisan/tyozyu/higai/h_manual/H28_manual_tyourui/attach/pdf/H28_manual_tyourui-9.pdf　2018年1月17日閲覧）
成末雅恵・須川恒［2002］「カワウに関する基礎研究と被害評価とその解決のための応用研究における課題」『日本鳥学会誌』51(1).
竹門康弘［2016］「京都の自然と産業」『2016年度 龍谷大学経営学特別講義』龍谷大学京都産業学センター.
坪井潤一［2013］『空飛ぶ漁師カワウとヒトとの上手な付き合い方—被害の真相とその解決策を探る—』成山堂書店.

（須川 恒）

第13章

河辺林の特徴と蝶から見る里山的価値

はじめに

里山と聞くと多くの人は人里近くの山をイメージするかもしれない．実際に日本の国土のほとんどは山であるので，里山の多くは山に位置していることは確かである．しかし，里山とは決して人里近くの山のことを指すだけではなく，人里近くにある樹林なども里山とよばれ，里山としての機能を果たしていた．ここでは山地ではなく平地にある里山のひとつで，その中でも特殊な環境である河畔林，特に今回は河川の中流～下流にかけて分布している滋賀県湖東部の河辺林について紹介をする．

1 河辺林とは

森林の中でも河川沿いに発達した森林を一般的に河畔林と呼ぶ．しかし，単に河畔林といっても河川上流の渓谷にあるものや中流の扇状地などの平地にあるものなどさまざまである．そこで，崎尾ら［1995：291-294］は河川・渓流の流況や立地環境などの特徴別に定義をした．一つ目は，最上流域に分布しており，河川上流域の崩積土が堆積した渓流周辺のサワグルミ，トチノキ，カツラ林である渓谷林．次にその渓谷林よりも下流に位置し，森林群落は渓谷林とほぼ同じである渓畔林．渓畔林は生態学や林学の研究において，主に冷温帯落葉広葉樹林の分布する渓流沿いの独特な種構成を持つ森林に対して使用されることが多い．さらに山地から平地に流れ出て形成された扇状地より下流域の河川に沿った森林である河辺林（または河畔林）．河辺林は中流・下流域の河川幅の広い河川に沿って分布しているヤナギ林などが当てはまる．そして，下流域の後背湿地に形成される湿地林．湿地林はハンノキやヤチダモ林のように，排水の悪い場所に分布している森林である．

河辺林は野生生物の生育及び生息環境として非常に重要であるとされている［Naiman et al. 1993: 209-212］．植物についても森林の特徴でも述べたように周辺の森林とは異なった独特な樹種構成をもっている［石塚 1977：237-242］．なぜこのような独特な樹種構成が出来上がるのか．まず一番に挙げられるのは河川による大きな攪乱である．一般的な森林では山火事などが起きない限り土地の植生がリセットされるような大きな攪乱は起きず，起きたとしてもその間隔は長い．しかし，河辺林は河川沿いにあることで，大雨などによる河川の氾濫の影響を大きく受け，最悪の場合すべて流されてしまうことがある．また山火事などとは異なり大雨や台風などは短い期間で多発することもしばしばである．さらに河川の氾濫だけでなく，河川による浸食や上流からの堆積，土砂供給などにより様々な頻度やサイズの攪乱が生じるため，河川沿いの地形は複雑となり，独特な樹種構造を持った植生が発達している．次に河辺林の特徴に樹林が河川に沿って長く連なり，連続的に続いた環境となっている．このような環境は動植物の生育や移動環境のコリドー（回廊）として重要な位置づけにある［Forman & Godron 1986：619］．また河辺林において野生生物の高い生育・生息密度や種多様性がみられるのは，この連続した長い境界におけるエッジ効果（edge effect）だとされている［村上 2001：115-124］．エッジ効果とは，生育場所の境界付近において，外部の環境条件の影響を強く受けることである．その影響により境界部において高い生息密度や多様性が見られる［富松 2005：163-171；Fagan et al. 1999：165-182］．生態学的な面だけでなく河辺林は人の生活に対しても里山としての機能（薪や材木の供給源）や河川の氾濫などを防ぐための洪水調節，陸地から河川への水や養分の流出の調節，堤防の浸食防止，河川水質の制御などの機能を持ち人々の生活を支えきたことから，吉田ら［1991：37-47］は，河辺林は多くの公益的機能を複合的に内包しており，既存の樹林の中でも最も重要な

写真13-1　愛知川の河辺林（遊林会 HP より）

環境林のひとつだと述べている．

しかし戦後，産業の発達や林業の衰退などにより河辺林の里山としての利用頻度は下がり，薪取りなどの人の手による小さな攪乱の回数が減ったことで遷移が進み，樹木の種多様性が下がってきている．また河川の氾濫のコントロールのため上流にダムを建設し，中流下流では護岸工事が行われ河川が安定したことにより，樹林の攪乱も起こりにくくなったことでさらに遷移が進みやすくなっている．また護岸工事は，洪水調節としての河辺林の働きも奪ってしまった．里山としても環境林としても機能を失ってしまった平地部の河辺林は，時代の流れとともに宅地開発や工場建設などにより伐採され消失，または残っても河辺林の特徴であった連続性を失い孤立林化したものが多い．滋賀県でも平地の河辺林減少は進んでいるが湖東部ではまだ半自然状態の河辺林が比較的残っている．その中でも行政と NPO 法人の協力により保全整備されている河辺林「河辺いきものの森」（写真13-1）における蝶のくらしぶりを紹介する．

2 「河辺いきものの森」

今回の調査地である「河辺いきものの森」は滋賀県の湖東部に流れる愛知川沿岸にある広さ15 haの河辺林である．現在は「特定非営利活動法人　里山活動団体　遊林会（以下，遊林会）」が保全整備活動を行っている．愛知川沿岸の河辺林でもその他の土地と同様に戦後の開発とともに森林破壊が進んだ．特に愛知川の河辺林一帯は，かつて氾濫原であったため地表のすぐ下に河床の砂利や礫の層が存在し，その砂利などが多く採取された．ではなぜ周辺地域ではすでにこのような土地開発が進められていたのに対し「河辺いきものの森」になった河辺林は開発されなかったのか．その理由として15 haの広大な河辺林が行政や個人によって所有されていた土地ではなく，細分化された土地を複数人がそれぞれに所有していたことがあげられる．複数人の所有地であることにより開発するためにはすべての土地所有者から許可を得なくてはいけないなど時間がかかるため，なかなか開発には至らず残されてきた．しかし，過去に水防や人々の生活に関わる里山として機能してきた河辺林も人々が利用しなくなったことにより，里山としての機能を失い植物の遷移が進んでいた．そこで八日市市（現東近江市）は，1998年に河辺林の土地を借り上げ，昔の里山の姿に戻し保全していくという計画が立ち上げた．これが「河辺いきものの森」の始まりであり，保全整備を任されたボランティア団体が「遊林会」の初期形態である．

愛知川の河辺林の本来の姿はアカマツが優占種である樹林であった［八日市市 1976］．前述したように河辺林はもともと氾濫原であったため平坦な地形で，砂利や礫が存在する河原のような環境であった．そこにアカマツが侵入したことにより土地が固定され，落葉樹であるコナラやアベマキなどが侵入し，1975年にはアカマツとコナラ・アベマキの混交林であった．その後，河辺いきものの森の開設に先立って実施された調査をまとめた「河辺いきものの森自然環境調査業務報告書」［八日市市市 1997］によると，樹林群落はコナラ林が53%，竹林

写真13-2　キクザキイチゲ（遊林会 HP より）

が25%，ケヤキ林が７%，アラカシ林が６%を占めアカマツはほとんど見られなくなった．現在の河辺いきものの森でもアカマツは林内に２～３本あるかないかという状況である．その後，愛知川河辺林としての「河辺いきものの森」の開設と共に高木で常緑樹であるアラカシやタケを伐採することにより林床を明るくした．その結果，ツツジやスミレなどの低木層や下草が花を多く咲かせるようになった．また，ハイハマボッスやオカトラノオなど，かつては見られなかった草本植物である．このようにこれまで見られなかった植物が生息するようになった．現在，ハイハマボッスが近畿地方で生息しているのは河辺いきものの森だけである．また，河辺林の特徴として標高125 m の低地であるにもかかわらずシナノキやシデノキ，キクザキイチゲ（写真13-2），イチヤクソウなどの温帯性山地植物が生息している．キクザキイチゲやイチヤクソウは愛知川上流の標高300 m 以上のところでしか見られない山地性の植物である．これらは川によって山地から流されてきたと考えられ，本来であれば根付かないような平地であるが愛知川の冷たい伏流水により生息可能となっている．

生態学的にも重要な環境である河辺林の保全整備は，遊林会を中心にボランティアにより支えられてきた．ナラ枯れ対策として太いコナラ等を伐採し萌芽更新を行う作業では1998年の開始当初，年間1200人ものボランティアの参加があった．現在は伐採するコナラが減ったこともあり開始当初ほどではないが，それでも年間700人もの人により保全整備が行なわれている．2002年からは行政から子供たちへの環境学習も委託されている．この環境学習は年間１万人ほどの子供たちが参加しており，東近江近辺や滋賀県内だけでなく他府県からの参加も少なくない．このように今ではボランティアの人々による力が，子供たちが自然を学べる環境をも整えている．

3　蝶から見た河辺林

ここからは河辺いきものの森で行った研究を基に蝶の視点から河辺林を見ていきたい．また同時に行った大津市にある龍谷大学瀬田学舎隣接地（以下，龍谷の森）における調査とも比較していこう．

まず，河辺いきものの森に生息している蝶の種は5科28種（表13-1）の蝶が確認された．そのうち，森林性が15種と草原性が13種であり，森林性の種が多かった［Ota et al. 2014a: 61-68］．森林性の蝶とは樹木や林床下草を食草としている蝶のことである．しかし，森林性の蝶でも実際に樹林内で生活している蝶は少なく，大抵は林縁部か樹上で生活をしている．河辺いきものの森で見られた蝶の多くも林縁を主に利用している蝶であった．草原性の蝶とは草原や田畑などに生える草本を食草としている蝶のことであり，これらは街中の庭先などでも見られる．第2節でも紹介したように河辺いきものの森として計画が進むまでは，コナラ，アベマキ，タケ，アラカシの混交林であり，樹冠も覆われ林内が暗い樹林であった［八日市市教育委員会 2002：36-41］と言われている．そこで計画のスタートと同時に林冠を覆っていた常緑広葉樹を伐採し，林内を明るくしたことにより低木層や下草が生えるようになった．林内が明るくなると蝶の種数が多くなることはこれまでの研究にてわかっている［遊磨ほか 2013：125-131］．アゲハチョウ科の仲間は蝶道と呼ばれる決まったルートを飛ぶ習性があり，この蝶道は林縁に沿っていることが多い．林内に林道を通すことにより林縁ができ，そこをクロアゲハやカラスアゲハなど翅の黒い森林性のアゲハチョウが飛ぶようになった．また，林道だけでなく常緑樹を切り倒すことによって出来たギャップ空間にスミレなどが咲くことにより，それらを食草としているツマグ

写真13-3　メスグロヒョウモン（♂）

写真13-4　サトキマダラヒカゲ

ロヒョウモンやメスグロヒョウモン（写真13-3）などのヒョウモンチョウの仲間や純粋に花の蜜を求めてその他の蝶がやってくるようになった．ギャップ空間とは倒木や伐採などによって出来た林冠の隙間である．この隙間によって暗い林床が部分的に明るくなり実生や下草が成長するようになる．よって，樹木の伐採により林内が明るくなり低木層や下草が活発になりだしたと同時か，少し経ってから多種多様な蝶が生息するようになったと推測できる．その中でも河辺いきものの森で最も多くみられるのがサトキマダラヒカゲ（写真13-4）という中型の蝶である．黄褐色のまだら模様で柄としては派手だが，色彩としてはあまり派手ではない．河辺いきものの森ではこの蝶が夏から秋にかけて樹林内を乱舞している．サトキマダラヒカゲの幼虫はタケやササが食草であり，成虫はコナラなどの樹液を餌としている．なぜタケやササ食いの蝶が多いのか．その理由として愛知川周辺では竹林も河辺林の一部，または河辺林として利用されてきた［吉田ほか 1991：37-47］ために現在でも多くの竹林が残っている．河辺いきものの森にもハチクの林が保全整備されている．サトキマダラヒカゲ自身は特別珍しい蝶ではなく，ちょっとした林がある公園などでも見ることができる．しかし，河辺いきものの森で見られる個体数は上述したように非常に多い．これはやはり，幼虫の生育環境と成虫の採餌環境，産卵環境が共に整っているか

表13-1　河辺いきものの森で確認された蝶

科名	種名	学名	生息地
	アオスジアゲハ	*Graphium sarpedon*	草原性
アゲハチョウ科 *Papilionidae*	クロアゲハ	*Papilio protenor*	森林性
	ナガサキアゲハ	*Papilio memnon*	森林性
	モンキアゲハ	*Papilio helenus*	森林性
シロチョウ科 *Pieridae*	キチョウ	*Eurema hecabe*	草原性
	ヤマトシジミ	*Pseudozizeeria maha*	草原性
	ルリシジミ	*Celastrina argiolus*	草原性
	ツバメシジミ	*Everes argiades*	草原性
シジミチョウ科 *Licaenidae*	ゴイシシジミ	*Traka hamada*	森林性
	ベニシジミ	*Lycaena phlaeas*	草原性
	ムラサキシジミ	*Narathura japonica*	森林性
	ウラギンシジミ	*Curetus acuta*	森林性
	イチモンジセセリ	*Parnara guttata*	草原性
	オオチャバネセセリ	*Polytremis pellucida*	草原性
セセリチョウ科 *Hesperiidae*	コチャバネセセリ	*Thoressa varia*	森林性
	チャバネセセリ	*Pelopidas mathias*	草原性
	ダイミョウセセリ	*Daimio tethys*	森林性
	アカタテハ	*Vanessa indica*	草原性
	コミスジ	*Neptis sappho*	森林性
	アサマイチモンジ	*Limenitis glorifica*	森林性
	アサギマダラ	*Parantica sita*	森林性
	ミドリヒョウモン	*Argynnis paphia*	森林性
タテハチョウ科 *Nymphalidae*	メスグロヒョウモン	*Damora sagana*	森林性
	ツマグロヒョウモン	*Argyreus hyperbius*	草原性
	サトキマダラヒカゲ	*Neope goschkevitschii*	森林性
	ヒカゲチョウ	*Lethe sicelis*	草原性
	ジャノメチョウ	*Minois dryas*	草原性
	ヒメジャノメ	*Mycalesis gotama*	森林性

らだといえる．

では，龍谷の森と比較したときどのような違いがあるのか．龍谷の森は河辺いきものの森と同様に昔は里山として利用されていたが，その後人が管理をしなくなり50年以上に渡り放置林となり遷移が進んだ．現在では龍谷大学の研究及び実習林として利用されている．河辺いきものの森と違うところは，河辺林ではないということと平地ではなく瀬田丘陵（標高150～160 m）にあるということである．周辺環境は共に人里であり田畑が広がっている．河辺いきものの森と龍谷の森の蝶を比較したとき，確認された種数にあまり大きな違いはなかったが，龍谷の森は河辺いきものの森とは異なり森林性が14種と草原性が19種であり草原性の種数の方が多かった．個体数での比較は上で述べたとおり圧倒的に河辺いきものの森は森林性の種が多く，逆に龍谷の森は草原性の種が多かった．このような違いがあったのは龍谷の森には一部人里も含まれていることもあると思うが，やはり保全整備している森（河辺いきものの森）としていない森（龍谷の森）の違いが大きいと考えられる．龍谷の森は研究・実習林になってはいるが砂防保安林指定を受けているため伐採等の植生管理が制限されている．つまり，龍谷の森は草原性の蝶が相対的に多いが，絶対的に森林性の蝶が少ないのである．実際に龍谷の森内で森林性の蝶を確認する地点は，龍谷の森内で市民団体が整備している区画がほとんどであった．

また，それぞれの調査地での蝶の種数と個体数の季節消長（図13-1）を比較すると，種数については，河辺いきものの森では７月頃から９月の終わりまで毎回の調査で10種前後確認ができ，10月の半ばから減少していった．龍谷の森では６月から増加するも河辺いきものの森ほどの増加率ではなく，９月の後半から急激に増えピークとなった．個体数では河辺いきものの森が６月から増加し８月中旬から９月の中旬にピークを迎え，そこから減少していくのに対し，龍谷の森では種数と同じように徐々に増加していき９月の後半にピークを迎えて減少していった．このように河辺いきものの森は龍谷の森と比べ，種数は約３カ月間ずっと多くの種が出現し，個体数は早い時期にピークを迎え減少してい

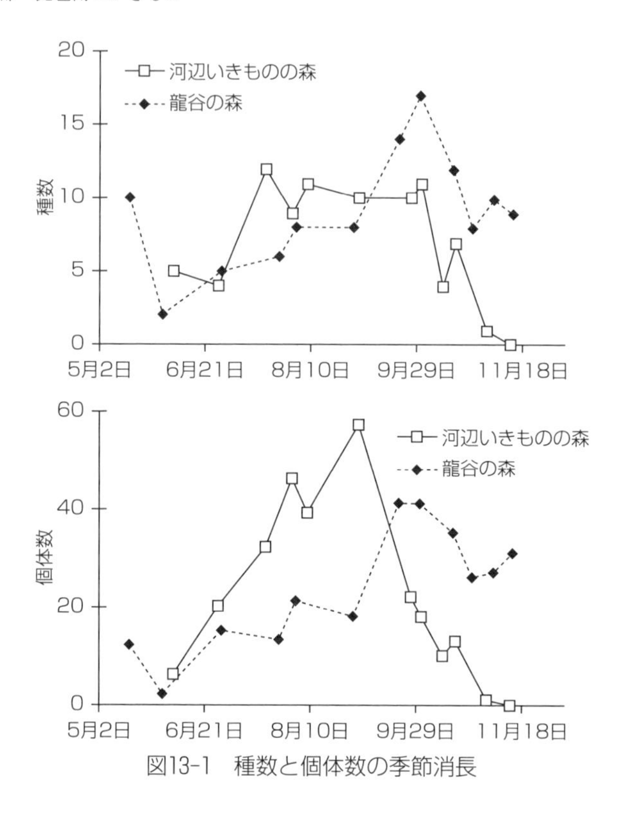

図13-1　種数と個体数の季節消長

くという結果となったが，これには河辺林としての特性が影響していると考えられる．林部が発達した樹林では，樹木の葉が展開する前には蝶はまだ多いが，初夏以降展葉が進み，林内が暗くなると蝶が少なくなる［龍谷の森，遊磨ら 2013：125-131］．しかし河辺いきものの森では，減少するはずの夏場で減少せずに個体数は増加し，種数も秋まで多く出現していた．これらの要因として河辺いきものの森が河辺林であり，キクザキイチゲやイチヤクソウなどの山地植物が生息できるほどに地下に伏流水が流れているため河辺林ではない他の樹林よりも全体的に気温が低いためではないかと考えられる．これにより夏でも多くの種や個体が確認できたのであろう．

4 河辺林と生物多様性

今回のデータから河辺林特有の植物が生息できる環境であるため夏場でも蝶が多く発生していると考えられた．また，河辺いきものの森では蝶だけでなく，キツネ，ウサギ，タヌキ，イタチ，アナグマ，アカネズミなどの哺乳類も確認されている．ウサギに関しては営巣しているのは愛知川の堤防であり，餌などを求めて河辺いきものの森に入ってきていると考えられるのでこのことからもコリドーとしての役割を果たしているといえる．またシカやイノシシの出現は確認されていないことから山との間にある里が侵入を防いでいると考えられる．近年，シカの食害が問題になっており滋賀県でも害獣としての駆除が行われている．シカがもし侵入し始めるとまた里山の管理手法を考えなくてはいけなくなってくるであろう．イノシシの侵入も確認されていないためダニやヒルなどといった獣の体につく生物も確認されていない．

さらに，蝶の翅には捕食者に襲われた跡として翅上捕食痕が残されていることがある．翅上捕食痕とは蝶の翅に左右対称に付けられた傷のことであり，主に鳥がアタックしたものの捕食には失敗したことにより残されたものとされている［Edmunds 1974: 117-118; Kassarov 1999: 965-981］．この翅上捕食痕の形は主にV型になるとされているが，カナヘビなどのトカゲ類も鳥類とは異なり波型の捕食痕が残る［岡田 1996：7-11］（写真13-5）．また野外において捕食圧が高くなると翅上捕食痕が付けられた蝶の個体が増えることが分かっている［Ota et al. 2014b: 371-375］．河辺いきものの森ではカナヘビが非常に多く見られ，同時にカナヘビが付けたであろう波型の翅上捕食痕を付けた蝶（写真13-5）も多く見られた［太田 未発表］．龍谷の森では波型の翅上捕食痕を付けた蝶の割合とカナヘビの間には関係性がみられず，河辺いきものの森では樹液を餌とする種が多かったことから，カナヘビなどが幹を上って襲っているのかもしれない．生物種が多様になると生物間の相互関係（共生，寄生，捕食一被食など）も複雑化してくる

写真13-5　翅上捕食痕（後翅に波型の襲われた痕）が付いたミドリヒョウモン

ので，そういった意味でも河辺いきものの森は生態学的に非常に重要な環境である．

このように，平地にある河辺林の存在は，生態系の多様性や種の多様性，また鳥類やトンボなど長距離を移動する種にとっては遺伝子の多様性の保全にもつながる非常に重要なものである．里山とは本来，人の生活の非常に身近な位置に存在した自然である．河辺林が生態学的に重要で価値のある環境であると言いたいのはもちろんだが，それよりも前にまずは，身近に触れ合える自然があることに気づき，その身近な自然の中の特別な環境に触れ，親しんでもらえることが最も大切なことだと思う．

最後に調査やインタビューをさせていただいた遊林会のみなさまに感謝申し上げる．

参考文献

石塚和雄［1977］「河原と河辺林」，石塚和雄編『植物生態学講座1．群落の分布と環境』朝倉書店．

岡田正哉［1996］「蝶類に見られる被捕食嚙咬痕の考察（4）―捕食実験によるカナヘビの嚙咬痕について―」『蝶研フィールド』11(6)．

崎尾均・中村太士・大島康行［1995］「河畔林・渓畔林研究の現状と課題」『日本生態学会誌』45．

富松裕［2005］「生育場所の分断化は植物個体群にどのような影響を与えるか？」『保全生態学研究』10．

村上正志［2001］「河畔林の鳥類群集」『日本鳥学会誌』50(3)．

八日市教育委員会［2002］八日市市郷土自然学習資料作成委員会編『郷土自然学習資料　八日市の自然　第4版』．

八日市市［1997］『愛知川河辺林「建部の森」の自然』．

八日市市役所［1976］『八日市市の植生と地質』．

吉田博宣・坂本圭児・柴田昌三［1991］「滋賀県湖東地域における河辺林の変遷と林分構造」『日本緑化工学会誌』17(1).

遊磨正秀・太田真人・満尾世志人［2013］「大津市瀬田丘陵の蝶類群集―蝶類群集の推定種数と発見率―」『環動昆』24(2).

Edmunds, M. [1974] "Significance of beak marks on butterfly wings," *Oikos*, 25.

Fagan, W. F., Cantrell, R. S. and Cosner, C., [1999] "How habitat edges change species interactions," *The American Naturalist*, 153(2).

Forman, R. T. T. and Godron, M. [1986] *Landscape ecology*, New York: John Wiley & Sons.

Kassarov, L. [1999] "Are birds able to taste and reject butterflies based on 'beak mark testing'? A different point of view," *Behaviour*, 136(8).

Naiman, R. j., Decamps, H. and Pollock, M. [1993] "The role of riparian corridors in maintaining regional biodiversity," *Ecol. Applications*, 3.

Ota, M., Yuma, M., and Togo, Y. [2014a] "Effects of Environmental Structure on the Beak Mark of Butterfly," *Journal of Environmental Information Science*, 42(5).

Ota, M., Yuma, M., Mitsuo, Y., and Togo, Y. [2014b] "Beak marks on the wings of butterflies and predation pressure in the field," *Entomological science*, 17(4).

（太田 真人）

コラム 2 荒川下流河川敷における外来寄生植物ヤセウツボの繁殖

荒川は埼玉県，山梨県，長野県の3県が境を接する甲武信ヶ岳を源流とする一級河川であり，その内，東京都北区にある岩淵水門において現荒川（元荒川放水路）と現隅田川（元荒川）に分けられ，江東区と江戸川区の区境にある中川河口まで掘削された川を流れる人工河川である．1913年から1930年にかけてつくられ，幅が約500 m で全長は22 km に及ぶ．

ヤセウツボ（*Orobanche minor*）はハマウツボ科ハマウツボ属に属する外来植物で原産地は地中海沿岸とされているが，現在ではほぼ世界中に移入分布している［国立環境研究所侵入生物データベース］．外来生物法で要注意外来生物に指定されていたが，2015年3月26日の改正で要注意外来生物は廃止され，代わりに生態系被害防止外来種が指定されたが，本種は指定から外されている．葉緑素を持たない無葉緑植物で全体は褐色．高さは大きなものでは50 cm 程度にまでなる（図1）．日本では関東地方南部に多く，近畿地方でも知られるが［佐竹ら 1981：135-136］，数は多くない．

寄生植物とは他の植物に寄生して養分を得て生育している植物で，葉緑素を持たない全寄生植物と葉緑素を持つ半寄生植物に分けられ，ヤセウツボは全寄生植物である．寄生植物は全世界で約4000種が報告されており，すべて双子葉植物で，多くがシソ目のハマウツボ科（全寄生植物と半寄生植物）とビャクダン目（多くは半寄生植物）に属している．ビャクダン目は世界中に分布しているが，我が国にはカナビキソウ連のツクバネやカナビキソウ，ヤドリギ連のヤドリギ等が分布している．ハマウツボ科は，以前は比較的小さな科とされ15属180種ほどのすべて全寄生植物からなっていたが，DNA の塩基配列に基づく新しい APG 植物分類体系では，従来ゴマノハグサ科とされていたシオガマギク属などの半寄生植物を含む属もハマウツボ科に移されている．寄生植物の多くは自身の根で宿主植物の根に

図1　ヤセウツボ

寄生するものが多く，根寄生植物と呼ばれている．ヤセウツボも根寄生植物の一種である．一方，ヒルガオ科のネナシカズラやクスノキ科のスナヅルは自身の茎（つる）に形成する不定根（寄生根）を用いて宿主植物の茎等の地上部に寄生するため茎寄生植物と呼ばれている．寄生植物は宿主植物が枯れてしまうと自身も生育できなくなるため，本来の生育地では大繁殖することはないと考えられるが，ヤセウツボの近縁種や，やはり近縁のストライガ属の植物はアフリカや中近東で作物に大きな被害を与えていることが知られている［鮫島・杉本 2015：11-14］．近年，我が国でも関東地方を中心に大繁殖が知られるようになってきたヤセウツボであるが，帝京科学大学千住キャンパス近くを流れる荒川の河川敷で，大量に生育しているのが見つかったので，その生育の実態を明らかにするために調査を行った．

調査は荒川下流で南北にかかる千住新橋北詰東側河川敷のうち，高砂野球場より東側で常磐線陸橋下までの範囲に広がる荒川千住新橋緑地で足立区内に位置する五反野わんど広場で行なった．この広場を通路等の区切りで13カ所の調査区に区切り，個体数を調査した．調査は2014～2015年の２年間，最も発生個体数が多いと考えられる５月中旬に行った．個体数調査終了後に，ヤセウツボ個体の一部を掘り取り，寄生部分の形態を観察するとともに，宿主植物の特定を試みた．

本調査地ではヤセウツボは４月下旬頃から地上に姿を現し始め，５月中旬頃にかけて旺盛な成長が見られた．その後，種子は成熟し始めるが，完熟には時間を要し，十分に成熟するのは９月頃と言われている（杉本私信）．輪生状に多くの花が花茎について穂状花序を形成し，花序の下部から上方に向かって順に咲き上がることが認められた（図２）．

2014年度は調査区によってはまったく発生が見られない箇所もあり，全体で約1,000個体が認められたのに対し，2015年度には，最も多くの個体が見られた区画 No. 6では2,303個体と前年の約５倍に，全体では約10,000個体と１年で個体数は10倍にも増加した．本調査区では毎年５月下旬頃に草刈りが行われており，草刈りの刺激で多年草であるムラサキツメクサの生育が活性化され，ヤセウツボの種子発芽が促進された可能性もある．

図２　ヤセウツボの花序

ヤセウツボの主な宿主はマメ科のシャジクソウ属とされており，本調査区では同属に属するムラサキツメクサ

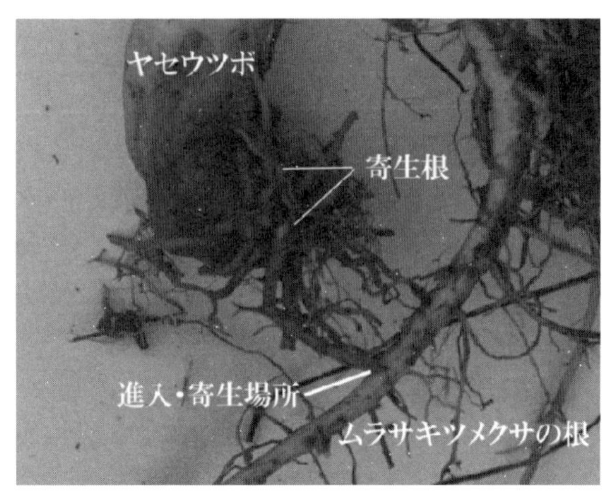

図3　ムラサキツメクサの根に寄生するヤセウツボの寄生根

やシロツメクサが生えているが，ヤセウツボの多くの個体はムラサキツメクサ周辺に見られることが多かった．実際に掘り取って地下部を観察してみるとヤセウツボの地下部は球根状に大きく膨らんでおり，そこから伸びる根（寄生根）がムラサキツメクサの根に付着して寄生している様子が認められた（図3）．ヤセウツボの種子は土壌中で長期間休眠したまま生存することができ，宿主植物の根から放出される発芽誘導物質（ストリゴラクトンと同定されている）を感知して発芽し寄生することが報告されており（図4），ストリゴラクトンは植物の共生菌であるアーバスキュラー菌根菌の宿主認識にも利用されているため，ヤセウツボ等の根寄生植物は宿主植物の根が放出する化学物質であるストリゴラクトンをうまく利用しているわけである［米山 2010：355-362］．

なお，本研究の一部は帝京科学大学地域連携研究センターの補助金を用いて行った．ヤセウツボの個体数調査は，帝京科学大学自然環境学科の多くの学生と（財）自然教育研究センターの職員の協力のおかげであり，ここに記して感謝する．また，ヤセウツボの種子発芽誘導物質は神戸大学農学部の杉本幸裕教授に提供していただいたことを感謝する．

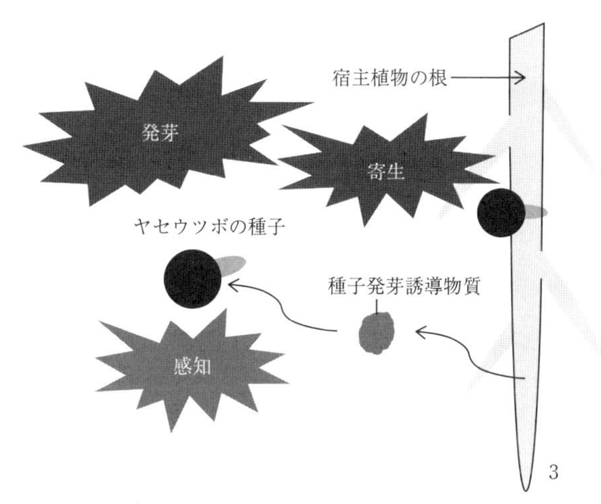

図４　ヤセウツボの種子発芽誘導機構

参 考 文 献

鮫島啓彰・杉本幸裕［2015］「根寄生雑草ストライガの防除方法に関する研究成果とスーダン国ガダーレフ州農家への普及活動」『熱帯農業研究』８.

佐竹義輔・大井次三郎・北村四郎・亘理俊次・富成忠夫［1981］『日本の野生植物Ⅲ草本合弁花類』平凡社.

米山弘一［2010］「根寄生植物の宿主認識に関する研究」『日本農薬学会誌』35.

国立環境研究所侵入生物データベース（http://www.nies.go.jp/biodiversity/invasive).

（岩瀬 剛二）

コラム 3 多様な稲による地域おこし
――滋賀県の稲作と古代米――

はじめに

著者は，稲品種の収集一筋で41年間を広島県で過ごした．2014年４月から龍谷大学文学部に所属して新学部開設に関わることができ，2015年４月から瀬田キャンパスの農学部に勤務，すでに３年が経過した．その間，里山学研究センターのイベントに参加させていただいた．農学部の学生たちに滋賀県や琵琶湖の魅力を発信することで，瀬田キャンパスを愛し，龍谷大生としての自信と誇りを持った卒業生が巣立ってくれることを願っている．

1 マザーレイク琵琶湖を擁する滋賀県の稲作

日本最大の湖である琵琶湖は滋賀県の総面積の６分の１を占め，その水は近畿1,450万人の生活と産業を支えている．琵琶湖は古い時代から周辺に人々が住みつき，東西の交通の要衝地かつ日本の政治経済文化の中心となっていた．近江八幡は江戸時代，直轄の天領として，「三方よし」が経営理念の近江商人を輩出した．売り手の都合だけで商いをするのではなく，買い手が心の底から満足し，さらに商いを通じて地域社会の発展や福利の増進に貢献しなければならないという近江商人の思想行動哲学である．琵琶湖の恩恵を受けて日本の社会や文化は発展してきたともいえよう．

国による農林業センサスは５年ごとに実施されるが，直近の2015年の報告によると，滋賀県の耕地面積は44,607 ha で，うち田が95.7%を占める．水田率は富山県に次いで２位である．一方，耕作放棄面積は2,276 ha で前回比9.8%増となっている．

滋賀県産米はかつて良質米として高く評価され，とくに1930年代後半には「江州米」の名で市場においても高い評価を得ていた．農業の稲作依存率が高く，歴史的に見て高い技術水準を早くから有していた［白岩 2015］．しかしながら，1970年代以降は米過剰を背景に，増収よりも食味品質向上および環境負荷の低減が強く指向されるようになった．滋賀県は環境保全型稲作の完成と普及に取組んできたが，近年には，食味ランキング「特Ａ」を獲得した新品種「みずかがみ」の育成や「魚のゆりかご水田米」の取組み等の成果をおさめている［猪谷ほか 2017］．

琵琶湖は，生物を育て，田畑を潤し，人を育てる．豊かな恵みを与えてくれるMother Lake（母なる湖）であり，それを支えるのがFather Forest（父なる森）である．琵琶湖の環境を守るためにも，耕地と山林の持続的な利活用が欠かせない．

2 古代米とは何か？

いわゆる「古代米」は，赤米など有色米の代名詞としてひろく使用されている．真の意味での古代米は，例えば平安時代の仏像胎内から見つかった稲籾や遺跡からの出土米であり，現在の水田に復元するのは不可能である．平城宮跡から出土した木簡の「赤舂米（あかつきまい）」とは何かに疑問を持った京丹後市の郷土史家・芦田行雄氏が，1981年，岡山県総社市の神社に伝わる赤米を入手し，復活栽培に成功した．そのグループで，赤米，黒米，香り米などを，古代米（古代稲）と称した．「在来稲」と呼んでもいいのだが，古代米には品種改良され，栽培しやすくなった「平成の古代米」も含まれている．1989年から始まった農林水産省のスーパーライス計画で多くの栽培しやすく収量も高い新品種が開発され，府県も追随して，変わりものの米が認知された．料理や菓子の分野では，古代米と称して有色米が雑穀の一つのような感覚で，その利用が提案されてきた．

一般に古代米（または古代稲）と称されているのは，昔の稲が持っていたであろうと推測される特徴を今なお色濃く残す稲品種群である．野生の稲はそのほとんどが玄米表面に赤い色素を含む赤米であり，また古くからの稲作地帯には必ず香り米があるが，このように米が赤いとか香りがあるとかの特徴を持つために通常の品種改良の対象としては排除されてきた品種群を古代米と言っていいのかもしれない．古代米とは，赤米・黒米・緑米のような有色米および香り米，紫稲などの普通の米でない，「変わりだね」が呼ばれるようである．

3 古代米の種類と利用法

(1)　有色米（色素米）

有色米とは玄米の表面が遺伝的に着色しているものの総称であり，タンニン系で赤褐色を呈する「赤米」（あかごめ，あかまい），アントシアニン系で黒色を呈する「黒米」（くろごめ，くろまい，別名「紫黒米」，「紫米」）およびクロロフィル（葉緑素）系で緑色を呈する「緑米」（みどりごめ，みどりまい）に分類できる．

赤米と黒米の色素は，玄米の種皮あるいは果皮，すなわちいわゆる糠（ぬか）層の部分に含まれ，完全に精米するとほとんど白い米と区別できない．したがって，その特色を生かすために玄米のまま，または軽く精白して，または玄米の米粉にして利用される．これらの色は，品種や栽培環境などによって，濃淡の違いがある．とくに，緑米は早めに収穫しないと色があらわれない．

利用法は，米飯，料理，菓子類，めん類，酒類，その他多くの食品への利用が開発されている（表１）．黒米は，本場の中国のみならず日本各地で薬膳料理として使われている．

表１　有色米・観賞稲の利用例

種類	加工品
玄米	米飯添加用，黒米雑穀
米飯	赤飯，お粥（レトルト，缶詰），赤餅，桜餅，おはぎ，茶漬け
菓子	まんじゅう，せんべい，おかき，らくがん，あめ，クッキー，ポン菓子，カステラ，ういろう，ちまき
めん類	うどん（乾・半乾），ざるそば風うどん，そうめん
酒類	日本酒，黒ビール，甘酒
その他の食品	パン，味噌，醤油，玄米茶，米粉
工芸	布・和紙の染色，しめ飾り，リース，ドライフラワー，活花，鉢植え
景観	水田アート（文字・図）

(2)　香り米

炊飯すると独特の香りを発生する米は，かつて匂い米，麝香米，鼠米，カバシコなどと呼ばれ，現在では香り米と総称されている．古い時代から世界中に分布し，大切にされてきた歴史を持つ．その香りは米からだけではなく，植物体全体からも発散し，とくに開花中はかなり遠くからでもそれとわかる品種もある．全量型とブレンド型（普通米に３～５％程度をブレンド）がある．

(3)　観賞稲

在来稲には，籾が赤，紫，紫黒，黄金色，芒が白，ピンク，赤色など，カラフルなものが非常に多い．葉は，黄，紫，白色あるいは縞模様のものがあり，一部が珍奇なものとして残されてきた．一方，色以外に草型や穂の形態も観賞の対象となる．矮生稲は草丈が著しく低い稲で，大黒稲ともいわれ，葉色，草丈，出穂期で多くの系統がある．垂れ葉，濡れ葉，もつれ，多分げつ性，直立穂，脆弱性（鎌不要）なども注目されてよい形質である．濡れ葉は葉が水をはじかず濡れた状態であり，もつれは茎が負の屈地性を失い斜めに伸長し，鎌不要（かまいらず）は茎葉の細胞壁が薄く成分も変化し，弱い力でポキポキと折れる変異体である．

江戸時代の岩崎灌園著『本草図譜』(1844）にも「むらさきのいね」「こびとのいね」の記載がある．田んぼに絵や文字を浮かび上がらせる水田アート用の稲として，また教育機関でのポット栽培観察用として利用されている．いわゆる観賞用稲は，国の研究機関のみでなく，田舎館村を有する青森県でも「ゆきあそび」(白色）や「あかねあそび」(赤色）など様々な品種が育成されている．

4　滋賀県における古代米の生産状況

滋賀県における古代米の生産状況を，滋賀県農業技術振興センターの協力もいただきながら調査中である．米原，長浜，東近江，近江八幡，大津地域など，県内各所で黒米の品種「朝紫」を中心に減農薬・減化学肥料で栽培され，ブレンド米や黒もちなどとして販売されている．

滋賀県長浜市の農事組合法人・大戸洞舎（おどふらしゃ）は，小谷山の麓，上山田で，米を中心に麦，大豆，ソバを資源循環と里山の景観や生態系の保全に留意して無農薬・減農薬で生産し，加工，販売している．2017年はコシヒカリ13 ha に加え，朝紫120a を栽培し，およそ2 t を収穫した．朝紫は最近高温障害で着色が悪く，山側の水田で栽培，本社が長浜で自然食品の製造販売を行っている株式会社「近江の館」に契約販売されている．緑米（モチ）5a も栽培し，色を出すために早めに収穫しているとのこと．また，農畜連携で，以前はサイレージ用の飼料稲を，最近はエサ米として早生品種を栽培し，その後作としてソバを栽培している．

長浜市中野町（旧虎姫町）の虎姫地域づくり協議会は，5年間水田アートを実施している．2017年は，毎年モチーフにしている地元ゆかりの厄よけ大師「角大師」に加えて，昨年の秋に「ユネスコ無形文化遺産」に登録された「長浜曳山まつり」とコラボを実現した（図1）．種籾については青森県や愛知県から新たに協力を受け確保したとのこと．

図１　長浜市・虎姫地域づくり協議会による水田アート（2017）
（注）展望台から望む．長浜曳山まつり（左側）と角大師（右側）．

5　多様な稲で日本の水田を守る

水田は，水を貯めることによって，養分の灌漑水からの供給，雑草の抑制，土壌肥沃度の保持ができ，米は収穫後も長期間の貯蔵ができ，極めて優れた作物である．稲作の発展をふりかえれば，寒冷地への水田の進出，湿田の乾田化，ため池や灌漑水路の構築，干拓や基盤整備など古くから積極的に水田の改良事業が行われてきた．

水田は米を作るだけではなく，多くの機能や価値を持っている．水田や地域に降った雨をあぜで蓄え，徐々に下流域へ流す洪水調節機能がある．蓄えられた水は，ゆっくりと地下に浸透して河川に流れ出すので水質浄化と調節の機能がある．稲の葉や田面からの水の蒸散によって夏の暑さをやわらげ，また美しい緑や四季の推移は訪れた者に心の安らぎと安心感を与える．日本の年中行事や祭事のほとんどが稲の豊作を祈る祭事などに由来している．

米が単なる食品の一部になり，稲作が経済の問題になりつつある現在，あらためて米の持つ文化性や稲を育てる水田の役割について考える必要がある．水田は環境問題とも密接な関係があり，地域が美しく保たれていることにも直接かかわっている．

コシヒカリに代表される「おいしい米」ばかりを食べてきた日本人が，赤い米もあるのだと知る．タイ米タイプの米もある．米の色も形も大きさも，籾の色も，芒のあるなしも多様である．今までほとんど一種類の米しか知らなかった人が，稲の多様性に気づく．赤米に代表される古代米に関心を持った人が，稲の多様性から，稲と稲作のルーツ，ひいては郷土のルーツに関心を持つことを期待する．

食べ物には，1次機能である栄養機能，2次機能である感覚機能（おいしさ），3次機能である生体調節機能がある．色素のようなポリフェノールは，一般に生体防御，体調リズムの調節，老化防御，疾患の防止と回復の効果が知られている．また，高アミロース米は日本人にはまずくとも，加工用に適し，また消化吸収が遅いので血糖値の急上昇をふせぐ食品でもある．

色素や香りがあるお米は，その特殊性のために，通常の品種改良の対象として無視され，淘汰されてきた．コシヒカリ一辺倒から稲品種の多様化を図ること，飼料用や観賞用でも構わないから稲が作られ続けること，そのことが日本の水田を守り，後世の安全保障につながることになろう．水田は日本人の原風景である．

参考文献

猪谷富雄［2000］『赤米・紫黒米・香り米——『古代米』の品種・栽培・加工・利用——』農文協：1-160.
猪谷富雄編・スギワカユウコ絵［2010］『赤米・黒米の絵本』農文協：1-36.
猪谷富雄［2012］「『古代米』から稲の世界へ」『日本醸造協会誌』107：719-732.
猪谷富雄［2013］「多様なイネで日本の水田を守る——県立広島大学で収集してきた国内外の稲遺伝資源の栽培特性と活用事例——」平成22～24年度科学研究費報告書．県立広島大学生命環境学部：1-106.
猪谷富雄・畑信吾・大久保卓也ほか［2017］「琵琶湖の環境と農業」『日本作物学会紀事』86：87-96.
小川正巳・猪谷富雄［2008］『赤米の博物誌』大学教育出版：1-183.
白岩立彦［2015］「滋賀県にみる日本の稲作」，堀江武編『アジア・アフリカの稲作——多様な生産生態と持続的発展の道——』農文協：254-272.

（猪谷 富雄）

第Ⅳ部

琵琶湖と森

第14章

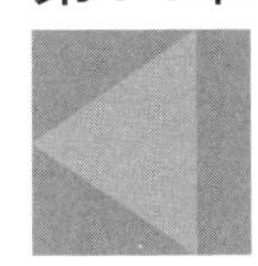

東近江市の森林利用の歴史

はじめに

東近江市は，八日市市，永源寺町，五個荘町，愛東町，湖東町が合併して2005年にできた市である．その後，2006年にはさらに蒲生町と能登川町が東近江市に加わることになった（図14-1）．東近江市の旧市町のうち永源寺町は愛知川上流部の本流と支流を含む地域にあたり，その多くの部分が森林地域になっている．また愛東町も町の東側の多くの範囲が森林地域となっている．ここで

図14-1　東近江市の旧市町

（出所）滋賀県市町村沿革史編さん委員会［1992a］．

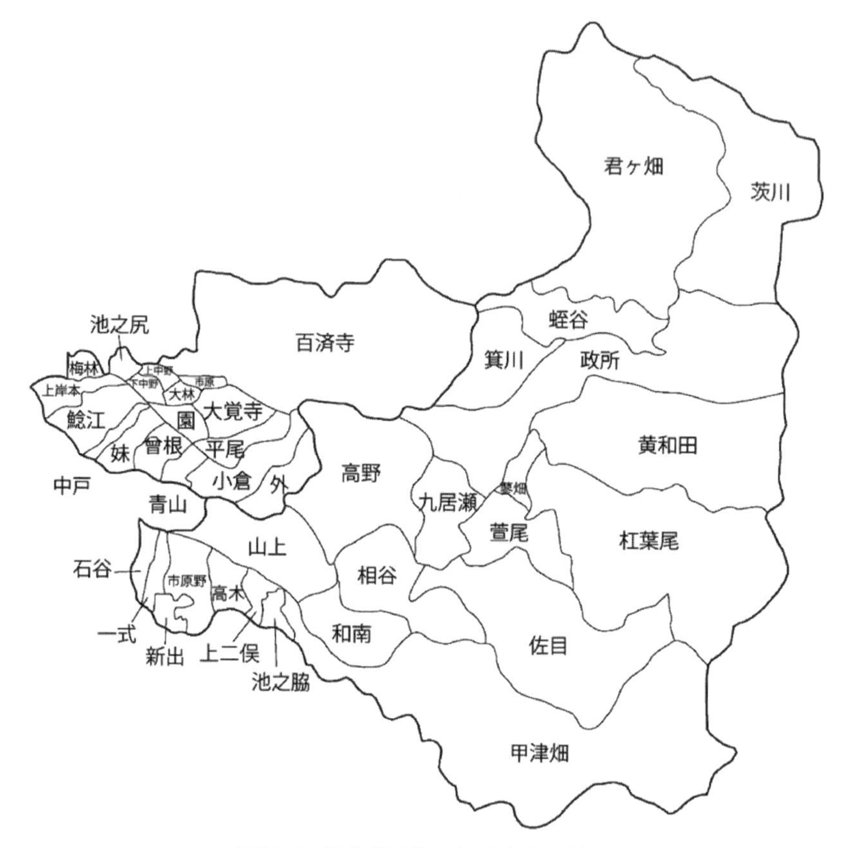

図14-2　旧永源寺町，旧愛東町の地名
（出所）滋賀県市町村沿革史編さん委員会［1992a］.

は，永源寺町と愛東町に焦点を当て，第二次世界大戦までの森林利用の歴史について概観する．

本章の内容は，東近江市が発行している『永源寺町史 通史編』（以降『永源寺町史』と略記）と『東近江市史 愛東の歴史 第二巻本文編』『東近江市史 愛東の歴史 第三巻本文編』（以降まとめて『愛東の歴史』と略記）に大きく依存している．旧永源寺町と旧愛東町の地名を図14-2に示す．

1 概　　況

東近江市の森林は市の面積のおよそ55%に相当し，森林の多くが，旧永源寺町と旧愛東町を含む東近江市の東側にある．森林の97%が民有林であり，民有林の34%が人工林，63%が天然林，１%が竹林，２%が無立木地に分類されている［滋賀県 2017］．民有林の公有林と私有林の割合は５%と95%であり，さらに私有林の28%が個人所有，19%が公団・公社所有，15%が社寺所有，13%が会社所有，12%が集落所有となっている．

2 江戸時代以前の森林の状況

江戸時代より前の森林の状態については，『永源寺町史』にも『愛東の歴史』にも具体的な記述が見られない．争いごとを記した文書によると，12世紀後半にはスギ材を生産しており，現在の東近江市山上あたりに木材の集積地があったようである．この文書は，隣接する住民に奪われた「杉榑」の返還を求めるものである．「杉榑」を『永源寺町史』では「クレ材」とも記載している．『大辞林』によると，榑とは板材のことであり，平安初期の規格では長さ一丈二尺，幅六寸，厚さ四寸であったという．榑木と表示することもある．山中で「クレ材」に加工して麓に運んだようである．丸太の状態で運び出すよりも「クレ材」にした方が容易に運搬できたのであろう．いずれにせよ，板材を生産できるスギの林がこの地域に存在していたことがわかる．

森林は建築用の資源を得る場所でもあるが，近世以前は薪炭などの燃料資源を得る場所として大変重要であった．薪（割木）は樹木を伐採し，乾燥させることで燃料として利用できるが，その重量のために遠距離を運搬することは困難である．ましてや，道路の整備も不十分であったと思われる江戸時代以前に，奥山から運び出すことは現実的ではなかったと考えられる．木炭に加工すれば，重量が大幅に減少するので，運搬が格段に容易になる．実際『滋賀縣物産誌』での割木の販売記録は，人口の多かった滋賀県南部の南郷地域についてはあるが，旧永源寺町域および旧愛東町域については見当たらない．

炭竈の帰属をめぐる「山論」についての記述が，『永源寺町史』に載っている．1688年に，蛭谷，政所，箕川，九居瀬，黄和田村の住人200人が，君ヶ畑村の炭竈を損壊した事件である．また，1766年には旧愛東町域の大萩村と北坂本村との間に争論があり，その際に作成された絵図からは，この地域に51カ所もの炭焼き小屋が存在したことがわかる（『愛東の歴史』）．江戸時代には，東近江市の森林域で炭焼きが広く行われていたことがうかがわれる．

君ヶ畑，蛭谷は木地師発祥の地として有名である．惟喬親王が轆轤を発明し，その技術を君ヶ畑と蛭谷の人々に伝えたのが，木地師の始まりであると伝えられている．1544年の畠地の売り渡しに関する文書から，この頃に土地を所有する木地師が小椋谷にいたことが推察されている．しかしながら，近世以降には小椋谷には木地師がいなくなってしまったとみられる．実際，君ヶ畑の「氏子狩帳」にも蛭谷の「氏子駆帳」にも小椋谷の木地師が記載されていないという．木地師が利用できる樹木が小椋谷にはなくなってしまっていたのかもしれない．また，小椋谷の各地で戦国時代以降，銀山開発が盛んに行われていたため，銀山へ供給するための木炭製造が，木地師による森林資源の利用に優先される事態となっていたのかもしれない．

3　明治時代以降の森林の状況

この地域では「江戸時代以来，炭焼きを中心とする林業が盛んに行われた」と『永源寺町史』には記載されている．吉良［2001］は近年の滋賀県の植生について，「湖（琵琶湖）の回りの平地では水田，その外側の低い山地はアカマツ林，もっとも外側の山地の中腹以上は，かつて薪炭林だった落葉広葉樹の雑木林である」と述べている．琵琶湖周辺の山を歩いていると，炭竈跡を見かけることが多い．材木の生産も一部で行われ，材木商も存在したが，「基本的には炭焼きを中心とする雑木林での近世さながらの林業が，明治前期までの中心であった」ようである．明治11年頃の滋賀県の物産についてまとめている『滋賀縣物産誌』には，佐目で板材を315間，柱材を１万9200本生産しており，萱尾でも木材を5200本販売したという記載がある．一方木炭については，甲津畑，相谷，佐目，萱尾で2000～５万8000貫（7.5～218トン）の取引量があったことが記載されており，木炭の生産量が大きかったことがわかる．

江戸時代から明治時代にかけて，日本の各地にはげ山が広くみられたことが知られている［千葉 1991］．滋賀県内も田上山系をはじめとして，はげ山が多く分布していた．旧愛東町でも明治時代中期には，十分な山林の被覆が見られたのは大萩（百済寺地域）だけであったらしい．全体的に草山が卓越しており，集落付近には林が見られたが，資源の過剰利用により草山からはげ山に移行している場所も多かったようである．このようななかで，はげ山や草地に人工林を造成する試みも行われた．明治36年から大正５年までの間に，マツ430万本，スギ1766万本，ヒノキ1128万本，クヌギ61万本，ヒメヤシャブシ（山榿）1546万本が，滋賀県から公有林，社寺有林，および保安林の造林者に対して無料で交付されたという記録がある［滋賀県森林課 1919］．旧愛知郡でも大正年間に，21万本のスギ・ヒノキを60 haの土地に植栽し，郡林の造成を行った（『永源寺町史』）．

第二次世界大戦のころは木炭や薪，用材の増産が求められ，昭和18年には滋賀県内の280 haの保安林解除が決定された．さらに，砂防指定地となっている保安林についても解除の検討が行なわれている．また，松根油の採取のためのマツの伐採と根の掘り取りも行われていたようである．明治から大正にかけて造林された樹木も伐採の対象となったものと思われる．戦時下の物資不足により森林資源の破壊的消費が急速に進んだ状況がうかがわれる．

おわりに

明治の半ばまでは，東近江市内の集落から離れた森林の多くは薪炭林として盛んに利用されていたことが推察される．12世紀後半にスギ材の利用が行われていたので，スギを中心とする針葉樹の林が存在したことがうかがわれるが，おそらく規模は大きくなかったと思われる．スギやヒノキの人工林もほとんどなかったと思われる．集落に近づくと，部分的に林があったものの，草山あるいははげ山が多く分布していたようである．明治の終わり頃から，治山や針葉樹林育成を目的とした造林が徐々に行われ，戦後には拡大造林を含む人工林造成が進められることで，人工林の面積は東近江市の民有林の34％を占めるまでになった．人工林の造成が進むのと反対に，薪炭林や草山の利用が急速に行われなくなり，森林あるいは里山資源の過少利用の時代となってきた．

付記

『滋賀県市町村変遷図』『滋賀県物産誌』の利用にあたって，林珠乃さんのご協力をいただきました．『愛東の歴史』『永源寺町史』の利用にあたっては，岩崎由香里さんに便宜を図っていただきました．ここに記して感謝します．

参考文献

永源寺町史編さん委員会［2006］『永源寺町史通史編』東近江市．
吉良竜夫［2001］『森林の環境・森林と環境』新思索社．
東近江市史愛東の歴史編集委員会［2008］『東近江市史 愛東の歴史 第二巻本文編』東近江市．
東近江市史愛東の歴史編集委員会［2008］『東近江市史 愛東の歴史 第三巻本文編』東近江市．
滋賀県［2017］『平成27年度林業統計要覧』．
滋賀県市町村沿革史編さん委員会［1992a］『滋賀県市町村沿革史 第一巻別冊 滋賀県市町村変遷図』滋賀県．
滋賀県市町村沿革史編さん委員会［1992b］『滋賀県市町村沿革史 第五巻 滋賀県物産誌』滋賀県．

滋賀県森林課［1919］『滋賀県之林業』滋賀県.
千葉徳爾［1991］『増補改訂 はげ山の研究』そしえて.

（宮浦 富保）

第15章

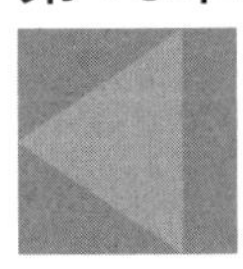

東近江・小椋谷と木地師

はじめに

東近江市永源寺町は，鈴鹿山地西麓の山裾に立地する村である．このなかに小椋谷六か畑とよばれる集落群がある．一番奥から君が畑，蛭谷，箕川，政所，黄和田，九居瀬である．この地域は轆轤木地業が盛んであって，多くの木地師が居住し活気に満ちたところであったとされている．その痕跡は筒井千軒という地名に残されているという．

小椋谷六カ畑の一つである蛭谷から湖東の平地へ出る峠が筒井峠である．この峠には筒井千軒とよばれ，山中では珍しく広い緩斜面がひろがっている．かつての木地師の集落跡であったとされており，千軒とは「大変多くの住居があったところ」と解釈していいであろう．またこの筒井千軒には，惟喬親王の菩提所と親王の供養塔がまつられている．惟喬親王は9世紀に実在した方で，小椋谷6カ村から良質な原木を求めて全国各地に広がっていったとされる木地師たちによって，深く信仰されてきた象徴的な存在であった．

木地師の中には丸物木地師と板物木地師があった．丸物木地師は横軸のロクロを使用して椀・皿・丸膳・丸盆・茶たくなどの円形の木地を挽く職人であり，板物木地師は角盆・角膳・杓子・ヘラ・曲げ物など，板状の木地を製作する職人である．木製の木地類は木地のまま使用するものと，耐久性を重視して漆や柿渋などを塗るものがあった．

本章では，日本全国の山中に散在して木器の製造にたずさわってきた木地師と，これら木地師たちを輩出したとされる小椋谷六カ畑，とりわけ君が畑・蛭谷との関係が主要なテーマになる．さらには日本における食器・食用具の変遷をたどることで，木地師の活動と君が畑・蛭谷との関係を相互的にみていくことができるのではないかと考えている．日本人が木器や漆器を盛んに使うようになった時代から木地師の活動も活発になり，君が畑・蛭谷が大きな存在になっていくからである．

1　木器や漆器が普及した時代

日本における食器・食用具の変遷をたどっていくと，12世紀の頃から木製品の使用が増加していくことが出土資料や伝世品によって確認することができる．たとえば12世紀から16世紀における漆器の出土状況をみると，北海道から九州まで及び，ほぼ全国にわたって木製の食用具が使用されていたことがわかる．遺跡の種類は，居館跡，城館跡，寺院跡，集落跡（城下町，市場町，港町など），水田跡，墳墓，中世都市遺跡（鎌倉，奈良），祭祀遺跡などがある．城下町・市場町・港町などからも出土していることから，漆器は必ずしも上流階級のものだけではないことがわかってきた．

木製品の種類は椀，皿，鉢を中心に，漆工具，井戸枠，下駄，櫛，曲物なども出土していて，塗師が町に住んで漆器の製作をしていたことが知られる．その代表的事例は草戸千軒町遺跡であろう．この遺跡は広島県福山市の芦田川の氾濫によって埋もれていた中世を中心とする集落遺跡で，福山湾にひらけた港町ないし市場町と推定されている．

遺跡の最盛期は鎌倉時代から室町時代とされ多くの木製品が検出されている．とくに注目されるのは庶民向けの膳・椀・皿・盆等の漆製品，器台，漆が付着した片口つきの椀，大小のヘラなどの塗師工具等漆工具の類，箸状の木製品，杓子状木製品，櫛，曲げ物類，下駄，桶側，井戸枠のほか，竪杵，木槌，エブリなどの道具類などである．

漆椀の樹種はわからないが横木取りで，前面に黒漆が塗られているもの，外面は黒漆の上に朱漆で文様や絵が描かれたものが多数出土している．逆に内面に朱漆の文様，外面が黒漆塗りのものもある．出土品の多くは簡素なもので庶民向けの漆器のような印象である．同じ遺跡から土師質土器の碗・皿類，瀬戸焼の碗，須恵器，土師器なども出土していることから，焼物と漆器類が共に使用されていたことがわかる．

興味深いことは鎌倉市鶴岡八幡宮遺跡や千葉地遺跡，広島県尾道遺跡等から出土している漆器で，スタンプで間断なく押したような文様をつけたものがある．鎌倉の場合は，大型の椀・皿・鉢などが中心であるが，内外とも赤と黒を基調として美しいスタンプ文様が多数施されている．スタンプ使用のものや漆絵が描かれたものは，日常用漆器として大量に生産され使用されていたものとみてよいのかもしれない．

樹種については同定できているものは少ない．しかしこの時代すでに，木地師は各地の山地帯で活動していたことがうかがえるので，この時代の植生や製作技術をみていく上で，どのような樹種を使用していたのか知っておくことは必要であろう．草戸千軒町遺跡の場合，箱材やヘラなどはスギ材やタケ材，杓子の一部はカンバ属とみられる樹木が使用されていた．椀・皿・杯などについては大阪市の難波遺跡（主に桃山時代）から，ケヤキ・ブナ・クリ・トネリコ・ユズリハなど多様な樹種が検出されている．またクリ（百間川尾島遺跡・岡山市），トチノキ（前田遺跡・鳥取県河原町）などがわかっている．

東北地方では椀・皿類はブナ・ケヤキが主であり，一部トチノキが使用されている．ヘラなど板状のものはスギが多く使用されている（一戸城遺跡・岩手県，仙台城三の丸跡）．関東地方ではキンモクセイ科トネリコ属（女堀遺跡・前橋市），ナラ類・クヌギ類（蔵福遺跡・山梨県東八代郡）がみられ，北陸地方ではマツ・ケヤキ・トチノキ・ブナ・ハリギリ（西川島遺跡群・石川県穴水）などがその主なものである．椀・皿類はその地域で得やすい落葉広葉樹，板物はスギが多用されていたようである［中世遺跡 1985］．

2 木器と漆器の最盛期

近世に入ると，漆器の需要はさらに高まっていく．現在わかっている範囲での漆器の生産地は全国で68カ所にのぼっているが，このうち16世紀末から17世紀末までの約100年の間に33カ所の漆器産地が成立・復興した．津軽，仙台，会津若松，江戸，名古屋，金沢，松江などの城下町，人びとが大勢集まる宿場町，港町，門前町，湯治場などに産地が集中する．この時代は漆器の最盛期を迎えた感があり，多くの漆器が生産され流通した．この漆器の素地である木地を製作していたのが木地師であり，したがって木地師を取り巻く生産環境が大きく変化した時代であった．元禄の頃（1688～1702）までにはほとんどの漆器産地が形成されており，それにともなって木地師の移住がさかんになり，全国に広がっていったことは想定できる［須藤 1982：97-98］.

16世紀後半は全国統一の体制ができつつあるなかで，旧大名と新大名の入れ替えや大名の配置換えが頻繁におこなわれ，新たに着任した大名は城下町の整備に乗り出していく．その中で旧藩時代の配下であった職人や商人を新たな任地に呼び寄せ，産業をおこすことが行われた．たとえば日野椀の産地であった近江日野の領主蒲生氏は，日野から伊勢松坂に移り，その後会津藩の領主として着任する．このとき故郷の近江から木地師と塗師の集団を引き連れていき，会津漆器の再興をはかったことはよく知られている．

その後，信州高遠の領主であった保科氏は会津に移封されたが，高遠から木地師が会津に移っていることも知られている．会津漆器は渋下地を施した大衆向けの漆器の生産地であり，安価で流通しやすい漆器の産業化をはかる藩主が多かったのではないか．青森の津軽藩では，若狭（福井県）から職人を招いて漆器製作の技術を修得することで津軽塗を完成させ，茨城の粟野春慶塗は，飛驒春慶塗の技術を受け継いでいる．このような例は多く見いだすことができ，各地の漆器産業の成立過程を追っていくことができる．

漆器の産地化は大衆漆器においても分業化を促し，漆掻き職人，木地師，塗師，沈金・蒔絵師などの役割分担がなされるようになった．このうち木地師の役割は良質な原木のある山に入って原木の伐採，玉切り，アラガタの製作，アラガタの成形，乾燥，ロクロ挽きが主な工程になる．出来上がった製品は木地師に山を提供している里村の人びとが漆器産地まで運ぶことが行われた．新潟県糸魚川市大所の木地師集団のように依然として木地師が漆塗りまでおこなう集団もあったが，この集団は近隣の需要を賄うかたちで成り立っていた．

このような時代のうねりの中で，木地師の生産環境が大きく変化していく．まず考えられることは原木の不足をきたしたことであろう．そのため木地師の集団は故郷を離れ，家族と共に各地の山を渡り歩くことになり，しかもしだいに奥山に入っていくことになったのではないか．近世以降の椀・皿類等の挽きもの類の原木はブナ・トチノキ・ケヤキがほとんどでありとくにブナが多くなる．トチノキはブナよりも良質な用材であるが，その果実が山地帯に住む人びとの重要な食料になっていたので，伐採が制限されていたふしがある．ところが先にみてきたように，中世の遺跡である大阪の難波遺跡，岡山の百間川尾島遺跡，前橋市女堀遺跡などでは，ブナ・トチノキ・ケヤキをふくめて，多様な樹種を使用した椀・皿類がみられた．

東日本のブナは標高700 m ほどの所から群生する樹木で，群生するために山中に移住して作業をおこなう木地師にとって都合のいい樹木であったという．原木が群生していれば定住できる期間が長く，頻繁に移住する必要がないからである．挽きものに適した原木を選びやすいという利点もあった．一方，近畿地方のブナは標高500 m のあたりから出はじめることから，東日本より早い時期に原木の不足をきたしたという意見もある．木地師の移住と樹木との関係は，今後出土漆器や木器の樹種の同定が進むにつれて明らかになっていくであろう．

木地生産にともなう大きな変化は山の利用権にもおよんでいる．木地師は7合目，もしくは8合目以上の山は自由に入り，樹木の伐採が許されていたという伝承があるが，近世に入るとそのようなことは許されなくなり，里村との使用契約が結ばれることが必要とされた．木地師の集団と山を所有する里村との間で，山の使用範囲，伐採していけない樹木のこと，焼畑をしていい範囲，木地椀輸送の権利などの取り決めが行なわれており，木地師は各地の山を自由に使うことができなくなっていた．以上のように，木地師を取り巻く生産環境が大きく変化していくなかで，また近世の幕藩体制のなかで小椋谷六カ畑のうち君が畑と蛭谷の役割が大きくなっていったものと思う．

3　筒井公文所（蛭谷）と高松御所（君が畑）の役割

中世の社会は人の流動が激しく，いかに人々を一カ所に定着させ，農業や漁業などの生業をもつ人口を増やしていくことが大きな課題であったといわれている．この課題を解決し実現したのが近世の統治制度であった．中世末期は武家同士の争いが終息に向かう時代であり，武士として志をもつ者は城下町に集住して主君に仕え，刀を棄てて農業や漁業に従事する者は農村や漁村に定着する体制ができ上がっていった［宮本 1963：127-136］．しかしながら木地師の場合は，この動きに逆行する形で故郷を離れ，各地の山々を漂移するという生活に変わっていったとみられるのである．

近世の幕藩体制下では戸籍の管理は寺院がおこない，他国に行くときは通行手形を携帯する必要があった．いわゆる身分証明書を発行して人の移動を管理したのである．時の政府はより正確な戸数と人口，耕地面積の把握をおこなうことが重要な政策であった．

さて，この時代すでに移動をことにするようになっていた木地師集団の戸籍管理と往来手形を出して，その動きを管理するようになっていたのが蛭谷と君が畑であった．このような支配体制が構築できたのは，各地に移住していった木地師は，古くは小椋谷の住人であったという理解ができる．その一方で，すでに各地に散在していた木地師の集団は，身分を保障するものが必要になったために蛭谷，もしくは君が畑に身分保障を求めたのではないか．このような状況の中で，東近江の山中では移動する職人たちを統括できるような大きな力が働いていたという理解ができる．このことは中世と近世における職人社会，とりわけ移動する職人社会の有り様を検証していく上で興味深い問題である．

さて，小椋谷六カ畑のひとつである蛭谷には筒井公文所が置かれていた．この役所は筒井八幡神社の宮司と帰雲庵（臨済宗永源寺派）の住職が中心となって管理していた．筒井公文所は木地師の総支配所の一つで，ここで木地師の免許状，往来手形，山入りの許可書などを出していた．当初は西日本に移住していった木地師を対象にした支配所であったという．集落の入口にまつられている筒井八幡神社は，貞観7（848）年，惟喬親王が宇佐八幡から勧請されたという伝承がある．蛭谷の集落から2 km ほど北の筒井峠にあったが，明治初期にこの地に移したという．全国に散在していた木地師の総鎮守である．

一方，君が畑は蛭谷よりもさらに4 km ほど山中に入った20軒ほどの集落で，ここに高松御所が置かれていた．君が畑も小椋六か畑の一つである．高松御所は君が畑における木地師の支配所で，大皇大明神の年番神主と金龍寺（曹洞宗永平寺派）の住職が中心になって運営された．主に東日本の木地師を対象にした支配所であったとされている．大皇大明神を祀る大皇器地祖神社はやはり木地師の総鎮守として崇拝された．

蛭谷で発行していた宗門手形には次のようなことが書かれている．「この者は代々伝わる当庵檀家に相違ありません．万一邪宗の疑いをかけられたときには，拙僧直ちに出かけて行って申し開きをいたします」．各地の山で働く木地師の家族は帰雲庵の檀家であることを証明し，仏教以外の宗教を信じていないことを証明するものであった．当時の檀家制度に適合した形で全国の木地師の統括をなしとげたのであるが，なかには小椋谷出身ではない木地師の集団も含まれていたかもしれない．

また往来手形は他国の山から他国の山に移るときに必要なもので，筒井公文所の名においてその証明があれば通行することができたという．また山入りの許可書，木地師の免許書等の書き物は，木地師という身分を証明するもので，所有者や使用権をもった者が管理する山に入り，原木の伐採をおこなうときにたいへん役に立ったものであった．すでに述べたように7合目，もしくは8合目以上の山は木地師が自由に入ることができ，樹木の伐採が許されていた時代は過去のものになっていたのである．

このような移住をことにしてきた木地師にとって，筒井公文所と高松御所は大変重要な存在であった．さらにこの二つの役所はもう一つの大きな役割をもっていた．木地師の通過儀礼に立ち会い，一人前になった木地師にたいして免許状を出すことであった．通過儀礼のもっとも重要な儀礼は烏帽子着の儀式（成人式）であった．

男子が木地挽きの技術を習得しカンナを扱えるようになると，本山である蛭谷の筒井八幡神社に詣で烏帽子着という義式をおこなった．本山では沐浴潔斎の後烏帽子単衣をつけ，神主が献饌，再拝して幣を振る．そのとき，理由は解明できていないが，「阿野の定盛にて候」もしくは「谷後の家次に候」と名乗り，神に告げるという．その後，烏帽子親を定め，1台のロクロと免許状，往来手形，宗門手形，絵符などの証書が下付される．これらを所持すると同族とみなされ，用材の入手，製品の販売などができるようになり，木地師仲間としての待遇が受けられるというのである．

ロクロと免許状が与えられるということは，一人前の木地師として生活を立てていくことができるのであり，結婚して一家を構えることも可能になる．移住をこととする木地師は，屋敷や耕地，山などをもたないので分家することは容易であり，結婚後は両親の近くに木地小屋を建て，仕事や生活の面で互いに助け合うことのできる関係になっていく．木地師は血縁関係の濃い家族，あるいは烏帽子親等の家族数軒が集団になって移動するので，若者が独立して一家を構えることはその集団にとってたいへん望ましいことであった．

もう一点，近江地方の古い習俗をみていく上で興味深いものがある．蛭谷と君が畑でみられた1年神主（当番神主）の慣習である．この慣習は全国に散在する木地師が順番を決め，当番にあたった者は遠近を問わず小椋谷に帰り，蛭谷では筒井八幡神社，君が畑では大皇器地祖神社の神主をつとめるというものであった．この慣習がいつ頃から始まったか明らかではないが，小椋谷の古文書には天文年間（1532～1554）の記録があり，『近江愛知郡志』には慶長18（1613）年と寛永４（1627）年にその記録が記されているという．中世のある時期までさかのぼると考えていいであろう．神主にあたった者は１月の正月行事，４月の春祭り，８月の十五夜，11月の惟喬親王忌，12月の年末行事をはじめとして，30ほどもある祭りや年中行事を執行することになる．

１年神主の慣習は，近江地方における宮座の形を残していると考えられる．一つの共同体の中で氏神をお守りする特権的集団があり，当番にあたった者はその年の神主をつとめるというもので，一番年長の者がこれにあたるという例が多い．木地師の場合はすでに各地に散在しており，しかも山から山へ移動していた．したがって，どのような方法で連絡を取り合っていたのかわからないが，蛭谷と君が畑を核として一つの共同体を形成していたことが想像できる．しかしながら，遠方から神主をつとめるために帰ってくるのは大変なことであり，しかもその責任が重いために辞退を申し出る者が増えていったらしい．本山では慶安２（1649）年に常駐の神主を置くことになり，蛭谷においては大岩助左衛門という人物が京都吉田家の認証を受け，常駐の神主になることで１年神主の慣習は消えていった［橘 1963：38-42］．

4　氏子駈帳（氏子狩帳）のこと

筒井公文所（蛭谷）と高松御所（君が畑）には，氏子駈帳（氏子狩帳）という貴重な冊子が保管されている．全国に散在する木地師を訪ねて歩いた記録である．この冊子は，前者が正保４（1647）年から明治26年までの34冊，蛭谷の氏子駈は近畿，中国，四国が中心におこない，宝永の頃（1704～1711）から中部地方や九州にも足を伸ばしている．延べ人数にして3558軒の木地職人を訪ね，その人数は４万8500人余にのぼる．とくに多くの木地師を訪ねた年は寛政11（1799）年で，東北地方から九州まで回国し，木地職人の数は1581人．文政13（1830）年は3043軒を数えるが，その後徐々に減少の一途をたどる．

一方，大皇器地祖神社（君が畑）に保管されている氏子駈帳は元禄7（1694）年から明治6年まで53冊である．ここからは主に東日本を中心に氏子刈りがおこなわれた．蛭谷氏子駈帳にくらべると，回国回数も木地師の数も少なく，延べ軒数にして3000軒ほどである．主に中部地方（主に信濃，遠江，三河，尾張，美濃）と東北（会津），四国に回国している．

蛭谷と君が畑で回国という壮大な計画を実行したのはいくつかの理由があった．往来手形や宗門手形，免許等を受けることは，木地師にとって生産活動に直接かかわる問題であったが，遠方から本山に帰ることが次第に困難になってきたからといわれている．あまりにも遠方まで進出して行った木地師が多かったのである．そこで本山から神主が木地師の元を訪ねることになったのであろう．本山側にとっても氏子を確保することが本山を維持していくうえで重要な課題になっていたとみられる．回国の目的は氏子料（個人が奉加する金銭），初穂料（戸別に奉加する金銭）のほか，烏帽子着等の通過儀礼を現地でおこない，儀式料として金銭を徴収することであった．

氏子駈（狩）帳によって，明らかになってきたことは多い．その一つは全国で活動していた木地師の所在地と数がおおよそ把握できていることである．北は秋田県，宮城県から南は九州宮崎県までの回国が記録されている．また蛭谷と君が畑の冊子を合せると，延べ人数であるが，全国で5200世帯余り，人口にして30万人ほどの人びとが木地業に従事していたことが推測できる．また木地師が住んだ山，木地小屋の軒数，世帯主と家族の名前が記載されていることから，回国の年代を追っていくと集団としてのまとまりや，各集団や家族の移住の状況がある程度把握できる貴重な資料である［杉本 2008；橋本 1970］．

職人は材料のあるところに出かけて行って製品をつくり，材料が枯渇すると別の所に移動するという時代が続いた．鋳物師，鉄山師，鍛冶屋，炭焼き，山師，木地師などがそれにあたる．ところが，これらの人びとの集団としての特性や移住の経路，その年代など具体的なことはよくわかっていない．唯一わかっている職人集団が木地師であった．まだ検証しなければならない問題は多いが，日本における職人史の研究に貴重な資料を提供してくれているのが氏子駈（狩）帳であることは間違いないであろう．

おわりに

よく知られているように，古代において日本人が日常的に使用してきたうつわの主流は土器であった．木器が使用されたのは杓子，ヘラ，箸など，焼物ではまかなえないものであっていわば木器は脇役であった．第1節では，うつわとしての漆器や木器の時代が到来するのは12世紀の頃からではないかという見解をしめした．その裏付けになっているのは，その頃から木器や漆器の出土が顕著になり，全国にわたっていることであった．それに反して土器の出土量が減少しているとみられるからである．また，居館跡，城館跡，寺院跡のほかに，城下町・市場町・港町など，町や集落の跡からも出土していることから，漆器は必ずしも上流階級のものだけではないことがわかるようになってきた．

このような膳・椀・皿・鉢などの漆器や木器は，全国の深い山中でもくもくとロクロを挽いてきた木地師や塗師の集団が製作したものであった．そして近代にいたるまで，日本における木の文化の一端を担ってきたことが知られている．漆器や木器が姿を消していくのが明治以降になってからである．明治以降鉄道の普及によって，安価で白く輝いた磁器が全国に普及していくからであった．東日本は瀬戸物，西日本は唐津物などとよばれ，飯茶碗，大小の皿，どんぶりなどの多くの食器が漆器や木器にかわっていった．

日本のうつわの歴史を追っていくと，少なくとも約600年から700年もの間，木製のうつわが食器の主流を占めてきたことを知る．これらを作り続けてきたのは木地師であり塗師であり，漆掻き職人であった．先の氏子駈（狩）帳をめくっていくと，初期の頃には木地師の名前の後に，塗師や漆かきとみられる職人の名前を見いだすことができる．木地師が漆器の製作集団を率いた時代があったことを知るのであるが，やがて塗師は漆器産地に定住して仕事をするようになる．しかし木地師の集団は依然として日本各地の山中において漆器の素地となる木製の器を作り続けてきた．これら木地師を支えてきたのが小椋谷六カ畑，とりわけ蛭谷の筒井公文所と君が畑の高松御所であった．

小椋谷にという東近江の山深い村むらには，木地師の活動を中心とした貴重な文書類，多くの道具類や作品が残されている．これらの資料を大切に保管するとともに，整理分析をすすめ，木地師の歴史を正確に伝えていくことは大切な作業であろう．日本文化の基層部分に，全国に散在していた木地師の活動があり，また木の文化が確実に存在していたことの証になると思うからである．

参考文献

杉本寿［2008］『木地師支配制度の研究』ミネルヴァ書房．
須藤護［1982］『暮しの中の木器』ぎょうせい．
橘文策［1963］『木地屋のふるさと』未来社．
中世遺跡研究会［1985］『中世遺跡出土の漆器』広島県考古学研究会．
橋本鉄男［1970］『木地屋の移住史』民俗文化研究会．
宮本常一［1963］『開拓の歴史』未来社．

（須藤　護）

第16章

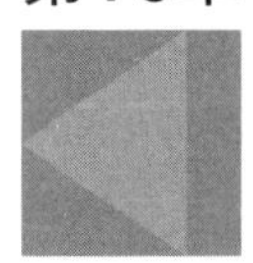

中山間地における広葉樹資源の循環的利用と森林再生
——東近江市の里山から考える——

はじめに

日本の中山間地の森林は，人工林，広葉樹林ともに資源が充実しつつあり，本格的な利用期を迎えようとしている．近年，これらの森林資源の有効利用のため，人工林では主伐を増やす動きがみられる．一方で，外材の輸入量が減少傾向にあり国産広葉樹に対する注目度が上昇しており，これまでは「雑木」として扱われ，経済的価値が低いとされてきた広葉樹が，使える資源として市場価値が高まりつつある．そもそも，日本は湿潤な気候で広葉樹が豊富であり，古くから多くの樹種が特性に応じて活用されてきた実績があり，これを現代の市場でどのように生かすかが問われる状況になっている．

この章では，広葉樹資源の循環的利用と森林再生を実現させていくために必要な，技術的，社会的要素について，滋賀県東近江市の里山林から考えてみたいと思う．

1 森林をとりまく状況の変遷

本節で説明に用いた数値データは，『平成28年度 森林・林業白書』の第Ⅰ章「成長産業化に向けた新たな技術の導入」および第Ⅳ章「木材産業と木材利用」を参照した．

昭和20-30年代には，日本では戦後復興のため，広葉樹天然林をスギ・ヒノキ・マツ等の針葉樹人工林に転換する「拡大造林」が進められた．昭和30年代以降には，石油，ガス等の化石燃料への転換により薪炭需要が低下するとともに，高度経済成長の影響で建築用材の需要が増大した．その後，木材輸入の自由化により，安い外材が大量に輸入されるようになり，一方で国産材は昭和55年頃をピークに価格が低迷し，生産量が伸び悩んだ．昭和30年には，木材自給率は90%であったが，近年は30%程度に落ち込んでいる．現在，日本における森林資源の年間伐採量は，先進国の中で最も低い位置にあり，膨大な針葉樹人工林を利用し，衰退した林業を復活させることが急務とされている．

間伐を中心とした手入れや収穫のための伐採をおこなっても採算がとれず，人工林では様々な問題が生じている．中山間地では林業経営者の意欲の低下や，高齢化の進行により，十分な手入れがなされていない森林も多い．このような森林は，公益的機能を十分に発揮できず，台風や大雨等による土砂災害の被害を受けやすく，さらに，二酸化炭素の吸収能が減少し，温暖化防止機能も低下してしまう．特に都市近郊地域では，スギやヒノキの人工林は花粉症の発生源として“厄介者”とされ，少花粉品種への転換や広葉樹林への誘導が検討されている．

そもそも，利用するための資源として植えられ，大きく育ち収穫期を迎えているというのに，自国の木は利用が進まず外材に依存しているというのは，何とも矛盾した状況である．木材自給率を高め，林業を復活させるためには，伐採し，植えて，育て，また伐採するという循環的利用を進める必要があり，それを実現するためには，国産材を積極的に利用し，需要を高めるための社会的，技術的基盤を強化することが重要である．林野庁での国有林伐採量の推移をみると，昭和20年代半ばには針葉樹・広葉樹あわせて約800万 m^3が伐採され，このうち25%程度が広葉樹であった．戦後の拡大造林時には，国有林伐採量は約2000万 m^3とピークを迎え，このうちの約半分は広葉樹が占めていた．その後国有林の伐採量は減少してきたが，近年，伐採量が徐々に増加し，平成26年度では600万 m^3にまで回復している．伐採量の増加の原因として，平成28年6月に閣議決定された「日本再興戦略2016」において，「林業の成長産業化」が国家戦略として位置付けられ，2020年までに国産材の供給量を倍増し（2009年約2000 m^3を2020年約4000 m^3に），2013年度から2020年度まで年間52万 ha の間伐を実施する，という具体的な数値目標が掲げられたことがある．さらに，広葉樹資源をめぐる世界的な情勢の変化により，資源確保が困難になってきたことも要因の１つである[(1)]．内外を問わず，良質な大径広葉樹材を入手しようとしても現実的には厳しい状況になる一方で，最近は，むしろ節や曲がりなどを含めた木それぞれの個性を生かし，あえて欠点を含んだ商品をつくることで，天然，自然の良さを伝えようとする業者も出てきている[(2)]．今後，このような市場ニーズの変化に柔軟に対応し，設計，デザインサイドと生産サイドのマッチングを可能にするシステムが構築されれば，個性的な木への需要拡大が進むものと思われる．

2　東近江市の森林の特徴

近畿中国地域の森林は，生活のための燃料や，畑に用いるための肥料として，古くから利用されてきた．実際に，東近江市で見つかった縄文時代の遺跡の多くが，森林の近くで発掘されており，太古から人が生きるために森林が重要な役割を持っていたことが推測される．当地域の森林は，民有林率が高く，所有形態が小規模分散しており，流通機構などの基盤整備も不十分なため，地域的にまとまった人工林資源を有する九州などに比べて，大規模集約的な林業の実施が難しい．このように森林の多くが個人所有であることが，利用を停滞させている要因の一つであると考えられる．さらに，これらの地域の森林面積の約６割を占める広葉樹林は，老齢，大径化しているものもあり，このまま放置するとナラ枯れやシカによる食害等の影響により，利用する前に資源が劣化する恐れがある．

東近江市の森林は，民有林率が97％であり，その内訳は，個人所有が一番多く，次に公社・公団の所有，神社仏閣の所有林，集落の所有林が存在する（図

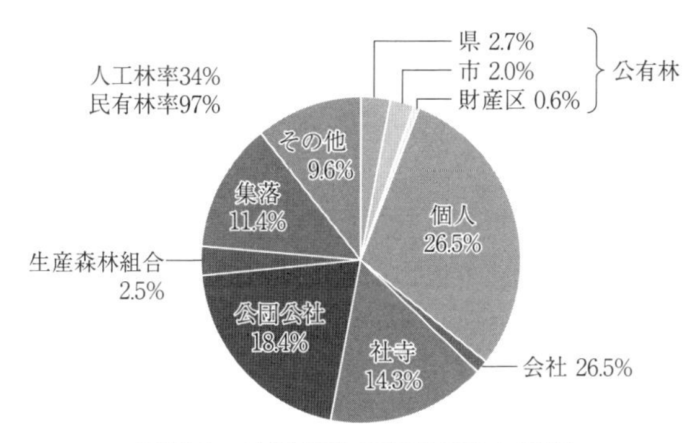

図16-1　東近江市の森林の所有形態
（出所）滋賀県森林・林業統計要覧 H27年度版より作成.

16-1）．滋賀県は，琵琶湖のまわりに1000 m 級の山々が囲んでおり，複雑な地形とそれらに対応した多様な自然が広がっている．また，日本海側気候と太平洋側気候，それと比較的降水量が少ない瀬戸内気候の３つの気候区に相接する場所に位置しており，ちょうど東近江市付近は，ほぼ３つの気候区の特徴を併せ持つ地域である．東近江市の面積の約半分が森林であり，鈴鹿山系に繋がる奥山地区と布引丘陵や五個荘，蒲生の平野部に標高の比較的低い山が点在する里山地区がある．奥山から平野をとおって，琵琶湖に流れ込む愛知川の上流に位置する鈴鹿山系は，降水量が年間2400 mm 以上になるところがある一方で，下流の湖東平野では1500 mm 程度であり，滋賀県の中でも降雨の少ない地域である［琵琶湖流域研究会 2003：224-225］．そのため，下流域にとっては，愛知川上流域の水資源量が古来から重要であり，水の確保には苦労していたという．それを象徴するかのように，周辺はため池や灌漑用水の水路が多い．実際に，鈴鹿山系には，雨乞岳や竜王山といった名前の山があり，水の確保に窮する状況が続いていたことを示唆している．

鈴鹿山系に繋がる奥山地区は，石灰岩地など特殊な地質条件の場所があり，そのような立地環境を好む希少植物が多くみられる．また，絶滅危惧種であるイヌワシやクマタカが営巣しているという点においても，東日本と西日本を繋

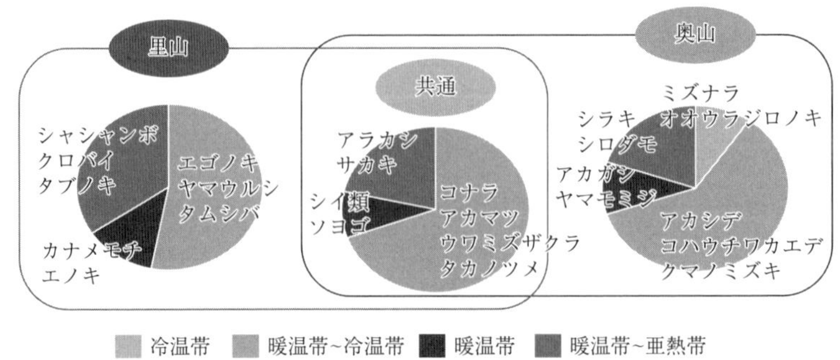

図16-2　東近江市森林の構成種

ぐ緑の回廊として豊かな自然が残る地域である［山崎 2008］．一方里山地域では，古くから人手の入った広葉樹二次林が広がる．里山地域で特殊な環境として知られているのが，愛知川沿いに分布する河辺林である．この河辺林では，愛知川の伏流水によって冷温な環境が維持され，平地でありながら山地性の樹種が分布しており，ケヤキやナラガシワ，ハリギリ，ムクノキなど冷温帯によくみられる樹種が存在する貴重な森林と位置付けられている［琵琶湖流域研究会 2003：229-230］．これらの森林は，現在，ナラ枯れ，マツ枯れなどの生物害の影響と，近年の少雨の影響による乾燥化，またタケなどの外来種の侵入や，周辺環境の宅地化，工業化による影響が懸念されている．

東近江市の広葉樹林の種組成を調べてみると，奥山地域の標高の高いところでは冷温帯性の樹種，低くなるにつれて温帯，暖温帯，亜熱帯性の樹種が出現し，幅広い植生の垂直分布がみられる．一方里山地区では，暖温帯から亜熱帯性の種が多くみられ，コナラやアカマツなどの二次林を特徴づける樹種が両者に共通して出現する（図16-2）．このような樹種が多いのは，人が古くから森林を利用してきた証ともいえる［大住 2009：20-24］．コナラは萌芽性が高く，15～20年程度の周期で伐採し，燃料として利用されてきた．山で見られる株立ちした樹形のコナラは，伐採後の萌芽更新によるものである．また，林内の枝葉や草は水田の元肥として利用されてきたため，長年の有機物の収奪により土地が

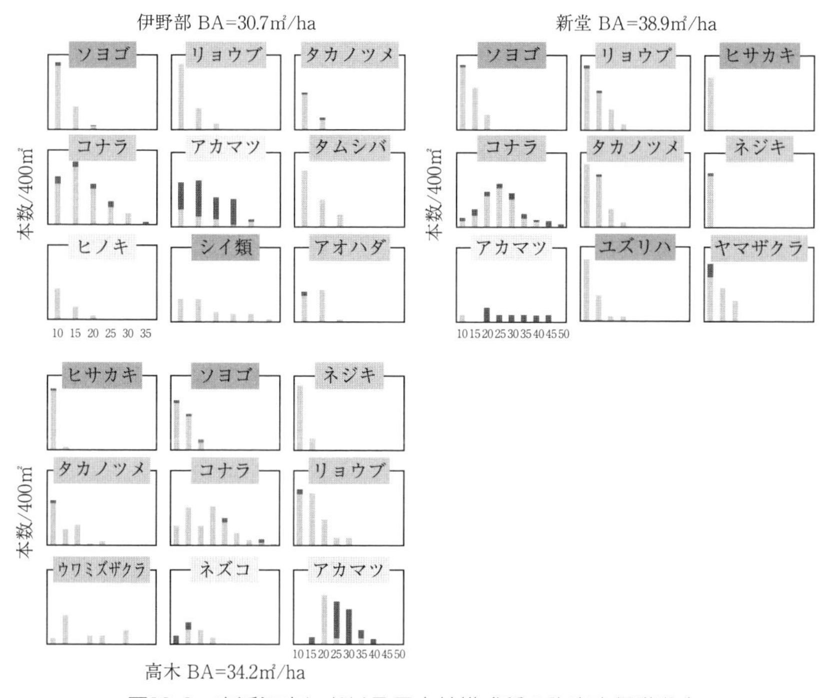

図16-3　東近江市における里山林構成種の胸高直径階分布

（注）■は枯死木を示す．横軸は胸高直径階（cm）

痩せて，このような立地でも育つアカマツが優占するようになった．

東近江市の里山広葉樹二次林における蓄積は，胸高断面積合計（Basal Area：BA）が約30-40 m^2/ha，で，日本の暖温帯の中ではやや少なめといえる（図16-3）．蓄積量，本数とも最も多いのはコナラで，次にソヨゴが続いており，アカマツとコナラの大径木は枯れ個体が多い（図16-3，■部分）．落葉広葉樹の直径階分布は，若い個体は安定的に多い状況ではなく，後継稚樹が十分には育っていないといえる．一方，ソヨゴやヒサカキ等の常緑広葉樹は若い個体が比較的多く，将来的には常緑林化が進行すると予想される．

3　森林の利用と再生を実現する地域力

(1)　森林の利用を進めるために

東近江市では，エノキやヤマザクラ，トチノキなどの大径の広葉樹が，単木的に高値で取引されることもあるが，安定供給として量を担保できるのは，やはり蓄積量が最も多いコナラである．コナラは，大きなものは家具材，小さいものは薪やほだ木といったように，使い出が多い点でも有望である．広葉樹の利用を停滞させる要素の１つとして搬出コストがあるが，用材のみならず使われていない林地残材を有効利用することによって採算性を改善させることが期待される．薪やほだ木，家具材，トラックの床材等，用途に応じて必要とされる径級が異なるにもかかわらず，利用されているのは主幹だけで，枝部分は利用されずに残材となっている．コナラは枝分かれが多く，大径木になるほど枝も太いため，未利用の資源は相当量あると予想される（写真16-1）．

多種多様な木質資源を単独の用途ではなく，木質製品用，薪・ペレット用，ホダ木用等の複数の用途を視野に入れて搬出することによって効率化を図ることは，森林整備を進める上で重要な視点である．すなわち，用材のみならず，小径材，枝条，梢端，被害材，林地残材等の低質材を含む地域の木質資源を，資源の特性に合った用途で無駄なく利用し，資源の付加価値を高めるという「量」より「質」を重視した生産体制である．これまでの日本の林業は，量的な視点から森林の利用をとらえる動きが主流であったが，このように質を重視した生産体制は，今後森林の利用を推進する地域戦略として有効であると思われる．

資源の循環的な利用を進めていくためには，生産と需要を繋ぐ情報が提示される必要があり，双方のマッチングを実現するための，言わば「営業努力」が必要である．東近江では，林業事業体や自治体等がこの「営業努力」を積極的に実践しているところが，他では類をみない「地域力」であると思われる．東

写真16-1　大径木ほど多用途利用可能な部位が増える（コナラ）

近江市永源寺森林組合では，搬出した広葉樹材は，樹種や質に応じて付加価値を高める販売努力をおこなっている．現在，チップ用材，薪ストーブ用材，工業製品用材（トラック荷台等），木工家具用材へと複数の販路を確保，開拓しており，木工家具用材としては，地域内の木工作家に対し，求める樹種や板材加工する際の寸法等のヒアリング調査を実施するなど，積極的な取り組みがおこなわれている．また，東近江の良質なコナラ材は，都市部の高級家具メーカーのカタログにラインアップされ（Wise Wise contract + green project），森と地域，地方と都市を繋ぐコミュニケーションの媒体として，森林資源の利用に期待が寄せられている．さらに，東近江では，地元のスギを材料に日本の伝統的な木組みの技術を使った木製玩具が開発され，地場木材を使った新しいビジネスモデルへの展開を目指す取り組みがはじまっている［箱田 2017：161-169］．このビジネスが生まれた東近江市筆川町は，山の木を使う文化の発祥地である「木地師の里」であり，近年では新しい木地師や木工作家が誕生し，現代版の木工文化が育まれようとしている．このような，資源の種類に応じた創意工夫による利用は，元をたどればこの地に生きた先人たちが大切にしてきた精神そのものである．今の時代にも，ここ東近江には森と真剣に向き合い，森の未来を担う心意気を持つ人々が多い．今後も，地域の伝統や文化を生産者から利用者まで共有できるような，木の利用が進むことを期待したい．

(2)　森林再生への道筋

利用後の森林を放置しても，自然の力で再生するであろうか？広葉樹の天然更新を考える上で最も重要なのは前生稚樹である［森林総合研究所］．広葉樹の更新を促すためには，前生稚樹を損なわないような更新伐を実施する必要がある．散布種子や埋土種子による後生稚樹による再生はそれほど期待できず，特に埋土種子起源の広葉樹稚樹は，短寿命のパイオニア種が多いため，高木性の広葉樹林を最終目標とする場合には，対象とする林分の近隣に種子供給源となる広葉樹林が存在することが不可欠である［藤森 2012：267-277］．

現在，山では皆伐後に放置され，その後森林が再生されていない場所が多く見られる（写真16-2）．その原因として，シカによる食害や密生する下層植生の繁茂が挙げられる．防鹿柵の設置や下層植生の刈払い・かき起こしなどの更新補助作業をおこなうことによって，広葉樹稚樹の定着が期待できるが，近隣に広葉樹林が存在しない等の理由で天然更新が困難な場所においては，植栽も視野に入れた森林再生法を検討する必要がある［横井 2014：70-144］．その場合，広葉樹の苗木は，どこから手に入れたらよいのであろうか？広葉樹苗は，近年ではホームセンターやインターネットでも手に入り，全国レベルで取引されているが，地域の山の再生のためには，その地域で採取した種子から育成した苗木を用いることが，地域固有の遺伝子の継承という観点からも重要であると思われる．特に，ナラ類などは，種子生産に豊凶があることや，種子の長期保存が困難であること，ナラ枯れ等の影響で母樹が枯れてしまう恐れがあることから，苗木としてストックする意義が大きいといえる．地域の森で大きく育った木は，自然に淘汰され残った言わばその地域の「精鋭樹」であり，その環境に適した遺伝子を兼ね備えており，地元の山の再生は地元の種子から育てた苗木

写真16-2　12年前に伐採された跡地．シカの不食植物であるイワヒメワラビが繁茂し，樹木の更新はみられない．（東近江市藤川谷）

を用いるのが，最も合理的であるといえよう．

おわりに

森林の利用と再生は，どちらかだけを進めるのではなく，同時に取り組んでいかなければ循環には結びつかないものである．先日，広葉樹林再生の先駆的事業地である徳島県上勝町高丸山の「千年の森」を訪れる機会があった．スギの伐採跡地に地元で生産された苗木を植栽し，県民の手で維持，管理するシステムが導入されていた．徳島県も他県と同様に，シカによる被害が深刻であるが，植栽ゾーンは防鹿柵が設置され，その維持管理がしっかりされており，柵の内側には定着し再生した樹木が茂っていた．千年の森事業は，生態学的に検証可能な形で植栽計画が策定され［Kamada 2005：61-70］，事前に植生調査と地形区分を行い，地形区分に対応する樹種群を見出した上でしっかりと植栽計画が策定されている点が画期的である［鎌田 2007：301-319］．そして何よりも印象に残ったのが，地域の水源林を守り今後も維持し，さらに広く広葉樹林を再生しようという地域住民，行政，林業関係者の強い熱意と努力である．「千年の森づくり整備事業」は，構想から計画段階そして事業実施に至るまで，従来のコンサル任せではなく，森づくりに関わる地元住民と行政（徳島県）とで組織された検討委員会で十分議論された地域住民参加型のボトムアップスタイルであり，これが森づくりの根幹であると確信した．それぞれの立場の人々が森づくりに責任をもち自主的，積極的に参画する，という意識を共有できる仕組みを取り入れたことが，事業の成功要因の１つであると思われた．森林の利用と再生を実現するには，様々な社会的，技術的要素が整備される必要があるが，最も重要なのは実践する「人と人の繋がり」である．今，東近江では，「鈴鹿の森おこし」推進ワーキンググループが立ち上がり，森林・林業の長短期的ビジョンの策定や課題解決に向けた取り組みが開始されたところであり，今後の「森おこし」の実践に期待したい．

注

（１）「広葉樹新時代　新たな資源と市場が動き出す②」『林政ニュース』509，2015年５月27日．

（２）「広葉樹新時代　新たな資源と市場が動き出す②」『林政ニュース』509，2015年５月27日．

参考文献

〈邦文献〉

大住克博［2009］「里山林の生態」『里山に入る前に考えること――行政およびボランティア等による整備活動のために――』森林総合研究所．

鎌田磨人［2007］「自然林再生のあり方」，森林施業研究会編「主張する森林施業論―22世紀を展望する森林管理」日本林業調査会．

箱田高樹［2017］「森と水のチカラ――東近江市――」『別冊 Discover Japan（特集ニッポンブランドの秘密）』枻出版社．

琵琶湖流域研究会「2003」『琵琶湖流域を読む　上――多様な河川世界へのガイドブック――』サンライズ出版．

藤森隆郎［2012］「針葉樹人工林の広葉樹林化」『森づくりの心得』全国林業改良普及協会．

林野庁［2017］『平成28年度 森林・林業白書』林野庁．

山崎亨［2008］『びわ湖の森のいきもの1――空と森の王者イヌワシとクマタカ――』サンライズ出版.

横井秀一［2014］「木材生産のための広葉樹造林」，豪雪地帯林業技術開発協議会編『広葉樹の森づくり』日本林業調査会.

〈欧文献〉

Kamada, M.［2005］"Hierarchically structured approach for restoring natural forest - trial in Tokushima Prefecture, Shikoku, Japan," *Landscape and Ecological Engineering*, 1(1).

〈ウェブサイト〉

Wise Wise contract works + green project project 02 セトレマリーナ琵琶湖（http://wisewise.com/wp/wp-content/themes/pc/pdf/works.pdf, 2018年1月4日閲覧）.

森林総合研究所「広葉樹林化のための更新予測および誘導技術の開発」ホームページ（http://www.ffpri.affrc.go.jp/labs/bl_pro_1/）2018年1月4日閲覧）.

（山下 直子）

第17章

薪ストーブの状況とその燃焼ガス中未燃ガス（一酸化炭素）の触媒による完全燃焼化実験

1 薪ストーブの状況

化石燃料の枯渇，地球温暖化等の対策としてバイオマス資源のエネルギ利用が注目されており，我々は家庭向けバイオマスの用途として薪ストーブに着目している．年間の薪ストーブの販売台数は日本ではおよそ1万台，アメリカでは120万台と大きな差がある［池高 2017］．日本では欧米からの輸入品が多いが，最近では安価な国産品や中国産のものが増えている．

欧米では表17-1に示すように1990年代から燃焼ガス中粒子状物質（PM）の規制が行われ，最近では，さらに規制項目の拡大や規制値の強化がされている［薪ストーブライフ 2017；Illerup et al. 2015］．日本ではこうした規制は行われておらず，薪ストーブの開発も国内向けだけにとどまっている．薪ストーブの燃焼

表17-1　薪ストーブの粒子状物質などの規制状況

国	年	PM（粒子状物質）	燃焼効率	CO（一酸化炭素）	OGC（有機ガス状物質）
アメリカ	1988	触媒式　5.5 g/H, CB式* 8.5 g/H以下			
	2015	一括して　4.5 g/H未満			
	2020	一括して　2 g/H未満			
デンマーク	2017	4 g/kg未満			＜120 mg/Nm^3
北欧5か国（Swan label）**	2017	2 g/kg未満	≧76%	≦1250 mg/Nm^3	＜100 mg/Nm^3
日本	現在	なし	なし	なし	なし

注）* CB式：2次燃焼などによるクリーンバーン式，　** Swan label：北欧エコラベル委員会が運営する環境ラベル制度．

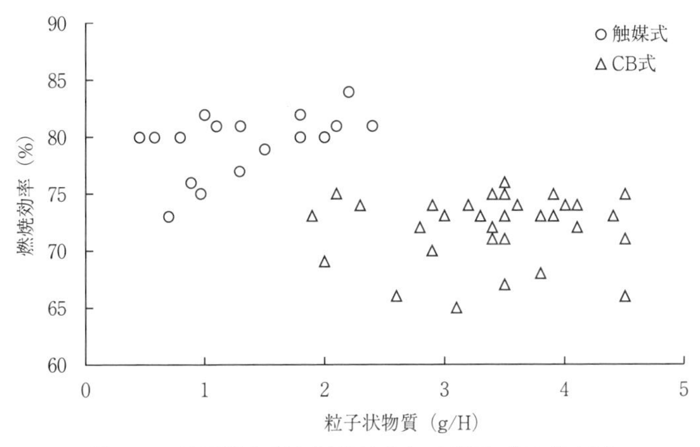

図17-1　粒子状物質と燃焼効率との関係（アメリカ）

ガスに関わる研究報告も欧米では非常に多いが，日本ではほとんどなされていない．また，欧米では第３者検査機関による定められた検査方法によるチェックが行われているのに対し，日本では薪ストーブに対する検査方法も定められていない．

アメリカでは，EPAにより定められた検査方法により評価されたデータが公表されている〔EPA 2017〕．図17-1の2015年のデータによれば，貴金属などの触媒を用いたものが，これを用いず２次燃焼などを活用したCB式のものに比べてPMは少なく，燃焼効率も高い．すなわち，触媒を用いればより少ない薪で環境負荷も少ない効率的な熱利用ができることを示している．

2 燃焼ガス中未燃ガス（一酸化炭素）の触媒による完全燃焼化実験

(1)　目的

このPMの主体は不完全燃焼により発生する煤であり，触媒により完全燃焼化を図れば，固体であるPMとともにガス状の未燃成分である一酸化化炭素

(CO), 炭化水素 (HC) も酸化して熱利用できる. そこで, 薪ストーブの触媒にも使われている酸化能力は非常に高いが高価な貴金属触媒に近い酸化触媒能力を持つものを広範囲の試料の中から見出すとともに, 実用化に当たって必要な項目についても試験することとした.

(2)　実験方法と試験用試料

使用した薪ストーブは鋳鉄製のENCORE (Vermont Castings社製) である. 薪は市販の薪ストーブ用コナラを用いた. アメリカEPA法のPMの測定法がかなり大がかりで我々にはできなかったことの代わりに, 同じ不完全燃焼で生成するCO濃度を測定することにした. 1/2インチのSUS304管からなる小型試験装置を作成し, この管中に2.5～5.5 mmの触媒試料を8 cmの高さ (容積として約18 cc) 充填した. マニュアルに従って, 調理用グリドルの表面温度が上限の300℃を保持するよう薪を適宜投入した. しかし, 薪を投入して5分間程度は燃焼が激しく, 試験装置入口の燃焼ガス温度が700℃以上の高温になりやすかった. そのため, 燃焼がある程度落ち着いたのちに小型試験装置をストーブ内に挿入した. 測定に用いた燃焼ガスは, この薪ストーブ既設のハチの巣状のハニカム構造である貴金属系触媒を通さない燃焼ガスの一部を直接吸引した. 試験装置の入口と出口の燃焼ガスを同時にマスフローコントローラ付きポンプで1.5 L/分, 2分間程度5 Lテドラバッグに採取した. 燃焼ガスの採取は, 入口ガス温度をみながら1-2時間の間に5～15回程度行った. テドラバッグに採取したガス中のO_2, CO濃度は, TESTO 350-S (TESTO社製) で測定した. O_2濃度の測定はガルバニ電池法, CO濃度は定電位電解法 (H_2補償付き) による. 触媒によるCO低減率は酸素12%に濃度換算した入口, 出口CO濃度を用い, 下式により求めた.

$$C = \frac{21-12}{21-O_2} \times Co \qquad (1)$$

$$\text{CO 低減率（\%）} = \left(1 - \frac{C_{out}}{C_{in}}\right) \times 100 \qquad (2)$$

ここで，Co は CO 濃度直読値，O_2 は酸素濃度値，Cin，Cout は式 1 で O_2 12%濃度に換算したそれぞれ入口，出口の CO 濃度である．なお，空間速度 SV は約5100 H^{-1}の条件下で行ったことになる．また，装置入口ガス温度は，装置入口のガス採取部で熱電対により測定し，ガス採取の開始時，中間時，終了時の平均値を用いた．

今回用いた触媒試料の一覧を表17-2に示す．表中の国内産褐鉄鉱にある程度の酸化能力があることはわかっていたが［玉井 2013；佐湖 2013；占部 2014］，今回は外国産のものも加えた．また，褐鉄鉱だけでなく赤鉄鉱や磁鉄鉱，それに多価金属酸化物であるマンガン鉱石（滋賀県産）や半導体の一種である金属シリコン，シリコンカーバイドなど，範囲をひろげて試験を行った．

(3)　実験結果

CO 低減効果（触媒効果）の高い試料の絞りこみ

試験装置入口の CO，O_2 はそれぞれ1000～3000 ppm，10～16%であることが多かった．測定結果を図17-2～図17-4に示すが，温度の低下とともに CO 低減率が減少する傾向がみられた．入口ガス温度が480～600℃程度の通常の使用状態時の平均 CO 低減率を求め表17-2に示した．CO 低減率の大きさで，レベル 1 からレベル 4 に区分けしたが，レベル 1 は95%以上で貴金属系触媒に近い値を示した．

絞りこんだ試料の使用回数の触媒効果への影響

レベル 1 の S2 について，使用回数を増やした時の低減率の変化を調べた．図17-5より，4 回，延べ 5 時間弱使用しても低減率の低下はほとんど見られなかった．

絞りこんだ試料の前処理加熱温度の触媒効果への影響

高温になりすぎると構造が元の FeOOH から Fe_2O_3 に変化することなどから，

表17-2　実験に用いた触媒試料とCO低減率の測定結果一覧

試料	産　地	概　　要	CO 低減率 (%)*	レベル
SN	（比較用）	薪ストーブ（アンコール）　付属貴金属系触媒：ハニカム構造をハサミで 7 mm 程度に切断	99.9	
S1	北朝鮮 1	褐鉄鉱，露天化残留鉱床	99.7	1
S2	北朝鮮 2	褐鉄鉱（FeOOH），針状層あり	99.2	1
S3	福井県	褐鉄鉱（鬼板状），若狭鉱山	97	1
S4	北朝鮮 3	褐鉄鉱，針状層が北朝鮮産 2 と類似	97	1
S5	北海道	褐鉄鉱，露天化残留鉱床，朝里鉱山	96	1
S6	中国	内蒙古自治区，主として針鉄鉱からなる	95	1
S7	モロッコ	褐鉄鉱，針状層が北朝鮮産 2， 3 と類似	94	2
S8	奈良県	壺石（鬼板），生駒市	94	2
S9	滋賀県	マンガン鉱石，ハウスマン鉱（MnO. Mn_2O_3），五百井鉱山	87	2
S10	マレーシア	磁鉄鉱，赤鉄鉱，褐鉄鉱からなる露天化酸化鉄鉄鉱石	84	3
S11	滋賀県	鬼板，堅田	79	3
S12	群馬県	褐鉄鉱，群馬鉱山	78	3
S13	岐阜県	鬼板，美濃産	76	3
S14	アメリカ	磁鉄鉱（Fe_3O_4）	28	4
S15	国産	ゼオライト	21	4
S16	——	半導体，金属シリコン（Si）	15	4
S17	アメリカ	魚卵状赤鉄鉱（hematite：Fe_2O_3），クリントン産	11	4
S18	ブラジル	赤鉄鉱，変成堆積性鉄鉱床	8	4
S19	国産	アサヒキャスター　CA-13T（モロッコ産褐鉄鉱粉末との混合物）	7	4
S20	国産	半導体，炭化ケイ素（SiC 90%）	1	4
SB	（ブランク）	ブランク試験（充塡なし）	6	

注）*：試験装置入口ガス温度が480～600℃までのCO低減率の平均値（%）

低減率が低下することが考えられた．そこで，前処理で加熱温度を500℃，600℃，700℃，800℃，加熱時間はいずれも 2 時間として試験をレベル 1 の S2 と S5 で行った．図17-6と図17-7より，低減率の低下は，S2，S5 ではそれぞれ800℃，600℃あたりから始まるようである．したがって，高温になる場合は，

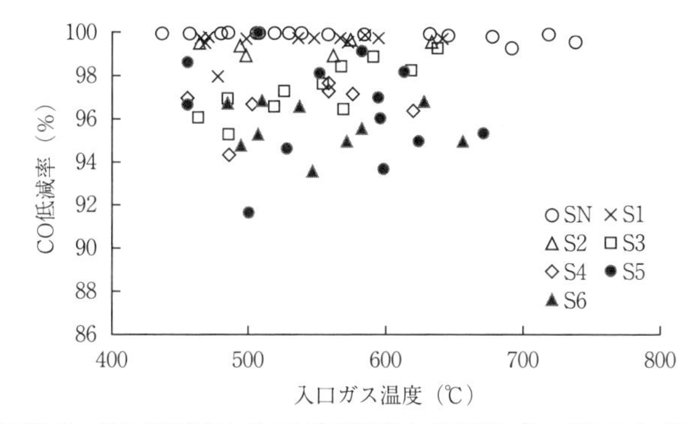

図17-2　CO 低減率と入口ガス温度との関係（レベル１と SN）

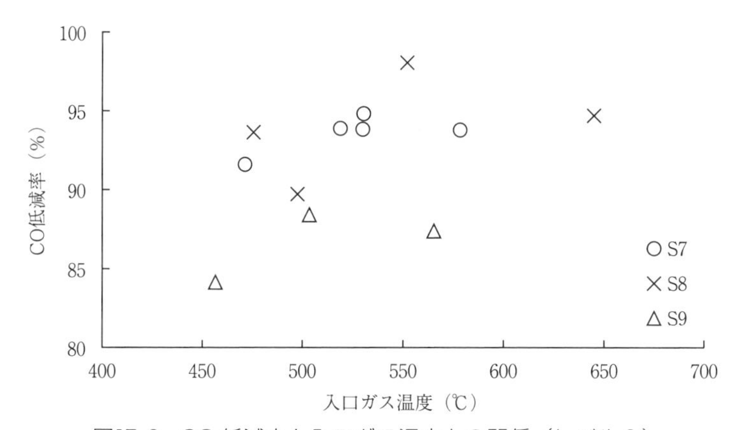

図17-3　CO 低減率と入口ガス温度との関係（レベル２）

使用した薪ストーブのマニュアルにあるように燃焼ガスをダンパーでバイパスして触媒を通さないようにすることなども必要となろう．

絞り込んだ試料粉末をキャスターと混合固化したときの触媒効果

今回は充填層として使用することを想定して2.5～5.5 mm の粒子を用いたが，圧力損失の少ないハニカム構造状ものができることが望ましい．そこで，手始めにレベル２（低減率94%）の S7 の粉末にキャスターを混合して固化したものを砕いて試験したところ，元の粒子以上の低減率を示した．微粒子を使用する

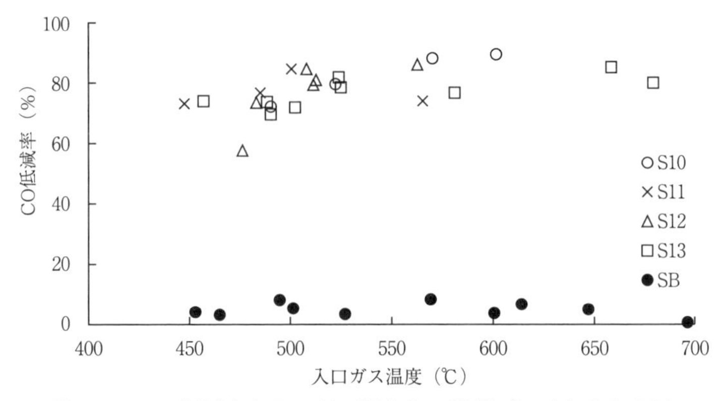

図17-4　CO 低減率と入口ガス温度との関係（レベル 3 と SB）

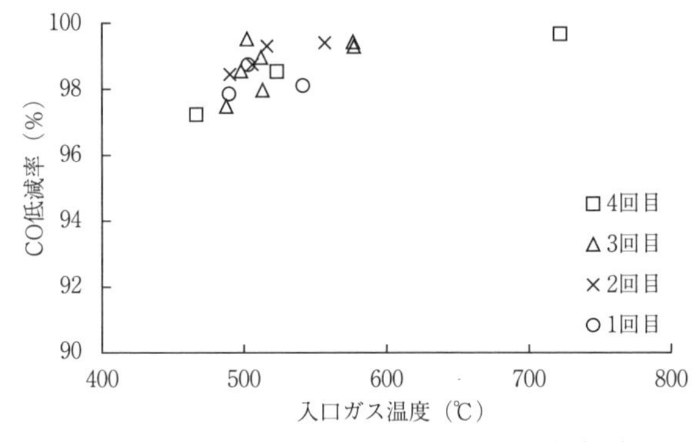

図17-5　試験回数と CO 低減率との関係（S2）

ことによる表面積の増加の寄与が大きかったものと思われる．

その他

金属酸化物の半導体が熱励起により強力な酸化力を持つとの報告があることから，今回は酸化物ではないが半導体の S16の金属 Si（シリコン）と S20の SiC（炭化ケイ素）も試料に加えた．試験結果から，いずれも顕著な酸化能力はみられなかった．しかし，金属酸化物のうち多価酸化物である S9 のマンガン鉱石は，レベル 2 の高い CO 低減率を示した．これまで酸化能力のある半導体の金属酸化物として，TiO_2，Cr_2O_3 等が報告されているが［水口 2010］，今回の試験

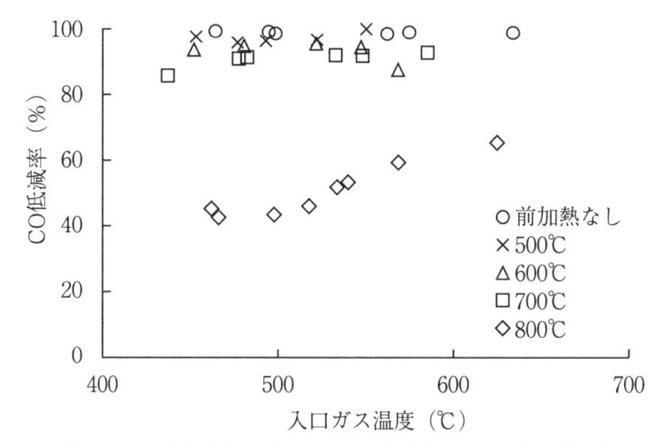

図17-6　前加熱温度とCO低減率との関係（S2）

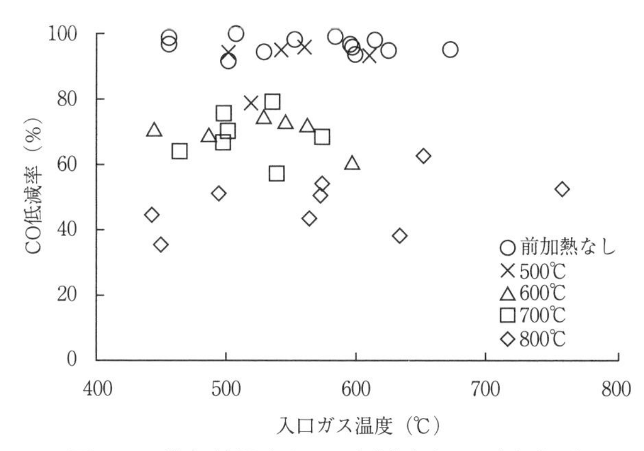

図17-7　前加熱温度とCO低減率との関係（S5）

で鉄系，マンガン系の多価金属酸化物でも酸化能力の優れたものがあることがわかった．

(4)　まとめ

1）褐鉄鉱は総称的な呼称であり，針鉄鉱（ゲーサイト，α-FeOOH）と鱗鉄鉱（γ-FeOOH）からなるとされている．針鉄鉱を多く含むと思われる外国産のS1，S2，S4，S6が貴金属系触媒に近い酸化能力を有していることは非常に興味深い．国内でかつて褐鉄鉱を産出していた鉱山は現在では全て閉山しているようであるが，S3，S5 のようにレベル 1 の高い CO 低減率を示すものもみられた．

2）長期使用性に関して，S2 は 4 回，延べ 5 時間弱では CO 低減率が低下することがなかった．長期使用性についてはさらに試験を行う必要がある．

3）高温で針鉄鉱 α-FeOOH は hematite：Fe_2O_3 に変化し，hematite には酸化能力はほとんどないと思われたが，S2，S5 の褐鉄鉱では前処理で800℃に 2 時間加熱してもまだ50％程度の CO 低減率を有していた．こうした現象を含む酸化メカニズムについて今後調査する予定である．

4）今回は粒状のものを用いて試験したが，微粉砕したものをキャスターと混合固化すると，元のものよりさらに低減率が増加する可能性が認められた．今後は，圧力損失のより少ない形状のものも検討する予定である．

5）現在，鉄資源としてはほとんど赤鉄鉱が用いられているが，褐鉄鉱は金属鉄に還元されやすく，赤鉄鉱を使用する以前には褐鉄鉱が使用されていたといわれている．まだ入手していないが，ヨーロッパで使用されていた魚卵状褐鉄鉱である minette に興味がある．また，東南アジアでは褐鉄鉱を破砕選別して純度を上げることなどが行われているようである．これらの中に入手しやすく酸化能力の優れたものがあれば，薪ストーブだけでなく他の分野でも優れた酸化触媒として使用される可能性があると思われる．

参考文献

〈邦文献〉

池高明［2017］「日本暖炉ストーブ協会がめざすもの」『薪ストーブライフ』．

玉井康仁・占部武生［2013］「薪ストーブ燃焼ガスへの鉄系触媒の適用に関する基礎的研究」『第124回日本森林学会大会学術講演集』．

佐湖俊之・占部武生［2013］「薪ストーブ燃焼ガスの触媒によるクリーン化に関する基礎的研究」『里山学研究 2012年度年次報告書』龍谷大学里山学研究センター．

占部武生・水原詞治［2014］「褐鉄鉱触媒を用いた薪ストーブ燃焼ガス中 CO の低減に関する実用化研究」『里山学研究 2014年度年次報告書』龍谷大学里山学研究センター．

水口仁［2010］「半導体の熱活性を利用したVOC完全分解」『セラミックス』45.
〈欧文献〉
Illerup, J. B., Hansen, B. B., Lin, W., Nickelsen, J. and Dam-Johansen, K. [2015] "Advanced Combustion Control for a Wood Log Stoves", Expert workshop-Highly Efficient and Clean Wood Log Stoves, Berlin.
〈雑誌〉
「新たなステージに進む2020年のEPA排煙規制」『薪ストーブライフ』2017年.
〈ウェブサイト〉
List of EPA　Certified Wood Heater, 2017　(http://epa.gov).

（占部武生・水原詞治）

第18章

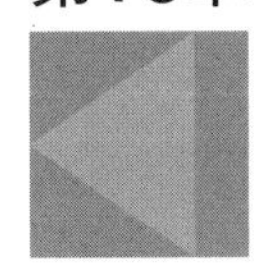

公社造林と里山
――「造林公社問題」の残された課題――

はじめに

本章は，里山学の観点から琵琶湖水域圏における森林とりわけ里山の保全・再生に向けた政策的課題を考えることを目的としている．

我々の共同研究者である丸山徳次は，里山学とは「何よりもまず，環境問題の解決に寄与する知の努力の一環であり，持続可能な社会の実現を目指す実践の試み」であって，「人間が自然とともに生きてきた過去を振り返り，将来にわたって，人間が人間らしく生きることと，自然の豊かさとが，どのように相関しうるか，その可能性を探究する学問である」と規定している［丸山 2007：1-2］．筆者も基本的にこの考えを共有している．いまこのような観点から，琵琶湖水域圏における里山の保全・再生に向けた課題を考えようとするとき，いわゆる「造林公社問題」は興味深い手がかりを提供している．

まず，戦後の拡大造林政策の一環として行われた機関造林のなかでも(1)，公社造林は主に伝統的な入会によって利用・管理されていた林野（実体的にはかなりの部分が里山）を対象としたものであった．つまりその政策対象は主に里山であった．

また，後述するように，その政策内容は，高度成長期に形成され，その後，環境問題や森林の公益的機能が意識される中で変化や修正を受けつつも，現在まで林政の基調とされてきた考え方に基づいている．その意味で，公社造林の問題を戦後日本社会の変化を意識しつつ政策史的に検討することは，今後の里山政策の方向性を考えるためだけでなく，それを通して，今後の林政の在り方を考えるためにも有意義な検討対象であるといえる．しかしながら，この間，造林公社の問題は，公社の経営破綻によって社会的に注目され，とくに「琵琶湖水域圏」を擁する滋賀県では，議論の焦点が巨額の債務処理とその責任問題となったことから，森林・林業に関する政策としての評価については，その重要性が意識されながらも，なお十分な分析が行われていない状況にある[(2)].

本章では，このような問題関心から，なお試論的ではあるが，琵琶湖水域圏の里山を念頭におきつつ公社造林の政策史的意味と問題を分析し，それを通して里山の保全・再生に向けた政策的課題を考えてみたい.

以下では，まず琵琶湖水域圏で造林事業を行ってきた公社，制度的には造林公社が都道府県単位で設置されてきたことから滋賀県の造林公社についてその制度と実績を確認したうえで，公社による拡大造林政策がいかなる社会的背景と政策的課題に対してどのように答えようとしたのか，さらに琵琶湖総合開発がどのような影響を与えたのかを検討し，公社造林の意味と問題点を分析する.

1　滋賀県における「造林公社問題」

はじめに，滋賀県における造林公社の概要と造林公社問題の残された課題について整理していこう.

(1)　分収造林契約とは

公社造林とは，地方自治体により設立された造林公社が分収造林契約という形式を用いて行った拡大造林である．分収造林契約という形式は，基本的に民法上の契約であり，それ自体は，政策として公社が設立される以前から行われていたものである[(3)].

分収造林契約は，一般的には，森林所有者である入会集団（法形式的には記名共有者や財産区・生産森林組合など）や個人と企業や公社など森林経営を行うものとの契約である．公社造林の場合によく利用される内容は，公社が造林対象とする森林に50年間の地上権を設定し，自らの負担で植林および育林を行い，伐採後の販売代金から伐採と搬出の費用を控除した収益について，公社４割，森林所有者６割の比率で分収するというものである．

公社が全国で設立された60年代には，化学肥料の普及や機械化の進展など農業技術の変化によって里山の採草地としての必要性は低下しており，また生活面でも家庭用燃料がガスなどの化石燃料に転換していったことから薪炭生産が急激に減少したことにより，里山の利用は著しく衰退していた．これによって地域においても里山の管理負担や現金収入の減少が問題となっていた．一方，林業生産基盤の充実やパルプ生産原料の確保をめざす企業や公社からすれば，分収造林契約によって，土地所有権に資金を投資することなく，集約的に森林経営を行いうことが可能となることから，当時なお高騰していた木材価格を背景に高率な地代支払いを内容とする契約によって資源の確保と造成を図ろうとしたのである．また多くの公社は作業班をもたず，植林・育林作業はほとんどが地元の集落や森林組合に委託されることになり，それが薪炭生産の衰退による現金収入の減少を補塡するなど地域振興を担う面も持たされていた．要するに，木材価格が想定水準を維持していれば，「所有と経営の分離」を前提にいずれの当事者にもメリットをもたらす方式として導入されたのである．

(2)　滋賀県の林業公社の概要

分収契約による造林は，戦後早い段階から紙・パルプ産業によっても行われ，滋賀県にかぎらず県営造林を含む公営造林の手法としても行われていた．しかし，自治体の財政的な問題もあり，県が設立する公社が主に融資を受けて行う方式が導入された．造林公社としては，離島振興を目的として1960年に設立された対馬林業公社が全国で最初である．その後，60年代半ばにかけて全国で設置がすすみ，滋賀県では1965年に「滋賀県造林公社」が，1974年に琵琶湖総合開発が行われるなかで「びわ湖造林公社」が設置された[(4)]．

これら二つの造林公社は，1965年から88年にかけて，滋賀県公社が7116 ha，びわ湖公社が１万2507 ha，合わせて１万9623 ha の造林を実施した．これは，県内人工林の約２割にあたる．植林された樹種は，スギ約67％，ヒノキ約30％，マツ約３％で，すべて針葉樹である．分収契約の相手方は，契約数では個人が約87％であるが，契約面積で見ると，個人約39％，財産区約33％，生産森林組合約15％となっており，個人のところに共有として登記されている入会林が含まれているかどうかは不明であるが，それを除いても，財産区や生産森林組合が管理する入会林野が相当程度含まれていることがわかる．入会集団である部落などが利用・管理していた里山がかなりの範囲で公社造林の対象となっていたことが推定できよう[(5)]．

前述の滋賀県の２公社を含めて，全国の造林公社の多くが，設立時に想定していた木材価格が著しく低下したことによって，予定していた収益を上げることができなくなり，その結果，契約者に収益を配当することが難しいだけでなく，融資の返済も困難となって，事業継続による膨大な負債を抱えるようになったことは周知のことである．とくに滋賀県の２公社は，2008年時点で1107億円という全国の造林公社で最も巨額の負債を抱えており，また滋賀県が農林漁業金融公庫に対して公社の債務保証をしていたこともあり，社員である下流自治体をも巻き込んで債務処理と経営責任に関する激しい議論が行われたことは記憶に新しい．結局，社員自治体の債権放棄，公庫融資分（490億円）については滋賀県による免責的債務引受によって処理される形で，積み上がっていた債務の処理は決着した．びわ湖造林公社は廃止されることになり，その事業は滋賀県造林公社に統合される形で存続し，公社林は広葉樹林あるいは針広混交林に誘導しつつ最終的には土地所有者に返還されることになった[(6)]．

(3)　造林公社問題の残された課題

それでは，琵琶湖水域圏における里山の保全・再生という観点から，今の時点で，我々はこの造林公社の問題から何を教訓として学ぶべきであろうか．

この点について，この問題が一般的に造林問題でなく公社問題と表現されてきたことが示しているように，公社の経営破綻とその責任を問題として取り上げる分析が多い．たとえば，滋賀県が設置した「造林公社問題検証委員会」は，その報告書（2009年）において，この委員会は「造林公社の債務問題を検証することが任務である」との立場から，「そもそも融資による林業公社方式の造林は適切であったのか」と問題を提起し，それに対して次のように答えている．すなわち，①公社造林の前提となっている戦後の拡大造林政策については，「全くの誤りとは言えない」と評価しつつ，②公社による分収造林については，条件不利地域への造林というハードルの高いビジネスモデルであるにもかかわらず，木材価格の変動に対する見通しの甘さや分析の不徹底があったこと．また③公社は形式的には独立の法人であるが，「実質的には独自の経営判断や意思決定ができない仕組み」となっていたことから，県にも指導責任があること，さらに④県との損失保証契約を前提にリスクのある融資を継続した農林漁業金融公庫にも金融機関としての責任があること，を指摘している[(7)]．

たしかに，この委員会が造林公社の経営破綻とその責任について検証することを任務としていたことからすれば，その指摘が，公社の経営判断の妥当性やそれに対して実質的な影響力をもっていた滋賀県の対応の妥当性，さらに金融公庫の融資判断の妥当性など，主に公社造林政策とそのための諸制度を前提とする運用上の判断の問題に集約されたのは当然のことである．しかし，すでに生じた問題の清算にとどまることなく，未来に向けた琵琶湖水域圏における里山の保全や再生を考えようとする場合，経営的判断の問題や分収割合の設定などの制度設計の問題を指摘するだけでは不十分であり[(8)]，そこで前提とされている公社造林の政策的意味や問題性をその背景にある高度成長期の林政を含めて分析することが必要であろう．里山が荒廃した原因は，農業技術の変化や燃料の化石化による里山の利用低下だけではなく，そのような現実を踏まえて当時の森林・林業政策が，どのような考え方に基づいてどのような政策を展開したかという点が大きな問題として存在している．そのような意味で，里山学が「持続可能な社会・地域の実現」を目指して，それを実現するための政策の在り方を模索しようとするとき，まずは過去の政策の意味や問題点を検討することが必要といえる.

2 高度成長期における公社造林の政策史的意味

(1) 戦後の林野所有構造と復興期林政の課題

本章が対象とする公社造林は，基本的に戦後の拡大造林政策の流れに位置づけられるものである．そこでまず，その前提となっている戦後の林野所有構造と復興期林政の課題についてごく簡単に触れておきたい.

林野なかでも私有林の所有構造については，基本的に明治期から戦前にかけて形成された少数の大山林所有と大多数の零細な山林所有による小規模分散型の二元的構造が戦後にも引き継がれた．これは，戦後民主化政策の要とも言える土地改革において，農地については大土地所有の解体と自作農の創設がかなりの程度実現されたのに対して，林野については，未墾地買収や牧野の一部について解放が行われたものの，いわゆる第三次農地改革の挫折によって林野解放が実現しなかったことによるものである[(9)]．また入会林野については，明治期の土地官民有区分を含め，その後の部落有林野統一政策などによって国家的に収奪されながらも，敗戦と土地改革による直接的な影響は受けず，基本的には戦前からの利用・管理が維持されていた.

一方，実態面では，第二次世界大戦は国内に未曾有の荒廃をもたらしただけでなく，森林についても戦前から戦中にかけて軍事資材として大量の木材が国家統制による強制伐採によって，また地域によっては伐採後に植林もされず放置されたことによって，広範で深刻な森林破壊が生じていた．それは，林業資源としての森林の機能低下を引き起こしたことはもちろん，戦後復興の基盤となるべき国土保全上の問題も発生させたことから，早急に森林の復旧を進める必要があった．また日本が戦中に占領支配していた台湾・朝鮮・樺太・満州など植民地の返還によって利用可能な森林資源も大幅に減少していた．このように，戦後復興期においては，森林の量的減少や質的荒廃が深刻となっていたにもかかわらず，一方では，戦後復興のための住宅建設用材・燃料材あるいは紙・パルプ原料などとして大量の木材が必要とされていた．つまり，① 国土保全および林業資源としての森林造成と② 復興資材としての木材供給の確保が，この時期の林政にとって重要な課題となっていたのである．

このうち木材の供給については，潜在的な需要があるにもかかわらず，生産条件が整備されず低い需給規模で推移する状況が1950年あたりまで続いた．また，国土保全対策としての復旧造林についても，1946年 GHQ は政府に対して財政措置を講じるよう指示を出し，政府は一般造林を対象とした補助事業を創設し造林を進めようとしたが，当時は，農民層に造林にむかう経済的な余裕はなく，大山林所有者も，進行しつつある土地改革において造林の前提である山林所有が確保されるのかどうかに不安があったことも影響して，やはりさほど造林の成果はあがらなかった［山岸 1988：4］．

しかし，1950年に朝鮮戦争が勃発し，これによる特需が日本経済の復興を促進したことも契機となり，復旧造林が本格化した．制度的にも，先の造林補助事業に加えて，1950年の造林臨時措置法によって，知事の指定する要造林地に林地所有者が造林しない場合は知事が指定する第三者に分収造林をさせる強制的な造林推進策が導入され，1951年の改正森林法では，公的な森林計画を制度化し，山林所有者に対して伐採跡地への植林を義務づけた．これらの制度に基づく行政指導は，折しも農地改革によって創出され，経済的な安定性を獲得しつつあった自作農を小規模な家族経営的農家林家として造林活動にむかわせることになった．また植民地林業を喪失した紙・パルプ産業や大山林所有に対しては，1948年に農林漁業融資制度のなかに創設された造林融資枠が，1953年に設立された農林漁業金融公庫の造林融資事業として制度化され，融資によって造林を促進することとした．こうして，1950年代前半には復旧造林がほぼ達成され，造林補助事業と造林融資事業による「戦後の造林政策の原型」ができあがったのである[(10)]．

(2)　前期高度成長期の木材需要と拡大造林

その後，日本経済は50年代後半からいわゆる高度成長期に入る．朝鮮戦争を梃子として再建が進んだ鉄鋼・電力・石炭産業を含む重化学工業部門の生産水準は55年辺りには戦前の水準を超えるまでに回復し，農地改革を経て創出された自作農による農業生産も戦前の水準を超えるほどに成長していた．木材関連産業においても，建築用材はもちろん，紙・パルプ産業における技術革新と設備投資また合板産業における新規参入などによって木材需要は著しく増大した．全体では，55年から61年までの6年間で36％の急増となっている[(11)]．

このような需要の急激な増大は，供給増を目的とした「伐採の奥地化」（条件不利地域での伐採）を進めることになり，それは当然伐採と搬出の経費増を生み出しただけでなく，全体としての山林地代の増額を引き起こし，「木材価格の高騰」が生じた．この時期の一般物価の上昇に比べて木材の価格上昇は著しく，とくに製材品以上に山元での立木価格の上昇が著しい状況であった．この「立木価格の独歩高」は，大山林所有を中心とした土地所有の機能を増強し，いわゆる「林野所有の優越」といわれる事態を生み出した［山岸 1988：7］．

この事態に対して，当時の林政は，林業生産の方法を再編するのではなく，まずは「国内未利用資源の開発」によって木材の供給を増加させることで対応しようとした．その一つが，国有林の増産体制の整備であり，もう一つは，農民層による拡大造林の展開である．

国有林においては，紙・パルプ産業が行った針葉樹から広葉樹への原料転換を可能とする技術革新を受けて，広葉樹の多い奥地未開発林の開発・利用を目的とし，機械化と拡大造林を推進するための「林力増強計画」（1955年）が策定された．さらに「木材増産計画」（1962年）においては，伐採の指針を「生長量」から「見込み生長量」に改訂することによって伐採量の拡大を可能とし，これを直営生産の機械化を進めることによって実現する方式を採用した．このような国有林の木材増産によって，紙・パルプ産業に対して安価に大量の原木を供給したのである［森 1980：63-64］．

一方，拡大造林の推進による農家林家からの木材供給は50年代前半に創設された造林補助事業によって大規模に展開された．50年代後半には，未利用資源開発のための基盤となる林道整備への財政投資を進めるとともに，造林補助金によってヘクタール辺り3000本を上回る密植方式で未開発林への一斉造林を広範に実施した．農地改革によって生み出され，次第に農業生産による経済的安定性を獲得していた農民層が拡大造林の担い手であった．

以上のような国有林事業による奥地未利用林の開発も農民層による拡大造林も，内容的には広葉樹から針葉樹への林種転換であり，それは広葉樹の伐採によって紙・パルプ産業への原木供給を行いつつ，その跡地に林業の生産基盤となる資源整備として針葉樹を造林するものであった．それゆえ，1955年から60年の間に広葉樹の供給は約2.6倍に増加し，紙・パルプ産業の原料不足をある程度緩和することができた．しかし，大山林所有からの針葉樹の供給はほとんど伸びず，製材用の原木需要には十分に対応することができなかった．その結果，日本銀行の卸売物価指数調査によると，1952年の一般物価と木材・木材製品価格を100とした場合，1960年時点では前者が101.3であるのに対して後者は161.1，さらに1965年では前者103.4に対して後者は実に203.1という「独歩高」となり[(12)]，木材価格の高騰を抑制することはできなかった．そのためには，「林野所有の優越」という状況に対応する新たな政策が必要であった．

(3)　後期高度成長期の構造政策と公社造林の政策的意味

この状況に対して，政府は1961年に「木材価格安定緊急対策」を閣議決定し，従来になかった林業の生産構造に踏み込む政策を提示した．そのポイントは，①丸太の輸入関税を撤廃し，外材輸入を促進すること，②パルプの輸入を自由化すること，③民有林の木材増産体制を整備すること，④森林開発公団による民有林造林の実施，⑤国有林の新たな木材増産体制を構築すること，であった［林野庁 1961］．外材輸入体制（上記①②）へのシフトは，関税の撤廃のみならず全国の港湾施設整備や総合商社の参入によって急速に進み，60年代末には木材供給の主軸を形成するに至り，それが国内林業の在り方に関する政策に対しても大きな影響を与えることになった．前記「緊急対策」の段階では民有林増産体制については抽象的にしか述べられていなかったが，それは，60年代半ばから外材輸入体制へのシフトを踏まえた林業基本法（1964年）に基づく「林業構造改善事業」として展開されることになったのである．[(13)]

この林業構造改善事業では，林業生産力の発展を図るためより生産性の高い林業の構造転換が目指された（林業構造政策）．それによって，木材を低価格で大量に供給できる林業を実現し，林家の所得向上をも図ろうとしたのである．[(14)]

そのために，まず森林組合を新しい生産事業体として育成する方策がとられた．協同組合として中小山林所有者だけではなく大山林所有者をも含めて森林所有者を統合するため，森林組合の機械装備を体系的に整備しつつ，補助金の重点化と行政指導によって森林所有者からの事業委託を促進し森林組合への事業集中が進められた．また個別事業の前提であり，その生産を効率化するための生産基盤として，林道の開設が積極的に行われた．実際，1965年から74年にわたって実施された第１次林構事業では生産基盤整備事業（林道開設）と資本装備高度化事業（機械化の促進）に対して９割以上の予算を配分している．

これらとともに重視された政策項目は，森林経営の対象となる「低度利用森林」（条件不利地域）の開発と林業の大規模化・効率化を目的とした林地の集団化・団地化の促進である．つまり，当時薪炭生産の衰退によって経済的に見れば利用低下が進む里山をどう資源化するか，またそもそも零細分散的な林野所有構造をどう克服するかは，効率的な林業の在り方を実現するために重要な課題であった．その一方，60年代半ばにおいてもなお木材価格は上昇基調にはあったものの，すでに民営造林は停滞しつつあり条件不利地域への造林拡大を進めることは困難となっていた．また重化学工業や社会資本重視の財政政策のなかでは林業関係補助金の大幅な増額も困難な状況にあった．このような状況下において，森林開発公団による民有林造林とともに，都道府県に設置された公社によって造林を行う方式いわゆる「公社造林」が導入されたのである．すでに述べたように，60年代半ばから多くの自治体で造林公社が設立され，70年代にかけて毎年約２万ヘクタールに近い造林が行われた．この公社造林について，本章の観点から確認しておくべき点は以下の通りである．

本章で対象としている公社造林と森林開発公団による造林を含めて機関造林というが，公団による造林が主に奥地水源林造成を目的とし公有林や大土地所有を主な対象としていたのに対して，公社造林は主に入会林野や中小山林所有を対象として進められた．したがって，公社は，入会という地域的な慣習による共同体的林野管理や零細分散的な山林所有を対象とするという点で，事業遂行においては法的にも複雑な問題に対応せざるを得ない面があった．林業基本法を受けて1967年に「入会林野近代化法」が制定され，生産森林組合の活用を含め入会林野に関する権利関係の近代化を進めようとしたことも，入会林野を対象とする公社造林の展開を支援する意味を持っていたと言える．

もう一つは，これらの機関造林が分収造林契約という形式を利用したことの意味をどう見るかである．第１節でも説明したとおり，分収造林契約は，木材売却による収益が出る限り森林所有者は一定の地代を受け取りことができ，森林経営者は土地取得に資金を投じることなく森林経営に携わることができるが，林業政策としてみれば，分収造林契約が森林の「所有と経営の分離」を推進した点が重要である．すなわち，公社造林の対象であった入会林野や中小山林所有を想定した場合，① 森林所有者から森林経営を分離することによって，戦後も続く零細かつ個別分散的な林野所有を次第に集約し団地化することで森林経営の対象となる森林の規模を拡大することができ，また② 入会集団や農民層に所有・管理されていたが，薪炭生産の崩壊によって経済的に見れば「低度利用」しかされていなかった里山（相当程度が薪炭林）を公的計画にしたがって合理的に管理・経営し，針葉樹の拡大造林を進めることによって林業の生産基盤となる資源を造成することに政策的意味があったといえる．1967年の「団地造林事業実施要項」で造林助成方式を変更し，集団化団地方式の造林に対して補助の重点を移したことも同様の流れを示すものである．さらに③ こうして集約化された森林の伐採・植林・育林などの作業は，公社が作業班を持たない場合が多く，ほとんどが地元の森林組合や集落に発注され，森林組合育成策としても機能したのである．多くの造林公社が，その目的の一つとして地域振興を挙げているのはこのことを意味している．

最後に，この分収造林契約が「公社」方式で行われた点である．すでに県や市町村も分収造林契約を用いた森林経営を行っていたが，国や県の財政が高度成長を促進するため重化学工業の基盤整備や社会資本整備にシフトする一方，林業関係予算を抑制するため，上に見た助成方式の変更を含めて補助金を選択的に実施するとともに，「補助から融資に重点を移すための受け皿」として公社方式を採用し，農林漁業金融公庫からの融資によって事業運営が行われたのである．

(4)　琵琶湖総合開発と造林公社の展開

以上のような政策展開を受けて，滋賀県においても，1965年「滋賀県造林公社」が設立された．ただし，滋賀県については，その後の固有な事情が影響してくる．

周知のように，「琵琶湖総合開発」は高度成長による工業化と都市拡大に対応するための重点地域開発政策であり，1972年から96年までの25年間で１兆9000億円の予算を投入して行われた．その重要な課題は，工業化と都市拡大によって急増しつつある淀川下流域における水道用水と工業用水への需要に対応することにあった．具体的には，瀬田洗堰からの流下水量を毎秒40トンとし，琵琶湖の水位低下を1.5ｍまで許容することとし，それを可能とするための水資源開発を行う計画であった．そのため，水源の保全や治水・利水などの政策項目の中で「治水」部門に「水源山地保全かん養」事業が置かれ，その一つとして「造林および林道」事業が位置づけられていた［三谷 1997：47ff.］．この造林事業の担い手として滋賀県の造林公社は大きな組織変更を受けることになった．

1974年に「水源林造成」を目的として，新たに「びわ湖造林公社」が設立された．滋賀県造林公社は造林事業を停止し，すでに造林された森林の保育事業のみを残して，造林事業はすべてびわ湖造林公社に統合された．財政面では，農林漁業金融公庫からの融資とともに，受益者となる下流自治体によって基金が創設され公社への融資が行われることとなった．また83年には分収林特別措置法による森林整備法人の第１号として認定され，公社の育林事業についても融資対象となった．こうして琵琶湖水域圏では，高度成長期に林業構造政策の一環として導入された公社造林が，琵琶湖総合開発という地域開発政策と結びついて，「水源林造成」という名目のもとに融資による造林（針葉樹の一斉造林）・育林事業がその後も展開されることになったのである．

おわりに
――公社造林と里山の今後――

以上，戦後の造林政策を各時期における林政の課題との関連を意識しながら公社造林の政策的意味を検討してきた．これを踏まえて，最後に，里山の今後を展望しつつ公社造林の意味と問題を整理しておきたい．

まず里山の管理という面から見た場合，公社造林が，里山の管理を〈地域による自治的管理から公的管理に転換〉したことに注目する必要がある．すでに述べたように，公社造林は入会林野や中小山林所有を主な対象としていたが，そこでは，里山は，地域の入会集団や農民によって採草地や薪炭生産に利用され管理されていた．地域に暮らし農業を営んでいた人々が，地域の自然を理解しそれを継続的に生活と生産に活かす関係が形成されていた．この段階で，里山は，地域の生活と生産に不可欠の基礎条件であったから，人々は里山の自然に過剰な負荷を賭けないように管理し利用していた．そのような意味で，里山は地域の自治的管理によって維持されていた「二次的自然」であった．しかし，高度成長期に化学肥料の普及や農業の機械化あるいは化石燃料への転換によって，入会集団や農民と里山との関係が弱まり，里山の利用が低下し管理が次第に放棄されつつあったとき，公社造林は，分収林契約によって，その里山の利用・管理を所有者から切り離し，公的計画によって管理される林業の生産基盤に組み込んだのである．また，それは，零細分散的な林野所有構造と共同体的林野所有の制約を克服し，土地を集約することによる大規模化を進めることをも意味していた．

次に，里山の利用内容という面から見れば，公社造林が，〈地域における農業や生活と里山の分離〉を進めたことに留意する必要がある．それは，里山の農業的利用の衰退を踏まえて，伐採と造林による林種転換を進め，地域の農民によって直接的に利用されていた里山を産業としての林業の対象に再編した．公社によって植林・育林事業が森林組合や集落へ委託され，農民がその仕事を請け負った場合も多かったが，それは自立的な「山仕事」ではなくむしろ「賃労働」というべきものに変化していたのである．

こうして，公社造林を含む高度成長期の林業構造政策は，里山を，地域の農民や入会集団による自治的管理による農業的生活的利用から商品としての木材を生産する林業の対象へと再編していったのである．

以上のような里山の解体と変容を踏まえて，あらためて今後に向けた里山の保全と再生を考えようとする場合，広い意味での地域づくりという観点から，里山を含む土地利用の在り方に関する地域的合意と里山の自治的管理を形成しつつ，その枠組みの中で地域の環境に適合する林業の在り方や地域の農業・生活に役立つ里山の持続可能な利用の在り方を模索する必要があるといえる．

注

（1）　一般に，森林開発公社と造林公社による拡大造林を機関造林と呼んでおり，前者は主に奥山の水源林造成を，後者は入会林野などへの造林を担当した．

（2）　たとえば，滋賀県が設置した造林公社問題検証委員会による「造林公社問題検証委員会報告書」（2009年）においても，その冒頭において，「債務問題が解決したとしても滋賀県の山や森林の抱えるさまざまな問題が解決したわけではないという強い認識は委員全員に共通している」との指摘がある（「同報告書」3頁）．なお，造林公社問題の理解については，北尾［2015：2ff.］，三井［1997：1ff.］，高橋［2010：2-7］を参照.

（3）なお1958年に公布された分収林特別措置法は，分収造林契約が法の定める内容に準拠している場合に，契約の内容や相手方について都道府県知事によるあっせんを可能とするものであり，紙・パルプ資本による分収造林を容易にすることを一つの目的としていた（その内容については，中尾［1965：385-390］を参照).

（4）滋賀県の造林公社に関する経緯や資料は，滋賀県造林公社 HP（http://www.morimoribiwako.com/index.html）に掲載されているものを参照した．滋賀県における公社造林の展開については，北尾［1992：59ff.］を参照.

（5）北尾の実証的研究によれば，公社造林の対象は，旧余呉町，信楽町，旧永源寺町で入会林野の比率が高く，朽木村では個人有林がほとんどであり，全体として比率的には相半ばしている［北尾 1965：62-63］.

（6）特定調停の段階で示された公社の将来的経営方針が最小限の費用で公社林を管理することを優先している点について，債務処理と分離した森林経営を進めるべきであると指摘されている［高橋 2010：7］.

（7）「造林公社問題検証委員会報告書」(2009年)，4-9頁.

（8）北尾［1965］，高橋［2010］も，問題は公社の経営・債務の問題に尽きないことを前提としている.

（9）農地改革とそこにおける林野解放については，船越［1981：165-173］を参照.

(10) なお本章での高度成長期の林政全体に関する分析は，この山岸論文の枠組みに依拠している．そこでは，基本的に土地所有と資本との対抗を軸に，当時の林政が如何にして土地所有の制約を緩和して資本と市場の需要への対応を図ったかという観点からその展開が整理されている．本章では，この林政史把握を踏まえて，拡大造林や公社造林の意味を里山との関係で検討している．また船越［1981：158-161］も併せて参照.

(11) 数値は，山岸［1988：6］による.

(12) 数値は，林野庁 HP（http://www.rinya.maff.go.jp/j/kikaku/hakusyo/25hakusyo_h/all/a09.html.）の資料による.

(13) 林業構造政策の基本的な考え方は1960年の農林漁業基本問題調査会「林業の基本問題と基本対策」に示されていたが，この答申では，民有林については「家族経営的林業」を育成することが目指されていた．しかし，この点は，林業基本法段階ですでに変化が認められる.

(14) 林業構造改善事業については，多くの文献があるが，本章では，主に船越［1981：228-238］，山岸［1988：12-15］，北尾［1992：41-49］，野口［1997：86-91］を参照した.

参考文献

北尾邦伸［1992］『森林環境と流域社会』雄山閣出版.
北尾邦伸［2015］「造林公社問題で見えてきたもの」『山林』1512.
高橋卓也［2010］「造林公社問題をどう考えるか」『季刊　国民と森林』112.
中尾英俊［1965］『林野法の研究』勁草書房.
野口俊邦［1997］『森と人と環境』新日本出版社.
船越昭治［1981］『日本の林業・林政』農林統計協会.
丸山徳次［2007］「今なぜ「里山学」か」，丸山徳次・宮浦富保編『里山学のすすめ』昭和堂.
三井昭二［1997］「造林公社の現状と課題――滋賀県の事例を中心に――」『林業経済』50(7).
三谷健太郎［1997］「琵琶湖総合開発の概要と成果」『環境技術』26(8).
森巌夫［1980］『山の政治と経済』清文社.
山岸清隆［1988］「戦後林業政策の展開過程」，有永明人・笠原義人編『戦後日本林業の展開過程』筑波書房.
林野庁［1961］「木材価格安定緊急対策要綱」.

（吉岡 祥充）

第19章

入会の環境保全機能に関する一考察
——近年の入会訴訟の検討から——

1 「入会の環境保全機能」の諸側面

入会の環境保全機能については主に二つの面がある．入会という地域自然資源管理の仕組みがもつ地域自然の環境保全的管理への指向性という面と，入会集団が入会地処分等をする際に適用される全員一致原則の「開発」抑止的な作用という面である．

入会を地域自然資源管理の仕組みとして評価するのであれば，入会という仕組み，あるいは入会集団という組織がもつ地域自然資源の環境保全的管理への指向性の方に入会の環境保全機能の本質を見るべきものであろう．この面に関してはコモンズ論の諸議論が参考になる．ここで詳述することはできないが，E. オストロムら北米流のコモンズ論と玉野井芳郎らの日本的コモンズ論は，相互に異質な理論的基礎に立ちつつも，ともに入会的関係が有する持続可能で環境保全的な地域自然資源管理の可能性を基礎づけるものとして読み取ることができる（両コモンズ論について，三俣［2010］，茂木［2014］参照）．

入会の環境保全機能の第二の面，すなわち，入会地の処分等の際に全員一致での決定が必要とされるという入会の組織原理がもつ環境保全機能は，実際には，入会地の「開発」に対して少数入会権者が全員一致原則を手段としてこれを阻止するという形で発現する（中尾［2007］，三輪［2010］など）．この面は，第一の面の派生的現象形態と見るべきものであるが，「開発」抑止の強力な手段となるため，社会現象面としてはこちらの方が入会の環境保全機能の主たる発現形態としてクローズアップされることが多い．近年の入会訴訟においてもこの第2の側面に関連する紛争は多い．

本章では，以下，まず戦後の入会訴訟における紛争形態の変化について簡単に検討する．次に，近年の入会訴訟における紛争形態の特徴について，環境問題にかかわる入会紛争がどのような法的争点を持つ訴訟として現象してくるのかという点に着目しつつ検討する．最後に，今日における入会の全員一致原則に関する法的議論について若干の考察を行う．その議論においては，今日において入会的組織原理および入会的地域自然資源管理原理の中核をどこに見るべきかということが問われているからである．

2　戦後における入会訴訟の変化

戦後の法社会学的な入会研究をリードしてきた川島武宜と中尾英俊は戦前からの入会訴訟の変化について実証的に明らかにするとともに，その社会的な意味について繰り返し検討している．彼らの分析を紛争内容に着目しつつ筆者なりにまとめれば，戦後の入会訴訟には以下のような特徴がある（川島［1983a；1983b］，中尾［1980；2004］による）．

（i）戦前から戦後への変化としては，入会集団対入会集団，あるいは入会集団対「公権力」という訴訟類型が減少し，集団内部の旧戸対新戸，あるいは集団内の登記名義人対集団という争いが増えている．

（ii）時期を特定することは困難であるが，1970年代くらいには，企業に対する入会地の賃貸や売却という処分に入会権者全員一致での同意があったかどうかという形の紛争類型が目に見えるようになってきた．

（iii）いわゆる入会集団と「公権力」とが正面から対象地の所有権等を争う訴訟は少なくなったが，「町村制中の財産区の規定を根拠としたり，いわゆる『行政区』と入会集団との混同ないし区別の困難を利用」［川島 1983b：294］するなどする行政の対応に起因する入会集団と地方公共団体等との紛争が多様な形で生じている．

iv）このような入会紛争の新しい傾向をもたらしている原因は，入会権の解体変化の進行，入会集団の内部統制力の弱化，開発事業，土地投機の拡大や入会権者の権利意識の強化等である．

川島，中尾の分析で，本章の観点から最も興味深いのは，戦後のある時期から企業に対する入会地の賃貸や売却という処分に入会権者全員一致での同意があったかどうかについて，それら処分を進めた入会集団の多数者とそれに反対する少数者が争う，あるいはそれら入会地処分に反対する少数者が入会地の譲渡や賃貸の相手方企業と争うという形での訴訟が増加しているとの指摘である．

このような訴訟が増加した直接的な原因は，入会地にも高度経済成長期以降の「開発」の波が押し寄せてきたことである．戦前から進んできた入会地の林業的利用は入会地の入会稼ぎ的な利用の，少なくとも部分的な変容をもたらすものであったが，入会地処分をめぐる訴訟の増加は，入会地が人々の生活から完全に切り離されるような処分の対象になることが珍しいことではなくなったことを示してる．そしてそのような紛争が訴訟として争われるようになるのは，入会集団の性格がかつてのような一体的なものではなくなってきていることを示しているし，その背景には入会構成員の変動や入会構成員の価値観の多様化という事態があることは見やすいところであろう．

3　近年の入会訴訟と入会の環境保全機能

戦後の入会訴訟のなかで，近年の入会訴訟はどのような特徴を有しているのであろうか．1996年から2015年までの20年間に下され，公刊された地方裁判所の判決（表19-1参照）を対象に[(1)]，紛争類型に着目しつつ検討してみよう．この時期の入会訴訟には以下のような特徴がある．

（ⅰ）施設建設のための土地利用変更などを含む広い意味での「開発」の是非をめぐる紛争が多発している（表19-1の③⑧⑯⑲㉓㉔㉗㉘㉚㉛㉜㉝㉞㉟㊲㊴㊺……

表19-1　1996年～2015年の入会に関する地裁判決

	判決日	裁判所	掲載判例集等		判決日	裁判所	掲載判例集等
①	平成8年2月13日	青森地裁	判自154号18頁・中尾217頁	㉕	平成14年3月14日	神戸地裁	判自241号64頁・中尾467頁
②	平成8年2月23日	大阪地裁堺支部	中尾221頁	㉖	平成14年4月26日	名古屋地裁	判タ1138号83頁
③	平成8年3月13日	和歌山地裁	判自153号86頁	㉗	平成15年3月28日	山口地裁岩国支部	民集62巻5号936頁・中尾481頁
④	平成8年4月22日	千葉地裁	判タ915号245号	㉘	平成15年10月28日	甲府地裁	裁判所ウェブ
⑤	平成8年6月18日	名古屋地裁	中尾241頁	㉙	平成15年11月19日	那覇地裁	民集60巻3号819頁・中尾502頁
⑥	平成8年11月8日	津地裁上野支部	中尾245頁	㉚	平成15年11月25日	甲府地裁	中尾514頁
⑦	平成9年7月8日	福島地裁会津若松支部	中尾252頁	㉛	平成16年1月16日	佐賀地裁唐津支部	中尾532頁
⑧	平成9年9月30日	甲府地裁	判自177号69頁・中尾260頁	㉜	平成16年1月20日	大阪地裁	判自267号102頁・中尾539頁
⑨	平成10年1月30日	山形地裁鶴岡支部	中尾262頁	㉝	平成16年2月20日	鹿児島地裁名瀬支部	中尾555頁
⑩	平成10年7月31日	大分地裁日田支部	中尾302頁	㉞	平成17年4月12日	鹿児島地裁	民集62巻7号2002頁
⑪	平成11年3月19日	大阪地裁	判タ1029号176頁	㉟	平成18年3月22日	那覇地裁	判時1952号145頁
⑫	平成11年4月14日	秋田地裁本荘支部	中尾313頁	㊱	平成18年6月15日	神戸地裁	判自294号70頁
⑬	平成11年4月20日	大分地裁日田支部	中尾325頁	㊲	平成18年9月20日	高松地裁丸亀支部	判時1993号84頁
⑭	平成12年1月20日	福岡地裁小倉支部	中尾328頁	㊳	平成19年2月27日	新潟地裁	判タ1247号248頁
⑮	平成12年2月24日	甲府地裁	中尾355頁	㊴	平成19年3月29日	山口地裁岩国支部	D1-Law.com
⑯	平成12年3月28日	和歌山地裁	中尾365頁	㊵	平成19年12月27日	大阪地裁	判タ1270号293頁
⑰	平成12年5月30日	広島地裁	中尾386頁	㊶	平成20年2月29日	大阪地裁	判タ1281号193頁
⑱	平成12年10月11日	静岡地裁沼津支部	中尾434頁	㊷	平成20年11月28日	福岡地裁	税務訴訟資料258号11090順号
⑲	平成13年5月18日	鹿児島地裁名瀬支部（決定）	判時1787号138頁	㊸	平成20年12月1日	大分地裁	判タ1305号148頁
⑳	平成13年5月30日	名古屋地裁	判タ1084号159頁	㊹	平成21年3月19日	津地裁	判自351号45頁
㉑	平成13年9月10日	松山地裁宇和島支部	裁判所ウェブ	㊺	平成21年10月27日	甲府地裁	判時2074号104頁
㉒	平成13年9月14日	福岡地裁久留米支部	中尾444頁	㊻	平成25年4月26日	大阪地裁	判自400号46頁
㉓	平成13年10月3日	那覇地裁（決定）	中尾449頁	㊼	平成25年11月28日	千葉地裁	金融法務事情2004号138号
㉔	平成13年12月12日	岐阜地裁	中尾454頁	㊽	平成26年10月2日	名古屋地裁	登記情報641号85頁

以下，番号のみを表記する）．そしてその中には地方公共団体による「開発」も多い（⑲㉓㉘㉚㉜㉝㊺）．

（ⅱ）「開発」をめぐる紛争を中心に，入会地処分における入会権者全員一致の同意をめぐる紛争が多い（⑥⑧⑯⑱⑲）．

（ⅲ）入会団体や入会権者と地方公共団体等が，対象財産が財産区財産か入会財産か，公有財産地上に入会権が存在するかなど，様々な形で対象財産の帰属や入会権の存否を争う訴訟が継続して生じている（⑨⑭⑰㉓㉝）．

（ⅳ）事実関係から判断して入会であるとの認定が相当程度に可能であると思われるのにもかかわらず，団体の性格について争われず，財産区有財産等であることを自明の前提とし，当該財産の処分・管理等を問題にする裁判が見られる（⑪㊵）（鈴木［2014］参照）．

（ⅴ）入会集団（であると主張する集団）以外の地域住民（財産区民や市町村民）からの（公有財産や財産区財産としての）財産管理・処分の適正化を求める訴訟が多いというのが近年の入会訴訟の顕著な特徴をなしている（⑪㉕㉜㊱㊵）（鈴木［2014］参照）．

（ⅵ）登記手続や固定資産税の賦課についての行政的扱いをめぐる訴訟が目につく（⑥㉖㊶㊷㊸）．これは入会財産についての登記が何らかの形で便宜的，ある種脱法的なものとならざるを得ないことや，入会財産と財産区財産の区別の曖昧性を利用した当事者の措置に関する課税上の扱いが不安定さを伴わざるを得ないこと等に起因する訴訟であるが，背景には入会的所有関係の法的扱いの曖昧性，不安定性という大きな問題が控えている．また，以前であれば事前の行政内部での調整によって解決されていたと思われるこのような問題が訴訟という形で争われるようになっているのも今日的な現象と言うことができよう．

（ⅶ）紛争の実体的な内容・形態に関する特徴とは言えないが，当事者適格問題（固有必要的共同訴訟など）が主要争点化していること，また入会団体を「権利能力なき社団」として扱う判決が出てきているのも大変特徴的な事態であるので，簡単に触れておきたい．

集団としての入会権の確認等を求める訴訟は固有必要的共同訴訟として入会権者全員による提訴が求められており，一部の入会権者が参加しない場合には当事者適格を欠くものとされてきた．入会団体を権利能力なき社団として扱う判例の立場は，入会団体の多数者が提訴に賛成している場合には，入会団体を権利能力なき社団と認定することによって，団体としての（団体代表者による）訴訟提起を認め，固有必要的共同訴訟論の入会への適用の現実的な不都合を緩和する役割を果たしている（原田［2015］参照）．もっとも，この扱いは，入会集団の少数者が提訴する場合には用いることができないだけでなく，入会団体が権利能力なき社団と言いうるかという本質的な疑問を生じさせる．なお，集団としての入会権確認訴訟等が固有必要的共同訴訟だとされることの実際上の不都合については，㉞判決の上告審判決（最判平成20年７月17日民集62巻７号1994頁）が，原告に加わらない入会権者を被告に加えるという形で提訴することによって固有必要的共同訴訟の要件を満たすとの判決を下したことにより，かなりの程度解決されることとなった．

少数の入会権者が「開発」に反対し，入会地の譲渡や賃貸等についての入会権者全員一致での決定がないとして入会地処分の無効を主張して争うというのが，「開発」をめぐる訴訟の主たる形態であることは間違いない．今日においてはそのような争いは実質的には環境保全を目的とするものであることが多い．もっとも，（別訴の提起も含め）環境権の主張を伴うなど，環境保全がそのような訴訟提起の実質的な理由として明示されることもあるが，判決文等からは明確に読み取れないことも多い．

また，「開発」の是非をめぐる入会権者内の争いは様々な形をとる．集団としての入会権が存在するか，「開発」に反対する入会権者の入会権が存在するか，対象財産は入会財産と言えるか，当該団体は入会集団か，さらには存在した入会が消滅したかなど，入会権の存否をめぐる争いという形をとることも多い．入会財産処分の有効性の問題として，全員一致での合意がなされたか，あるいは多数決による入会財産の処分を認める慣行があったかという形で争われることもある．また，開発許可等行政処分の有効性をめぐる抗告訴訟における当事者適格の問題として入会権の存在が争われる場合もある．

入会の今日的な状況を示すものとして，（v）も興味深い．このような訴訟は市町村の行政活動へのチェックという意味合いが強いものであるし，入会に関する誤解に基づく場合も多いが，入会財産が入会権者の生産や生活のための利用を離れて収益財産化するなかで，それが持っていた地域の共有財産たる性格との関係が問われているとみることもできる．

また，入会についての誤解という意味では，（iv）は，市民レベルだけでなく，法律専門家にとっても入会が十分正確に理解されていない状況が生じていることを明確に示している．加えて，入会に関する公権論的扱いが一定程度定着するなかで，今日では入会権者の中においても入会的関係についての誤った理解が広まってきている．

同様の問題として，中山間地，都市近郊地それぞれに入会的関係の曖昧化が進んできていることも挙げておきたい（高村［2017］参照）．中山間地における境界，権利者，慣行の曖昧化，都市近郊地における混住化を背景とする権利者，権利内容の曖昧化が顕著に進んでいる（㊽もそのような背景をもつものであろう）．

4　全員一致原則に関する若干の考察

以上に見てきたように，今日，一言で言うなら，グローバル化や市場化が社会の隅々まで，かつ生活の深部にまで浸透するという社会変化を背景に，入会組織や入会的資源利用の在り方が大きく変容するに至っている．入会の環境保全的機能が問題とされるに至るのも基本的にはこのような変化を背景にしている（鈴木［2013］参照）．最後に，入会の環境保全機能にかかわる重大問題であるとともに，近年における入会の変容に関する（規範的）認識の在り方が直接的に問われる問題である，入会財産の処分における全員一致原則の法的位置づけをめぐる議論を紹介し，若干の考察を試みることとする．

入会地処分等における全員一致原則は，一方では入会の環境保全機能の中核をなすものとみなされ，あるいは守るべき「共同体的」原理を体現するものとして高く評価されることがある反面，価値の多様化した今日の地域社会におけるあるべき意思形成の方法として問題視されることもある．また，入会地の商品としての流通に対する重大な桎梏として機能することは間違いない．まず，現実的にも極めて重大な意味を持つこの全員一致原則に関する法的議論（解釈論）のうち，いくつか特徴的なものを取り上げる．

川島武宜は全員一致原則の問題性についていち早く提起し，基本的には２つの方向からの根拠付けをおこなった［川島 1983a］．第一の根拠付けは，民法により規範性を認められた入会慣習としてそれが存在するという事実によりなされる[(2)]．それはムラの「寄りあい」の現実の在り方などについてのリアルな認識に支えられている．第二の根拠付けは，団体の本質との必然的な関係性についての理論的な措定によりなされる．川島は総有をいわば入会権者が入会財産に対して個々に有する権利の束のようなものとして理解しており，そこにおける個人の権利がすべて（すなわち全員一致で）処分されるのでない限りは当該財産の処分は有効にならないと論じる．

中尾英俊の議論は基本的には川島と同じ立場に立ちつつも，それに加えて，全員一致原則について一般的な共有（狭義の共有）の法理に強く依拠する点に特徴がある［中尾 2007］．そしてそれをより徹底したのが江渕武彦で，彼は，仮に多数決を認める規約が「慣習」化したとしても，それは共有物の変更に共有者全員の同意を求める民法251条の趣旨に反し，法適用通則法３条の反対解釈により，法律と同一の効力は認められないと主張する［江渕 2015］．

古積健三郎は上記３人の立場と実質的に対極に立つ最近の興味深い議論を展開している［古積 2015；古積 2016］．これまで一般的には入会権の解体消滅は入会権の民法的な共有への転化や個人有化と考えられてきたが，彼は近年の入会団体の性格変化に注目し，入会団体の権利能力なき社団化，入会財産の権利能力なき社団財産への転化という形での入会権の「変容」の可能性について議論している．全員一致原則は入会の利用が入会構成員すべての生存にとって不可欠であるとの前提があったからこそ合理性を有したが，そのような前提が欠ければ全員一致についての法的確信は成立しなくなり，それでも成立している団体はもはや構成員全員そのものと捉えることのできないもの，すなわち実在的総合人ではあり得ず，現代的な社団に転化している．そしてそこでは多数決のルールに合理性を見いだすようになっている，と論じる．これは総有に関しての我妻榮的理解と対比される意味での川島的理解を基礎にし，それを厳格適用することによりもたらされた結論であるという点でも興味深い．

旧来型の入会組織においては，入会内部の異論は良かれ悪しかれ入会組織の強力な統制機能により調整・吸収され，対外的にそれが表出することは稀であったが，今日の入会組織は多様化するとともに，一般的には旧来のような一体性を持つものではなくなってきている．また，入会稼ぎのような旧来的な入会的資源利用においては，各入会権者は入会集団による組織的な調整の下に，それぞれが直接的に対象資源に働きかけ，またそれら資源利用により直接的に各自の生活を支えるという関係が成立していたが，今日においては，入会集団が何らかの形での入会資源の利用を継続している場合においてさえ，いわゆる「分割利用」，「団体直轄利用」等の形で，各入会権者はいわば観念的に対象資源を支配するに過ぎない場合が多いし（分割利用においては，分割された入会地に対する分割を受けた入会権者の直接的支配は成立しているが），各入会権者が各資源の直接的な利用によって生活を支えるという関係性も失われてきている．従来は，入会地処分等において入会権者全員一致での決定が求められる社会実体的な根拠を，各入会権者による入会的資源利用が直接的に対象資源に働きかけるものであること，各入会権利者が生産や生活を維持する上でそのような入会資源の利用が不可欠であること，そして現実のムラ組織が強固な共同体的一体性を有すること等に求めることができた．しかし，上述のような形で現実に存在する入会の組織原理や資源利用の形が変容してきているとするなら，入会地処分等における全員一致原則の妥当性についての再検討の議論が生じるのは当然である．そしてその議論においては，入会的組織原理，あるいは入会的自然資源管理原理の中核をどのような点に求めるのかということが問い直されることにならざるを得ない．

筆者は，全員一致原則の法的妥当性は第一義的にはあくまでも個別入会（各地方）における慣習の認識（立証）の問題として判断されるべきであり，ある時点におけるそのような慣習の存在が示されれば（これは入会一般について事実上推定されると言いうるであろう）その後のその慣習の変容が認められるか（立証されるか）どうかで決すべきものと考えるが，ここではその解釈論的展開ではなく，この点に関する法解釈学的な構成をする際の基底をなす，入会集団の現実の在り方への認識と今後の方向性へのビジョンにかかわる付言をして，稿を閉じることにしたい．

法学的入会権論において「共同体的な関係の変化」が語られるとき，いわゆる「近代化」，あるいは商品経済化の浸透の中で，農村の地域集団等における特有の関係性が当然に消えゆくもの，いわゆる「近代的な」関係性に取って代わられるものとの潜在意識的な了解の上に立った議論がいまだになされているのではないかと感じることがある．「近代的な」制度の普及やいわゆる商品経済化の浸透が我々の意識，そして地域社会における組織運営の在り方等を大きく変化させることは間違いない．しかしそれは「共同体的な」関係から「近代的な」関係に移行するというような平板な理解で済まされるようなものではないし，たとえそのような変化があったとしても，それをそのまま肯定的なものとして受け入れて済ますことができるものでもないはずである．

また筆者は，今後，地縁的かつ互酬性に支えられた地域自然資源利用・管理組織の今日的な組織原理を構想する必要があると考えるが，そうだとするなら，それは「近代的」アソシエーション原理や「近代的」所有原理に完全に収斂するものではありえない．たとえば筆者は入会における離村失権原則は，「近代的な」所有原理，組織原理とは対立するが，地域自然資源管理団体による資源所有にかかわる原則としてみるなら，――その現実的な妥当性は当該組織が実際に置かれている状況に左右される面が大きいとはいえ――今日においても基本的には合理性を有するものであると考えるのであるが，このことは「近代的な」組織原理，所有原理の合理性が少なくとも普遍的なものではないことを示していると言えないだろうか．

注

（1）以下（表19-1も含め）では，入会地，部落有地など，いわゆる部落の総有財産たる土地に対する権利について，そのような権利の存否，性格，利用，管理処分などに関する主張が，裁判の帰趨に影響する争点となり得る形で当事者からなされている訴訟についての，1996年から2015年までに下された，公刊されている第一審の判決・決定（実際には判決の帰趨に影響する争点とはならなかったものも含む）を扱う．基本的には入会的な関係に関する争いを含む訴訟と思われるものについて，幅広く取り上げる方向で選択した．ただし，財産区の所有する土地については新財産区，旧財産区等の区別なく対象に含めたが，いわゆる自治会，区の所有地については，それらの団体が明らかに入会団体的性格を持たない場合には除外した．また，採介藻など海浜の利用に関する入会権的な権利の主張，共同漁業権そのものが入会的な権利であるとの主張，温泉権に関する主張のみがなされ，土地に関する入会的権利の主張がないものは対象としていない．

表19-1の掲載判例集の表記は慣用的な略語表記によっているほか，中尾編［2004］は「中尾○○頁」と略記した．「裁判所ウェブ」と略記されているものは裁判所ウェブサイトに掲載されたものを「D1-Law.com」により取得したものである．なお，中尾編［2004］は一般判例集未収録の多くの判決を収録しているが，収録されている最新の判決は平成16年２月20日付けのものである．平成16年以降の公刊判決が少ないのはそのためであり，入会訴訟が減少したためではないと思われる．

（2）民法263条は「共有の性質を有する入会権については，各地方の慣習に従うほか，この節の規定を適用する」と，294条は「共有の性質を有しない入会権については，各地方の慣習に従うほか，この章の規定を準用する」と規定し，入会権の内容については慣習が第一次的な法源となることを認めている．

参 考 文 献

江渕武彦［2015］「総括」，中尾英俊・江渕武彦編『コモンズ訴訟と環境保全――入会裁判の現場から――』法律文化社.

川島武宜［1983a］「最近における入会紛争の特質――入会慣行における全員一致の原則に焦点をおいて――」『川島武宜著作集　第８巻』岩波書店（初出は1972年）.

川島武宜［1983b］「入会権研究の現状と問題点」『川島武宜著作集　第８巻』岩波書店,（初出は1979年）.

古積健三郎［2015］「入会権の変容について」『法学新報』122(1・2).

古積健三郎［2016］「実在的総合人および総有の法的構造について」『法学新報』123(5・6).

鈴木龍也［2013］「里山をめぐる『公共性』の交錯――紛争がうつしだす地域社会と法の現在――」，間宮陽介・廣川祐司編『コモンズと公共空間――都市と農漁村の再生にむけて――』昭和堂.

鈴木龍也［2014］「伝統的コモンズと法制度の構築――裁判例にみる財産区制度の可能性と限界――」，三俣学編『エコロジーとコモンズ――環境ガバナンスと地域自立の思想――』晃洋書房.

高村学人［2017］「過少利用時代からの入会権論再読――実証分析に向けた覚書――」『土地総合研究』25(2).

中尾英俊［1980］「解題」，中尾英俊編『入会地にかんする最高裁判決』橘書院.

中尾英俊［2003］「入会権の存否と入会権の処分――入会権の環境保全機能――」『西南学院大学法学論集』35(3・4).

中尾英俊［2004］「解題」同編『戦後入会判決集　第１巻』信山社.

中尾英俊編［2004］『戦後入会判決集　第３巻』信山社.

中尾英俊［2007］「§263（共有の性質を有する入会権）」，川島武宜・川井健編『新版 注釈民法（7）物権（2）』有斐閣.

原田純孝［2015］「不動産/権利能力のない社団である入会団体の総有権確認請求訴訟と代表者への訴訟追行の授権の要件」，現代民事判例研究会編『民事判例Ⅹ――2014年後期――』日本評論社.

三俣学［2010］「概説 コモンズ論の系譜」，三俣学・菅豊・井上真編『ローカル・コモンズの可能性』ミネルヴァ書房.

三輪大介［2010］「入会の全員一致原則と環境保全機能――鹿児島県大島郡瀬戸内町における入会係争事案の調査から――」『地域研究』7.

茂木愛一郎［2014］「北米コモンズ論の系譜――オストロムの業績を中心に――」，三俣学編『エコロジーとコモンズ――環境ガバナンスと地域自立の思想――』晃洋書房.

第20章

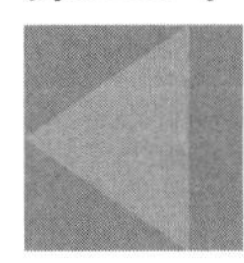

地縁団体の法的性格とその規範的意義

1 地縁団体制度の基礎研究に向けて

(1) 地縁団体の役割

近年，都市と農山村の双方において，地域の資源をどのように保全し，適正な利用と管理を行うべきかが問われている（高村［2012］，高橋［2010］等）．これらの問題は，日本における少子高齢化や都市部への人口集中の趨勢といった構造的な課題にも関連するものであるが，より具体的には，耕作放棄地や空き家，森林の利用と管理の方策や良好なコミュニティをどのように（再）構築するかといった問題として議論されている（過少利用の課題につき山野目［2017：9-16］，角松［2017：17-30］，高村［2015：64-75］）．

ところで，現在，およそ29万8700団体もの地縁団体（本章では便宜上，自治会，町内会，部落会等，地域によってその呼称が異なる団体を総じて「地縁団体」と表する）が存在するとされている（総務省の平成25年4月1日現在の調査結果につき，地縁団体研究会［2015：113-117］）．その実体は画一的なものではなく，地域ごとに様々な沿革と性格を有しているが，一定の地域に住所を有する者によって地縁に基づき形成された団体である地縁団体は，自治体や個人，（特定非営利活動法人や株式会社等の）その他の各種団体とともに，従来から，地域社会の基盤や良好なコミュニティ形成の一役を担っている．

このような地縁団体については，かつて，特定の政治的な意図を有する圧力団体としての問題や，近代化・都市化を妨げる旧態的な伝統的（封建的）組織としての問題が指摘されることもあったが［松下 1951：515；奥井 1953：32］，1980年代以降は，例えば生活環境保全等の都市問題やコミュニティ形成への寄与といった観点から地縁団体の有する機能について積極的な評価もなされている（鳥越［1994］，倉沢・秋元［1990］，岩崎［1989］等）．さらに，近年では，地縁団体に地域資源の財産管理の主体としての役割が期待され，関連する法制度の展開もみられるようになっている．

(2)　地縁団体の現代的な展開例――森林管理のための新たな試み――

地縁団体を地域資源管理の主体として積極的に捉えた制度展開の一例として，滋賀県東近江市では，獣害対策を目的とした里山の森林整備の合意形成及び契約主体として地縁団体を基盤とした施策が行われている［山口 2017：103-105；松尾 2017：33-37；西脇 2017a：152-165］．

具体的には，平成25年度滋賀県重点分野雇用創造事業（湖東の森づくり支援事業）の一環として「補助事業を活用した集落ぐるみでの森林整備マニュアル」が作成され，市内の各地縁団体がこのマニュアルに従って里山整備を進めることが推奨されている．本マニュアルは，2012年に国の「森林・林業再生プラン」が策定されたことを受けて作成された．同プランでは，森林施業の集約化と効率化が謳われ，間伐材の利用促進を図るために「森林経営計画」を策定して認証を受けた地区でないと間伐や枝打ち，下刈り等の補助が受けられなくなる一方で，生産林だけでなく雑木林でも「森林経営計画」の補助事業として整備が可能となった．本マニュアルには非常に簡明に必要な手続事項が記載されており，これを用いて集落ぐるみで集落周辺の森林（雑木林）の「森林経営計画」を策定し，補助事業を活用して森林を整備することが目指されている．森林整備の目的は，基本的に「獣害対策」であり，整備の流れは次のようになる．

まず，① 地縁団体である自治会（総会・役員会）による森林整備に対する合意形成（その際，同時に構成員個人への利益配当排除の合意〔非営利性の担保〕が原則とされ，必要に応じて別に自治会内の森林所有者のみによる組織を創設することも検討すべきとする）を行うことが前提とされる．その後に，自治会主導により，② 森林所有者情報の調査を行い（あわせて地籍図・土地台帳の作成，協定書や覚書書の締結等による不在地主の処理を行うが，その際には個人の所有界の確定はせず周辺集落との境界のみを確定させ，場所と面積を集落構成員で確認しながら森林整備への同意文書を作成する），③森林経営計画の策定と市町村長によるその認定，④森林組合等との委託契約の締結（その際に「森林所有者の代表として自治会等が契約主となる場合」が推奨されている）を順次行う．その上で，⑤森林整備（森林組合等が実施し，木材等の売却益により自治会等の負担〔約15%から20%〕は実質的には生じないことが前提とされる），⑥森林整備後の利活用の検討及び実施（整備後にコミュニティ拠点として羊の放牧等を行った地域も存在する）を行い，事業完了となる［マニュアル 2014：8-27］．

このように，当該地域では，（認可）地縁団体に対して，近時において喫緊の政策課題（第196回国会には森林経営管理法案〔仮称〕，所有者不明土地の利用の円滑化等に関する特別措置法案〔仮称〕の提出が予定されている）となっている所有者情報の把握とともに，森林整備（管理）の意思形成と決定，森林所有者の代表として森林整備の契約締結を中心的に行う主体としての役割が期待されている［西脇 2017a：152-165］．

このことは，一定の地域的なまとまりとしての人的・物的な関係性がなお維持されている地域においては，地縁団体が相互親睦等のコミュニティ形成にとどまらず，所有者情報の把捉とともに，合意形成の基盤や契約の主体として地域的な財産管理にも役立ち得ることを示唆する．

(3)　法的考察の必要性

しかしながら，一概に地縁団体といっても地域ごとにその内実は様々に異なり，特定の地域からの示唆についても，画一的な方向付けや統一的な評価をなすことは容易ではない．そもそも，地縁団体に対しては，必ずしも肯定的な評価ばかりがなされるわけではない．特に近年では，地縁団体の加入率が減少傾向にあり，担い手不足等の課題も見受けられるなかで，自治体の地縁団体への公金支出の正当性や地縁団体内部の紛争が裁判の場でも争われている．これらの紛争は，私的な側面と公的な側面をともに包含する地縁団体（活動）の性格をどのように捉えるべきかという問題に関連し，近年の地縁団体に法人格（権利義務の帰属主体性）を与える法制度の展開を踏まえると，今後より深刻化し得るともいえる．

そこで，以下では，今後，地縁団体に関する法制度や法解釈の再検討及び総合的な研究を行うための前提作業として，まず，地縁団体に関するこれまでの裁判例を分析することにより，具体的にどのような場面での紛争が問題とされ，法的には地縁団体がどのような性格の団体と理解されているのかを整理する．その上で，地縁団体に私法人としての法人格を与えた認可地縁団体の制度を中心として，地縁団体に関する法制度の分析を行い，地縁団体の法的性格ないし法像（Rechtsfigur）を析出し，若干の検討を行う．

2　地縁団体の沿革と実体

地縁団体に関する裁判例と法制度に関する考察を行う前提として，簡潔にではあるが，日本における地縁団体の沿革と実体について確認をしておこう．

現在，地縁団体は全国に約29万8700団体（内訳は，自治会13万921団体，町内会6万6637団体，町会1万8557団体，部落会5746団体，区会4166団体，区3万7778団体，その他3万4895団体）存在し，住民相互の連絡，集会施設等の維持管理，環境美化や清掃活動，防犯・防災，レクレーション活動等を目的として活動しているとされる［地縁団体研究会 2015：113-115］．このような地縁団体の淵源については，江戸時代やさらに古い時代にまで遡ることも可能であるが，制度的考察を行う際には，明治期以降の近代に着目することが生産的であるとされる［鳥越 1991：11］．その理由は，地縁団体制度の沿革が近代的な地方自治制度の整備と密接に関連することにある（沿革の概要につき小滝［2007：292以下］）．

明治期において，公私の領域に跨る自然発生的な住民組織として存在した旧村単位の地域的なまとまりは，1889年の市制・町村制の施行に代表される地方自治制度の整備のもとで，行政単位（地方公共団体）の町村には必ずしも組み入れられず，制度上は私（法）的な組織として位置付けられた［鳥越 1994：11；阿利 1959：168；165-208］．もっとも，実際には，1878年のいわゆる地方三新法に基づき，1879年の大区小区制の廃止に伴う一村戸長制の導入により，地縁団体には戸長役場を軸とした徴税制度と官僚組織の整備の中で一定の公（法）的な役割が期待されていたようであり［鳥越 1994：40-65］，また，市制・町村制に基づく（旧）財産区と認められた場合には，旧村の共有財産を管理する法人格をもった公共団体となる道が残されていた（鈴木［2014：213-216］等）．

これに対し，昭和期において，地縁団体は行政上の地方公共団体のもとに組み入れられる．1940年の内務省訓令第17号の「部落会町内会等整備要領」（及び内務省発地第91号依命通牒，1941年２月17日内務省発地第29号依命通帳，同年11月１日内務省発地第413号依命通牒）では，地縁団体は戦時下の市町村の下部補助組織としての役割が期待された公的な強制団体と性格づけられた．そして，1943年の市制・町村制の改正により，地縁団体は市町村長の許可を得た場合に団体名義の財産を保有できる旨の規定（88条の２等）が設けられ，市町村長の指示下に置かれることとなった［村上 2000：599-608；遠藤・金子 2000：8085；阿利 1959：195-208；宮沢 1953：67；鳥越 1994：12-14］．もっとも，戦後には現行憲法及び地方自治法の施行により市制・町村制が廃止されると同時に，1947年５月３日の政令第15号によって地縁団体の解散と団体名義財産の処分が義務付けられた．その後，当該政令が1952年の講和条約発効を受けて廃止されるに伴い，地縁団体は，再び，形式上は私（法）的な組織として再編成されることとなる［村上 2000：609-619；遠藤・金子 2000：8085］．

地縁団体の制度史研究を行う鳥越皓之によれば［鳥越 1994：9-10］，このような沿革を有する地縁団体は，①加入単位が世帯である世帯単位制，②地域内に一つしかない地域占拠制，③当該地域の全世帯加入を前提とする全世帯加入制，④地域生活のあらゆる活動を引き受ける包括機能（制），⑤行政の末端機関の役割を担う末端機関（制），という５つの実体的特徴を有するとされる（整理につき小滝［2007：286-287］）．

3 裁判例からみる地縁団体

(1) 地縁団体の裁判動向

これに対し，地縁団体が法的にどのような団体と解され，また，法的にどのような問題が生じ，どのような取り扱いがなされていたのかについては未だ十分に整理されていないように思われる．そこで，その一端について考察するために，これまでの裁判例（判例）に現れた地縁団体の紛争を検討することとしたい．

実際の紛争事例における地縁団体の取り扱いを検討するにあたり，データベース（LEX/DB インターネット TKC 法律情報データベース）上での過去から2017年12月1日までの裁判例の登載情報をそれぞれのキーワードで検索すると，「認可地縁団体」で２件，「地縁団体」で33件，「自治会」で1346件，「町会」で915件，「町内会」で669件，「部落会」で93件の裁判例が検出された．相互の重なりを考慮して上記すべてを並行して検索すると，2756件となる．なお，地縁団体は「権利能力なき社団」として取り扱われることがあるため，当該キーワードでの検索も考えられるが，前述の検索方法ですでに関連する裁判例は検索可能であり，さらに，権利能力なき社団に関する裁判例の概観的な傾向分析については一応の先行研究が存在するため［山下 2017：21-28］，権利能力なき社団を検索用語とはしていない．また，従来から豊富な研究の蓄積がある財産区及び入会団体（集団）についても直接の検索用語からは除外している．

もっとも，検出された登載裁判例のすべてが直接に地縁団体に関係したものではなく，判決文中に関連する用語が用いられたに留まるものも多数存在した．卑見の限り，地縁団体の法律関係が直接に問題となっているものは検出された総数のおよそ10分の１ほどであるといえる．

これらの裁判例を概観すると，次のような動向を指摘することができる．

第一に，地縁団体（活動）自体に対して，あるいは地縁団体が有する公民館等の各種施設の建設や維持管理に対する自治体の公金支出が住民訴訟において問題とされた事例が50件程度存在する（東京高裁平成26年10月23日判例自治396号17頁〔町の防災組織〕，大阪高判平成25年7月18日ウェブ〔学区自治連合会〕，大阪地判平成22年10月1日判例自治248号10頁〔だんじり収納庫〕，仙台高判平成8年3月25日判例自治154号20頁〔温泉等に町内会長を招いた市政懇親会〕等）．このような事例では，地縁団体が帯有する「公共性」又は「公益性」（地方自治法232条の2）を根拠に，自治体の助成金支出や土地の無償譲渡が適法であると判断される場合が多い（他方で違法とされたものとして，大阪高判平成20年5月30日判例自治321号22頁〔自治会への環境整備事業補助金〕，大津地判平成15年12月15日ウェブ〔新旧学区自治連合会長との懇親会の食料費〕等）．

第二に，地縁団体の法主体性に関する事例が複数存在する．特に，地縁団体が単なる構成員の集合ではなく，統一的な（権利能力なき）社団としての実体を有するか否かについて言及するものがある．そこでは，主に，地縁団体の訴訟上の当事者能力や税法上の納税義務者性等が問題とされている．地縁団体の規約や独立した団体財産，内部組織体制を踏まえて，土地の登記簿上の共有名義人は町内会の機関として名義人になっていたにすぎず，実体法上所有権を有しないから，町内会の総会において土地の処分が決議された場合に名義人には町内会長の指示に従って必要な登記手続をなすべき義務があるとした事例（名古屋地判昭和46年1月24日判タ264号222頁．その他，名古屋高判平成15年6月24日ウェブ等）や，地域の消防団体は現在の社団代表者の個人名義に所有権移転登記手続を求める原告適格を有するとした事例（最一判平成26年2月27日民集68巻2号192頁）等がある．他方で，地縁団体と構成員とを区別して，団体財産に関する意思決定の効力を問題とするものもある（神戸地判平成10年6月8日判タ1244号195頁〔地縁団体役員が単独で締結した総会及び役員会の決議を欠く事業者との協定の効力（事業受忍義務）を否定した事例〕，高松地判丸亀支部平成18年9月20日判時1993号84頁〔団体の負う協力義務を構成員は負わないとした事例〕）．したがって，地縁団体に地域の財産の実質的な所有者性や契約主体性を認めたり，役員や個別構成員から独立した団体の意思決定の成否やその効果を評価するために，構成員から（実質的に）独立した団体の（権利能力なき）社団性の成否が問題になっているといえる．

第三に，地縁団体の法的性格に言及がなされた事例がある（東京地判平成28年6月21日ウェブ，東京高判平成2年5月31日判時1353号57頁等）．その際，その目的や性質から，（認可）地縁団体は強制加入団体に準ずる団体であると指摘するもの（佐賀地判平成14年4月12日判時1789号113頁）や，加入と脱退が自由である地縁団体の任意団体性を指摘した上で，区域内の80％以上が加入する地縁団体では脱退の自由は事実上制限されているとして，個人の思想や信教にかかわる多数決決議を公序良俗に反するとして無効とするものがある（大阪高判平成19年8月24日判時1992号72頁〔原審は大津地判平成18年1月27日判例集未登載，最一判平成20年4月3日判例集未登載にて上告棄却〕）．

第四に，地縁団体の性格にもかかわるものとして，地縁団体と自治体との関係について，自治体内の分権組織の許容性が問題とされたものがある（岡山地判平成11年3月24日判例自治195号10頁，広島高判平成13年3月29日ウェブ）．そのうち広島高判は，自治体により条例に基づいて設置された区が部落住民の地域団体的な住民組織であるから，地方自治法（155条1項等）が行政組織の一部とすることを禁止している部落会であるとして，地縁団体を市町村の下部組織とすることが違法であるとする．なお，そこでの「区」は都市部における単位町内会の連合組織にあたるとされる［名和田 2003：17］．また，認可地縁団体の不認可処分についても争われている（大阪高判平成19年8月29日ウェブ［市町村長の認可の裁量性を否定し，一地域に複数の地縁団体の設立も許容されるとする］）．

第五に，同様に地縁団体の法的性格が問題となるものとして，マンションや団地等の区分所有建物における地縁団体の法律関係が争われているものが複数存在する．とりわけ，管理（共益）費と自治会（町内会）費の区別に応じて区分所有者団体（管理組合）と地縁団体の異同が問題とされている（最三判平成17年4月26日判時1897号10頁〔事例としては公営賃貸集合住宅の賃借人団体の事案．原審である東京高判平成16年7月15日判例集未登載との比較につき，西脇［2017b：493-495］〕，横浜地判平成19年1月30日ウェブ〔最三判平成21年9月8日ウェブ〕，東京簡判平成19年8月7日ウェブ，東京高判平成24年5月24日ウェブ〔東京地判平成23年12月27日ウェブ〕，福岡簡判平成26年10月9日ウェブ，東京地判平成28年8月31日ウェブ等．他方で，東京高判平成24年5月24日ウェブは管理費の一部を町内会費名目で支出することは団体的意思決定事項であるとし，また，東京高判平成19年9月20日ウェブ〔横浜地判平成19年1月25日ウェブ〕は管理組合からの自治会へのコミュニティ業務委託費の支出可能性を指摘する）．主に地縁団体の加入及び脱退の自由，会費の支払義務の有無が問題とされている．また，町内会費を区分所有建物の管理費に含んだことが役員の解任事由となるかが争われた事例もみられる（東京地判平成28年1月19日ウェブ，東京地判平成25年11月12日ウェブ）．

第六に，地縁団体と構成員との法律関係について，構成員の地位又は権利の性質が争われたものがある．認可地縁団体における構成員の地位は一身専属的なものであるために相続の対象とならないとした事例（最二判平成18年9月4日判時1948号81頁）や，町内会構成員には総会決議無効確認の訴えをなす共益権と，町内会に構成員のための奉仕活動を請求する自益権があるとする原告の主張を否定した事例（盛岡地判昭和35年11月28日判時250号9頁）等が見受けられる．

第七に，地縁団体の責任に関する事例がある．具体的には，自治会所有の遊水池や町内会の児童公園の所有・管理に伴う危険について，国家賠償法2条の営造物責任が問題とされている（千葉地判昭和62年3月20日判例自治41号40頁，福岡地判昭和51年2月26日判時820号99頁等）．

第八に，地縁団体の代表者や構成員による不法行為が問題とされたものが複数ある．構成員相互だけでなく，第三者に対する事例もあるが，嫌がらせ等の名誉毀損が問題とされるものが多いように見受けられる（静岡地判平成28年9月29日判時2332号83頁〔自治会役員候補者の犯罪歴の暴露〕，東京地判平成27年9月17日ウェブ〔自治会費未納者の掲示板告示〕，東京地判平成27年3月17日ウェブ〔別荘地自治会構成員の誹謗中傷ビラの配布〕等）．その他，マンション管理組合の役員による管理費等の費消（東京地判平成27年3月13日判時2273号88頁）や自治会への加入を半強制的に迫る行為（福岡高判平成26年2月18日判時2221号42頁），部落有財産が神社財産として取り扱われていたことに対する損害賠償の成否（高松高判平成5年1月28日判タ849

号217頁）が問題となった事例等がある．

第九に，地縁団体（自治会，部落会）内部におけるいわゆる村八分による特定の構成員への排除行為が問題とされ，人格権侵害による行為の差止め又は損害賠償が認められたものがある（大阪高判平成25年８月29日判時2220号43頁，新潟地判平成19年２月27日判タ1247号248頁）．

第十に，そもそも地縁団体の紛争が裁判所の司法審査の対象となり得るかが争われている（肯定例として東京高判平成26年８月27日ウェブ，名古屋地判昭和37年３月27日労働関係民事裁判例集13巻２号239頁，否定例として大阪地判平成16年８月30日判時1884号101頁）．

(2)　私的な任意団体としての地縁団体？

これらの裁判例からは，地縁団体に関する紛争について，財産の帰属や契約の主体の確定，（所有に伴う）法的責任が第三者との関係で争われたものがある一方で，公私の領域を跨がる地縁団体の法的性格やその構成員との法律関係が問われたものが多いように見受けられる．

その際に注目されるのは，特に2000年代以降，マンション等の区分所有建物における地縁団体の裁判例が多いことである（権利能力なき社団の裁判例動向からの指摘として，山下［2017：22-23］）．これには，財産管理関係と地縁団体を区分し，後者の親睦等を目的とする権利能力なき社団からは自由に脱退可能であるとして（元）構成員の自治会費支払義務を否定した，（賃借人団体に関する）最三判平成17年４月26日判時1897号10頁の影響があると思われる．前述のように，その後多くの事例で，実質的には重なり合う，財産管理団体（いわゆる管理組合．区分所有法３条）と地縁団体とが法的に区分され，後者は加入・脱退が自由な私的な任意団体であることが強調されている（関連する国土交通省の標準管理規約及びマンション管理適正化指針の改正動向につき西脇［2016：232(8)］，西脇［2017b：497(33)］，岡田［2017］）．したがって，その団体的拘束の許容や離脱も個人の自由意思に委ねられる．

もっとも，以上のような団体の性格づけは，区分所有関係以外においても見出すことができる．通常の共有（民法249条以下）の事例と別荘地の全体管理の事例で（東京地判平成28年3月9日ウェブ，神戸地判平成15年7月4日ウェブ．別荘地の共同関係につき淺生［2018］），財産管理関係と地縁団体の区分の方向性が示されている．また，地域の地縁団体の事例でも，その任意団体性，加入・脱退の自由，相互親睦等の目的が強調され，一地域に複数の地縁団体を設立することも許されるとする（前述の東京高判平成2年5月31日判時1353号57頁等）．

このような地縁団体の性格づけは，個人の自由意思による任意団体性と相互親睦等にとどまる団体目的を強調することにより，構成員の権利，特に団体への加入・脱退の自由をより保障する方向であるように思われる．

しかしながら，地縁団体に関しては，次の点に留意すべきである．

第一に，任意団体性や離脱の自由の保障を強調することは，団体への参与の拒絶の局面には資するといえるが，地域生活に関わる団体への積極的な参与の局面では，（多数決による）団体的拘束の正当性を積極的に認める根拠になりかねない．この点，前述の佐賀地判平成14年4月12日判時1789号113頁や大阪高判平成19年8月24日判時1992号72頁（最一判平成20年4月3日判例集未登載）等は，地域の多くの住民が加入する地縁団体は実質的に脱退困難な特性を有し，その団体の多数決による意思決定には構成員の権利保障の側面から一定の限界があるとの視角を提供している．

第二に，区分所有関係においては，財産管理団体が法定され（区分所有法3条），共同所有にかかわる受益と負担を広く当該団体の事柄として取り扱うことができるという前提があるために，その反面として，地縁団体における任意性，離脱の自由，親睦目的等が強調されると読み取ることも可能である．これに対し，通常の地縁団体の活動領域は，本来，単独所有者（住民）の集合により形成される特定の地域であり，そこには共同所有関係という前提が（必然的には）存在しない．地縁団体を公共団体の内部（下部）組織と位置付けることは問題であるが，個人の居住生活や財産管理と地域的な環境整備とは密接な関係を有するために，裁判例でみられた地縁団体の有する公共性や公益性を地域の財産や資源の管理の側面からどのように把捉するかが問題となる．

4 法制度からみる地縁団体

(1) 認可地縁団体制度の展開

次に，法制度における地縁団体の取り扱いを若干ではあるが整理しよう．

地縁団体は，従前，任意のいわゆる権利能力なき社団として取り扱われてきた（最一判昭和42年10月19日民集21巻8号2078頁．最一判昭和39年10月15日民集18巻8号1671頁によれば，権利能力なき社団とは，団体としての組織，多数決の原則，構成員の変更に左右されない団体の存続，組織による代表の方法，総会運営，財産の管理，その他の団体としての主要な点が確定している〔法人格のない〕団体を意味する）．したがって，団体自体は法人格（権利能力）を有せず，財産の帰属主体となることができないため，主に資産の所有関係や登記名義を巡り紛争が絶えなかった［村上 2000：620，遠藤・金子 2000：8086］．それらの課題を解決するために，1991年の地方自治法（以下，自治法）改正によって「認可地縁団体」（自治法260条の2）の制度が整備された（国会審議や立法趣旨につき，議事録①［1991：2-4；8-12；18-20；27］，議事録②［1991：24-25］，議事録③［1991：27］，岩崎［1991：18］，寺田［1991：61］，遠藤・金子［2000：8086-8089］）．

認可地縁団体とは，地域的な共同活動のための不動産等の権利を有するために，市町村長の認可を受けた「一定の区域に住所を有する者の地縁に基づいて形成された団体」を意味する（自治法260条の2第1項）．現在，およそ4万4008団体もの認可地縁団体が存在し，地域の住民相互連絡，集会施設の維持管理等を担っている［地縁団体研究会 2015：114］．認可につき市町村長に裁量はなく［遠藤・金子 2000：8093；松本 2015：1508］，①目的及び活動，②区域，③構成員，④規約の4つの要件を満たすことが求められる（同2項1号から4号，同5項）（寺田［1991：63ff.］等）．具体的には，①は，「良好な地域社会の維持および形成に資する地域的な共同活動を行うことを目的」とし，現にその活動を行っていることが求められ（同２項１号），老人会やスポーツ愛好会等，特定層や特定分野だけの団体は含まれない［遠藤・金子 2000：8094］．②は，住民にとって活動区域が客観的に明らかであることが求められる（同２項２号，同４項．なお，一地域一団体は法律上の要件ではないとされる［遠藤・金子 2000：8095］）．③では，「区域に住所を有するすべての個人は，構成員となることができる」とされ，「その相当数の者が現に構成員となっていること」が求められ（同２項３号），世帯ではなく個人単位の自由意思による任意の団体として，住民の加入資格が保障されている（なお，法人等は構成員ではなく賛助会員等になり得る［松本 2015：1510］）．④の原始規約には，目的，名称，区域，主たる事務所，構成員資格，代表者，総会，資産事項が定められていなければならない（同２項４号，３項）．

注目すべきは，認可地縁団体の法的性格に関わる規定である．同団体に対して，公共団体等の組織の一部とすることの禁止（同６項），原則として住民個人の加入を拒否することの禁止（同７項），民主的な運営による自主的活動の要請と構成員への不当な差別的扱いの禁止（同８項），特定政党のための利用の禁止（同９項）が求められている．これらは，行政末端組織とされた戦時下の反省を踏まえて，個人を起点とした自由意思による任意団体であることを確認するものとされる一方で［松本 2015：1511］，加入保障や民主的運営の保障は地縁団体の公共的性格に基づくものとされる［遠藤・金子 2000：8101-8102］．

さらに，認可地縁団体については，詳細な内部組織の規定も規律されている．もっとも，1991年当初は，行政庁による法人の業務監督に関する規定（民法旧67条）等を除き（行政の一般的監督権を否定），認可地縁団体には当時の民法の公益法人等の規定の多くが準用されることとなっていた（改正前自治法260条の２第15項）．しかし，2006年の一般社団法人及び一般財団法人に関する法律（以下，一般法人法）の成立により，民法の法人規定が大幅に削除され，地方自治法も一部改正がなされたため，一部の準用を除き（自治法260条の２第15項），法人の内部組織や解散に関する規定は自治法自体に置かれることとなった（同260条の３以下）．

内部組織については，法律上，① 代表者，② 総会の機関を置くことが必須とされ，③ 監事を任意で置くことができる（同260条の２第４号，同260条の５，同11，同13，同16）．認可地縁団体の全ての事務について代表者が代表をするが，その行為は総会によって決議された団体の意思に拘束される（同260条の６，対外的効力につき同７）．総会は，毎年一度は開催され（同13），原則として事務は総会決議によって行われる（同16）．また，規約による別の定めが許容される任意規定ではあるが，総構成員の４分の３以上の賛成により解散を決議することができ（同21），解散後の団体財産は第一次的には規約で指定した者に帰属する（同31）．さらに，総構成員の４分の３以上の同意があれば（法文上は総会決議なくとも）規約変更を行うことができる（同３）．なお，複数の規定で規約による独自の定めが置くことが許されている．そのほか，構成員の権利として，総構成員の５分の１以上による臨時総会開催請求（同14第２項），総会表決権の平等原則（同18第１項），利害関係人の表決権の排除（同19）の規定が置かれている［松本 2015：1514-1530］．

認可地縁団体の規律については，継続的に法整備が行われており，2014年には所有者情報が特定困難な場合に不動産登記の特例を認める規定の改正がなされ（同260条の38，39），2016年には森林組合法の規定に生産森林組合から認可地縁団体に組織変更する際の規律が整備されている（森林組合法100条の19から24）．

(2)　認可地縁団体の特性

認可地縁団体の規律からは次のような特徴を読み取ることができる．

すなわち，認可地縁団体は，行政上の後見的監督が原則として排除された，個人（住民）を起点とした自由意思に基づく私法上の任意団体であり，地域的な共同活動のために財産を管理する法人といえる．他方で，内部の組織原理につき，構成員の加入資格の保障や民主的運営の保障等が法定されている点は，地域的な共同活動及び財産管理の公共的な性格が反映されたものであるといえる．従前，学説上でも，認可地縁団体の性格につき，地域的共同利益及び集団的私益を追求する認可地縁団体は個人主義原理のもとに組織原理が再構成された私的団体であると捉える見解と，「地域の公共的機能を処理する公共的性格を有する団体」と捉える見解との対立があったようであるが［遠藤 1992：6-14；村上 2000：626-634；小滝 2007：319-332］，双方の性格を部分的に帯有する団体が想定されているように思われる．

したがって，認可地縁団体の法制度には，個人の自由意思に基づく任意団体として規律する点に先で検討した裁判例から析出される地縁団体像との共通点を見出すことができる一方で，地域資源の財産管理に基づく公共的性格が具体化されている点に特徴がある．同制度は，地域的な財産管理とコミュニティ形成・促進を同時に担う地縁団体の一類型を保障するものであるといえる．

もっとも，このような認可地縁団体については，制度創設時以降，その活動実態が変化していることから，近時，制度の見直しの必要性が指摘されている［報告書① 2017：15-16］．また，総務省を中心として，地域的な活動を担う団体を「地域自治組織」（各種公法人）と「地域運営組織」（各種私法人等）に整理した調査研究活動が展開されている［報告書② 2017］．紙数の関係からそれらを詳細に分析し得ないが，活動の実態把握とともに，公法・私法に跨る法制度間の相互比較と検討が問いかけられている．

5　地縁団体の法的性格とその規範的意義

以上のとおり，多くの裁判例では，共同所有関係とその他の団体関係との区分，敷衍すれば，共同所有者の（必然的）団体と親睦等のコミュニティ形成団体との区分のもとで，後者に関する法律関係として地縁団体の法的性格が論じられていた．もっとも，通常の地縁団体には，区分所有におけるような共同所有者の団体関係を当然には想定することができないために，団体の特性を考慮することなく任意団体性や団体の目的に画一的な性格づけを行うことには留意すべきであり，認可地縁団体の法制度の有する意義を踏まえると，地縁団体の公共的な性格や多様な実体（実態）を考慮に入れた法規範の必要性はなお問われているといえる．それは，居住にかかわる日常の地域生活の一役を担う地縁団体に参与する個人と団体の関係を考察する際にも重要となる．

地縁団体の公共的な性格は，裁判例において，実質的には離脱が困難な地縁団体の特性から団体の意思決定の範囲を画定する規範として具体化され，認可地縁団体制度においては，加入の保障という開かれた団体性と，民主的な自主的運営の保障と不当取扱いの禁止という内部組織の規範として具体化されていた．また，団体の多様性は規約による規律の保障により図られ，認可地縁団体でも内部組織の複数の規律が任意法規とされている．これらは，認可を受けていない地縁団体についてもその法律関係を考える際の一つの拠り所となり得る．

しかしながら，任意であり離脱が自由である（権利能力なき）社団であっても，地域生活の観点から実質的に離脱が困難な地縁団体については，地域の財産管理やコミュニティ形成という団体の法的性格に応じて，活動に参与する構成員個人と団体との法律関係につき，例えば，次のような検討が残されている．

第一に，団体の活動を決する団体の意思決定とその拘束力の正当性にかかわる法規範の考察である．認可地縁団体の規律においては，重要事項に関する団体の意思決定に対する構成員の固有権保障（ドイツ民法35条）や特別の影響を及ぼす場合に必要な個別同意（区分所有法31条1項）に関する規律が存在しない（地縁団体一般に提唱されているモデル規約も同様［中田ほか 2016：38以下］）．また，団体運営への参与や監督是正の前提となる団体活動に関する書類や帳簿等に対する構成員の検査や閲覧謄写の権利（会社法433条，一般法人法32，97，121，129条等）についても規定はない．団体からの離脱の自由保障も課題解決の一つの方途になり得るが，一定の区域の相当数により構成される地縁団体では，その団体の性格からも離脱は容易ではなく，団体への参与の局面においても，団体内部の組織原理を規範的に再検討する必要があるといえる．その際には，不当取扱禁止の要請（自治法260条の2第8項）が有する法規範的意義や構成員の地位・権利の性質論も検討されるべきである．このことは，構成員の財産権・自益権が観念され得るかに関わらず，居住する地域のコミュニティ形成や共同財産の管理を行う団体への積極的参与という共益権の側面から捉えられるべき課題といえる．

第二に，団体の性格に照らして，団体の活動を実際に執行する代表者や役員等の執行機関に関する法規範も検討が必要となる．森林管理に伴う契約の主体となったり，地縁団体所有の施設等に伴う危険の責任を問う事例を踏まえれば，今後，財産管理を行う地縁団体では特に課題となる．例えば，NPO 法人ではその団体の性格・目的を考慮して，2011年の法改正により，代表者の責任につき，法人内部での代表権の制限を（法人登記を前提として）第三者に対抗することができるとされている（特定非営利活動促進法16条）［佐久間 2017：5］．通常，地縁団体は多数の構成員を有することやその代表者や役員が輪番制により担われているという実情を想定すると，認可地縁団体についても同様の方向付けが可能かを問うことは重要である．その際には，NPO 法人が一応は不特定多数の公益に関わるとされるのに対して，地縁団体が特定の地域の共同の利益に関わることをどのように解するべきかという団体の性格づけが再び問題となる．

第三に，規約による団体規範の読解についても留意が必要である．特に，当該団体の性格に応じて，規約に明文化されていない法規範が全く存在しないかどうかは別途検討されるべきである．例えば，区分所有者団体の事例であるが，大阪高判平成28年12月 9 日判時2336号32頁は，規約に定めのない構成員の閲覧複写請求権を認めなかった第一審判決（大阪地判平成28年 3 月31日判例集未登載）に対して，各種の法人法制度や契約法のルールなど，関連するその他の法規範から当該権利を読み込む可能性を提示する．

第四に，以上を踏まえて，団体，（現在・将来・少数）構成員，第三者，国家・公共団体など複層的な関係にかかわる団体の法律関係において，団体ごとの多様な性格・特性・目的の法規範的意義を再検討する必要がある［西脇 2017b］．団体が（権利能力なき）社団と性質決定されると，演繹的に画一的な性格が読み込まれると解すべきではなく，他方で，契約や規約による明文上のルールのみによって団体の法律関係が確定的に定まるわけでもないといえる．

もっとも，以上の検討すべき点は，多くの（認可）地縁団体が100人以上の多数により構成されているといった実態等［地縁団体研究会 2015：115］，現状の実態把握や事例分析を踏まえて論じられるべきことである．さらに，法学的に，社団法理や共有法理を考察するには，関連する法律や制度の相互比較や，学説・比較法研究，法制史研究も必要となる．学際的な研究も当然に求められる．これらについてはなお今後の課題である．

参考文献

青嶋敏［2016］「認可地縁団体が所有する不動産に係る登記の特例制度について」『入会林野研究』36.

青嶋敏［2017］「平成28年５月の森林法等の一部改正について（1）――生産森林組合の認可地縁団体への組織変更制度の創設について――」『入会林野研究』37.

淺生重機［2018］「別荘地管理の法律関係」判例時報2351.

阿利莫二［1959］「地方制度（法体制崩壊期）――部落会町内会制度――」鵜飼信成＝福島正夫＝川島武宜＝辻晴明編『講座日本近代法発展史 第６巻』勁草書房.

岩崎忠夫［1991］「地方自治法の一部を改正する法律について」『自治研究』67(7).

岩崎信彦編［1989］『町内会の研究』御茶の水書房.

遠藤文夫［1992］「自治会，町内会等の住民自治組織と市町村行政との関係（2・完）」『自治研究』68(6).

遠藤文夫・金子正史［2000］「第260条の２〔地縁による団体〕」，成田頼明・園部逸夫・金子宏・塩野宏編『注釈地方自治法〈全訂〉』第一法規.

岡田順太［2017］「都市と憲法・序説―コミュニティ条項をめぐって」『白鷗大学法科大学院紀要』10.

奥井復太郎［1953］「近隣社会の組織化」『都市問題』44(10).

小滝敏之［2007］『市民社会と近隣自治』公人社.

角松生史［2017］「過少利用時代における所有者不明問題」『土地総合研究』25(2).

倉沢進・秋元津郎編［1990］『町内会と地域集団』ミネルヴァ書房.

佐久間毅［2017］「公益信託法改正の論点」『信託』271.

鈴木龍也［2014］「伝統的コモンズと法制度の構築――裁判例にみる財産区制度の可能性と限界――」，二俣学編『エコロジーとコモンズ――環境ガバナンスと地域自立の思想――』晃洋書房.

高木鉦作［1959］「町内会の法制化をめぐる問題」『都市問題研究』11(6).

高木鉦作［1960］「東京都・区政と町会連合会――行政補助団体の圧力団体化――」，日本政治学会編『日本の圧力団体（日本政治学会年報）』岩波書店.
高木鉦作［1961］「再編されつつある町内会・部落会」都丸泰助編『講座 地方自治体と住民 第2巻』三一書房.
高木鉦作［1981］「町内会の概念」『国学院法学』19(1).
高橋寿一［2010］『地域資源の管理と都市法制　ドイツ建築法典における農地・環境と市民・自治体』日本評論社.
高村学人［2012］『コモンズからの都市再生　地域共同管理と法の新たな役割』ミネルヴァ書房.
高村学人［2015］「過少利用時代における所有権論・再考：土地・建物の過少利用が所有権論に投げかける問い（持続可能な社会への転換期における法と法学）――（企画関連ミニシンポジウム 過少利用時代における所有権論・再考 地域・都市の持続可能性）――」『法社会学』81.
高村学人［2017a］「サンフランシスコ市におけるビジネス改善地区の組織運営とその法的コントロール　観察調査法によるケース・スタディ（1）」『政策科学』（立命館大学），24(3).
高村学人［2017b］「サンフランシスコ市におけるビジネス改善地区の組織運営とその法的コントロール　観察調査法によるケース・スタディ（2）」『政策科学』（立命館大学），24(4).
地縁団体研究会編［2015］『自治会，町内会等法人化の手引　第2次改訂版』ぎょうせい.
寺田達史［1991］「自治会，町内会等の地縁による団体の権利義務について（改正地方自治法260条の2の解説）」『地方自治』523.
中田実・山崎丈夫・小木曽洋司［2016］『［改訂新版］新 自治会・町内会モデル規約――条文と解説――』自治体研究社.
中田実・山崎丈夫・小木曽洋司［2017］『改訂新版　地域再生と町内会・自治会』自治体研究社.
名和田是彦［1998］『コミュニティの法理論』創文社.
名和田是彦［2003］「自治体内の分権組織の許容性」『別冊ジュリスト』168.
西脇秀一郎［2016］「水の公共性からみる法と共同性――琵琶湖疏水「鴨川運河の魅力再発見」学術シンポジウムをうけて――」『龍谷大学里山学研究センター2015年度年次報告書　琵琶湖の保全再生と里山・里湖――人と水との共生にむけて――』龍谷大学里山学研究センター.
西脇秀一郎［2017a］「森林組合における里山及び奥山管理の現況――滋賀県「東近江市永源寺森林組合」に関する調査報告――」『龍谷大学里山学研究センター2016年度年次報告書　流域のくらしと奥山・里山――愛知川から考える――』龍谷大学里山学研究センター.

西脇秀一郎［2017b］「団体法の二元性――ドイツ民法典社団法の原基的モデルの一考察――（1）」『龍谷法学』49(4).
星野豊［2016a］「PTA の法的地位（1）」『筑波法政』67.
星野豊［2016b］「PTA の法的地位（2）」『筑波法政』68.
松尾扶美［2017］「東近江市里山林整備の現場から」『龍谷大学里山学研究センター2016年度年次報告書　流域のくらしと奥山・里山――愛知川から考える――』龍谷大学里山学研究センター.
松下圭一［1951］「地域民主主義の課題と展望」『思想』323.
松本英昭［2015］『新版　逐条地方自治法〈第８次改訂版〉』学陽書房.
三浦隆太［2014］「『地縁による団体の認可事務の状況等に関する調査結果』について」『住民行政の窓』402.
宮崎伸光［1992］「自治会・町内会等の存立構造と政治機能」『法学新報』98(11・12).
宮沢弘［1953］「町内会（部落会）の成立から解散まで」『都市問題』44(10).
村上順（地方自治総合研究所監修）［2000］『逐条研究 地方自治法Ｖ』敬文堂.
山口美知子［2017］「第２回研究会　森林の現況と課題及び所有権の問題について」『龍谷大学里山学研究センター2016年度年次報告書　流域のくらしと奥山・里山――愛知川から考える――』龍谷大学里山学研究センター.
山下詠子［2011］『入会林野の変容と現代的意義』東京大学出版会.
山下純司［2017］「権利能力なき社団と非営利活動」NBL1104.
山野目章夫［2017］「所有者所在不明土地問題の論点整理」『土地総合研究』25(2).
吉原直樹［1989］『戦後改革と地域住民組織――占領下の都市町内会――』ミネルヴァ書房.

〈資料〉

東近江市産業振興部農林水産課［2014］『補助事業を活用した集落ぐるみでの森林整備マニュアル』東近江市産業振興部農林水産課（「滋賀県重点分野雇用創造事業（湖東の森づくり支援事業）」により作成）（マニュアルとする）
地域自治組織のあり方に関する研究会［2017］『地域自治組織のあり方に関する研究会報告書』（報告書①とする）
総務省地域力創造グループ地域振興室［2017］『地域運営組織の形成及び持続的な運営に関する調査研究事業　報告書』（報告書②とする）
第120回国会衆議院地方行政委員会議録（平成３年３月12日）第６号（議事録①とする）
第120回国会参議院地方行政委員会議録（平成３年３月15日）第３号（議事録②とする）
第120回国会参議院地方行政委員会議録（平成３年３月26日）第４号（議事録③とする）

（西脇 秀一郎）

第21章

中国森林財政の発展と森林保全政策の展開
——里山学の視座から——

はじめに

中国は広い国土に対して森林資源が乏しい国である．長い歴史の中で繰り返された戦乱や開発によって森林破壊が進行され，2015年中国荒漠化砂漠化状況公報(1)によれば国土の27.20％が荒漠化土地，28.69％が砂漠化土地という厳しい自然環境に直面している．そのため森林がもつ生態的機能の改善・保全事業が1970年末の三北防護林建設(2)や主要河川流域(3)の防護林建設事業としてスタートした．特に1998年には大きな政策転換期を迎え，それまでの① 木材生産目的から生態機能回復目的への転換，② 天然林伐採から人工林伐採への転換，③ 林地開墾から退耕還林への転換，④ 森林の生態サービスの無償利用から有償化利用への転換，⑤ 国による林業経営から社会全体の取り組みへの転換，が進められた［国家林業局 2003］．①～④にかかる政策転換過程では，国の財政資金をベースとする国家重点林業プロジェクトを中心に植林・育林事業が6分野にわたって導入された．同時期に生態公益林制度が整備され，生態機能区域における厳しい伐採制限を行った．その結果，2013年に公表された第8次全国森林資源調査（2009-2013）では国土の森林面積が21.63％に上った．

本章は，日本の森林政策における森林の多面的機能の視点及び本研究プロジェクトの里山学の概念を念頭におきつつ，日中比較研究を目的に中国の森林財政の発展経緯を整理する．具体的な手法として① 6大国家重点林業プロジェクト，② 生態公益林制度，③ 京津風砂源対策事業の3つの政策を中心に森林政策の転換プロセスを考察する．

1　森林財政の発展と森林保全政策の展開

森林財政は国の予算制度の一部分であり，国の森林政策の位置づけや状況を表す重要なバロメーターとなる．そのため，森林予算の編成及び執行過程は，国の財政制度の特徴やその改革の諸要素に左右されやすい側面をもつ．

中国の森林保全政策が本格的にスタートしたのは，1978年の三北防護林建設事業からである．当時は脆弱な経済基盤の再建が国の発展戦略の最優先課題であったことから多くの社会資源が生産力の解放，つまり経済発展のために動員された．同時に森林破壊や砂漠化の広がりによる国土の生態機能の低下が地域社会の発展のボトルネックになりうると認識され，経済発展の初期段階から植林事業を中心とする生態環境保全政策が導入された．特に1998年以降は，国や地方政府による植林，育林政策事業への積極的な関与がみられ，財政資金がカバーする公共サービスの範囲も広がりをみせた．

表21-1は，国全体の造林事業及び生態環境保全対策への財政資金の導入状況を示した内容であるが，その多くは国の重点事業または特定事業として実施され，国の委託事務として政府間の財政移転制度を通じて地方政府によって執行された．

1997年以前には，西北・華北・東北部の三北防護林建設事業をはじめ，長江等主要河流の上中流地域や太行山や主要平原の防風林建設事業を行った．当時は国全体の資源配分計画における造林事業の位置付けや資金力不足等の諸制約によって，全体の投資規模は非財政資金の投資も含めて，年間わずか3億元未満の小規模にすぎなかった．しかし1998年には年間30億元を超え，2001年には135億元を超え，2006年には325億元を超える規模になった．支出項目の構成についても，それまでの十大林業生態保全事業に加えて，1998年には国家林業重点プロジェクトである天然林資源保護事業がスタートし，2000年には退耕還林事業が，その翌年の2001年には北京天津の風砂源対策と野生動植物保護事業が

表21-1　国の生態環境保全事業と関連支出

単位：億元（%）

年度	林業投資への公共支出		林業総投資額	十大林業生態事業(1)	全国生態環境重点事業	天然林保護事業	退耕還林事業	京津風砂源対策	野生動植物保全事業	湿地保全事業
1979-89	3.5	56.5%	6.2	3.5	―	―	―	―	―	―
1990	1.3	50.0%	2.6	1.3	―	―	―	―	―	―
1998	30.1	62.7%	48.0	7.9	1.6	20.6	―	―	―	―
1999	52.5	68.4%	76.8	12.7	4.7	35.1	―	―	―	―
2000	89.4	79.0%	113.2	16.5	―	58.3	14.7	―	―	―
2001	135.3	76.4%	177.1	14.6	―	88.8	24.8	5.9	1.2	―
2005	321.1	89.2%	360.1	9.1	―	58.5	218.6	32.5	2.4	―
2006	325.5	92.1%	353.3	8.5	―	60.4	222.5	31.0	3.1	0.7

（注1）「十大林業生態事業」は，三北防護林建設事業を含め，長江は黄河，珠江，淮河等主要河流の沿岸地域の防護林建設事業から構成される．
（注2）国家重点林業プロジェクトには，表中の① 天然林保護事業，② 退耕還林事業，③ 京津風砂源対策事業，④ 野生動植物保全事業，⑤ 湿地保全事業を指すものである．
（出所）『中国林業年鑑』（各年度）より筆者作成．

加えられ，2006年には湿地保護事業がスタートした．これらの事業全体に占める国の財政資金のウェイトはますます大きくなり，2006年には約９割を占めた．

その背景には３つの社会的要因がある．１つ目は，環境政策の取り組みの特徴によるものである．中国の環境問題は，かつての日本や先進国のように一定の経済的基盤を形成してから対処し，順次に克服したのではなく，経済開発の初期段階から複合的に発生する産業型公害問題や都市生活廃棄物の問題，生態環境の破壊問題を同時に対処してきた．経済的な制約が大きかったことから，有限な財政資源を緊急性かつ優先度が高い課題から取り組めた．

２つ目は，社会主義市場経済の進展に伴う財政改革による政府及び財政機能の転換に大きく左右された．1998年以前の環境政策は，県以上の国有企業を対象とした都市部中心の汚染源対策に重点がおかれた．政府機能と国営企業が一体的経済体をなしている特殊な経済構造の中で，国の財政資源の多くが国営企業経営に投下された．1998年の国有企業の近代化企業制度の改革によって政府機能と分離され，政府及び財政機能はそれまでの企業経営活動への介入ではなく，市場の失敗の補完機能として公共サービスの提供者としての性格を明確にしていった．造林事業は緊急性が高い公共財として財政資金の投下を増やされていった［金 2011］．

3つ目は，経済の開放改革政策の導入に伴って政府間の財政移転制度が多くの課題を抱えながらも，政府間の機能配分のために機能し始めた．中国の政府間財政関係の発展は，概ね3つの段階に分けて機能された．第1段階は1984年から1994年の間であるが，公共財の提供機能が形作りをした．第2段階は，1995年から2005年であるが，分税制の導入や公共財政という用語が提起され，政府間の機能配分体制が確立された．第3段階は，2006年から現在に至るまで，政府の公共機能が拡充され，国全体の基本公共サービスの均等化（ナショナルミニマムの実現）が一層鮮明になった．

このような公共財政への機能転換の中で，国は地方財政の公共サービスの提供機能を強めていき，緊急かつ重大な社会問題の解決を国の特定事業または重点事業として実施し，政府間の財政移転制度をもって地方の政策執行をコントロールした．森林保全政策の多くの財政資金は，このような政府間の財政移転制度や財政機能の変革の中で，国の特定資金または重点資金という最優先課題として中央集権的な資金伝達システムから調達された．

2　6大国家重点森林プロジェクトにみられる公共支出の傾向

1998年に発生した長江及び松花江流域の大洪水は，それまでの森林伐採を中心とした開発政策を見直すきっかけとなった．1998年を境に従来の三北防護林建設事業を中心とした十大防護林体系建設事業を継続事業とすると同時に，国家重点林業プロジェクトを実施した．表21-2に示されたように，①天然林資源保護事業，②退耕還林（草）事業，③京（北京）津（天津）風砂源対策事業，④野生動植物保護及び自然保護区建設事業，⑤湿地保全事業，⑥重点区域速生

表21-2　6大国家重点林業プロジェクトの公共投資の内訳

単位：万元・%

年		2012	2010	2008	2005	2002
総投資（a）		5283825	4720065	4202355	3616302	2558004
公共投資（b）		4050116	3617431	3626077	3212386	2295239
b/a		76.7	76.6	86.2	88.8	89.7
天然林資源保護	投資総額	2186318	731299	973000	620148	933712
	財政資金	1710230	591086	923500	584778	881617
	財政資金比重	78.2	80.8	94.9	94.2	94.4
退耕還林	投資総額	1977649	2927290	2489727	2404111	1106096
	財政資金	1545329	2499773	2210195	2185928	1106096
	財政資金比重	78.1	85.4	88.8	90.9	100
京津風沙源対策	投資総額	356646	382406	323871	332625	123238
	財政資金	321863	329166	310795	325408	120022
	財政資金比重	90.2	86.1	95.9	97.8	97.4
三北及び長江流域等防護林	投資総額	630274	570888	337349	192556	316711
	財政資金	380467	138550	139275	91292	157582
	財政資金比重	60.3	24.2	41.3	47.4	49.8
野生動植物及び自然保護区	投資総額	132938	100107	69800	51452	39261
	財政資金	92227	57740	41963	24450	28460
	財政資金比重	69.3	57.6	60.1	47.5	72.5
速成用材林基地建設	投資総額		8075	8608	15410	38986
	財政資金		1116	349	532	1462
	財政資金比重		13.8	0.04	0.03	0.03

（出所）中国林業統計年鑑の各年度版に基づき作成.

豊産用材基地建設事業がその具体的な方策となる．このような事業は，乾燥半乾燥地域や大規模な河川の上流地域および生態機能の脆弱化が著しい地域の生態環境機能の回復を目的に実施された．

表21-2のように2002年以降の6事業の投資総額と公共投資の割合では，速生量産用材林基地建設事業を除いた5項目は財政資金の投入総額が増え続ける中で，高い割合を維持している．その結果が森林面積の減少に歯止めがかかり，

森林被覆率の改善や森林資源の蓄積の緩やかな改善傾向につながった．

1994年から1998年に実施した第５次全国森林資源調査では，森林面積が１万5894万 ha，森林資源蓄積量が112.67億 m^3，森林被覆率が16.55％となっている．1999年から2003年の第６次，および2004年から2008年までの第７次全国森林資源調査の順調な改善を経て，2009年から2014年の第８次全国森林資源調査では，森林面積が２万800万 ha，森林資源蓄積量が151.37億 m^3，森林被覆率が21.63％までに改善された．

しかし，依然として残された課題は多い．その１つが，森林資源総量の絶対値が不足する問題である．世界人口の1/5を占める人口大国でありながら，持続的な高度経済発展を志向する中国が保有する森林資源の総量はわずか世界森林資源の５％に過ぎないという問題である．２つ目は，森林資源の質的内容からみた場合，1997から2007年の間に部分的造林事業へのモニタリング追跡調査を行った結果，重点プロジェクトの実施地域の土壌流出状況や土地の砂漠化現象の抑止効果がみられつつも，依然として制御と破壊が相対峙する状況が続いている［国家林業局経済発展研究中心 2008］．３つ目は，このような中国国内の森林伐採禁止政策が，国内木材市場の高い需要を背景に外国からの木材輸入量が持続的に増加し，他国の森林資源及び生態系機能の低下に直接的，間接的に影響を与えかねないという点である．

3　森林の公益的機能と生態公益林制度の導入

中国の生態公益林制度は，前節で述べた６大国家重点林業プロジェクトとほぼ同時期に導入された．

中国では1984年に初めて森林法が制定され，1998年に改正が行われた．森林法第４条では森林の性能別分類を，① 防護林，② 木材用途林，③ 経済林，④ 薪炭林，⑤ 特殊用途林の５つに区分した．2000年に施行された中国森林法実施条例では，第８条において「国家重点防護林及び特殊用途林は，国務院林業主

表21-3　植林用途別からみる全国生態公益林の構成

単位：ha（%）

年	木材用途林		経済林		防護林		薪炭林		特別種類用途林		合計（a）	（a）
	造林面積（b）	b/a	造林面積（c）	c/a	造林面積（d）	d/a	造林面積（e）	e/a	造林面積（f）	f/a		
1996	1,710,850	34.8	1,672,020	33.9	1,368,610	27.8	150,040	3.1	17,860	0.03	4,919,380	100
1999	1,418,010	28.9	1,403,880	28.6	1,948,540	39.8	115,300	2.3	14,980	0.03	4,900,710	100
2006	481,629	17.7	403,322	14.8	1,824,687	67.1	4,837	0.01	3,450	0.01	2,717,925	100
2009	801,317	12.8	1,002,555	16.0	4,407,654	70.4	23,705	0.03	27,099	0.04	6,262,330	100
2012	774,398	13.8	1,101,053	19.7	3,650,842	65.2	41,145	0.07	28,353	0.05	5,595,791	100

（出所）中国林業統計年鑑各年度版を基に作成した.

管部門の提案に基づき，国務院の批准を経てから公布する．地方の重点防護林及び特殊用途林は，省・自治区・直轄市人民政府の林業主管部門が提案し，当該人民政府の批准を経て公布する．その他の5種類の森林については，県級人民政府の林業主管部門が国の森林区分規定及び当該人民政府の発展計画の内容に基づき策定し，当該人民政府の批准を経て公布する」「省・自治区・直轄市の行政区域内の重点防護林及び特殊用途林の面積は，当該行政区域内の森林面積の30%を下回ってはならない」と定めた．森林法実施条例は生態公益林に関する国の責任及び各級地方政府の責務を規範化した法的根拠となる．また森林資源の概念について，「森林や林木，林地及び森林や林木，林地に依存して生息する野生動物及び植物，微生物を含む」と定義した．

森林法に基づき2001年に国家林業局は国家公益林認定弁法（暫定）（以下弁法）を公布した．弁法では，森林種類に基づき林業経済活動を行うことや，国家級公益林と地方公益林の事務分担ルールについて明確な規定を行い，生態公益林の範疇について「公益林とは，生態的効果の発揮を主とする①防護林，②特殊用途林を指す」とした．

表21-3は，種類別の造林事業における国全体の生態公益林の建設状況を集計した内容である．1996年以前の造林データを入手することができなかったが，1990年代の前半に至るまで造林事業の全体における防護林の割合が大きくない

ことがわかる．1996年の防護林の割合が27.8%を占めたが，2000年以降に大きな改善がみられた．全体として約7割の水準で推移している．

弁法では，国家級公益林の具体的な範囲を12項目に指定した．それは① 河川の源流，② 河川本流及び一級，二級支流の沿岸，③ 重要な湖沼及び集水容量が1億 m^3以上の大型ダムの周辺地形第一層となる山及び平地1000 m 範囲内，④ 海岸沿線の第一層となる山及び平地1000 m 範囲内，⑤ 荒漠化自然現象が深刻な乾燥地域の天然林と森林密度が0.2以上の沙地低木林，オアシスの人工防護林，その周辺2 km 以内の砂漠固定のための基幹林帯，⑥ 雪線以下500 m 及び氷河外枠2 km 以内，⑦ 傾斜度36度以上で土壌層が貧弱，岩山，伐採後の森林の生態機能の回復が困難な自然条件，⑧ 国鉄，国道，国防道路の両岸の第一層となる山及び平地100 m 範囲内，⑨ 国境線沿い20 km 範囲内及び軍事制限区域，⑩ 国務院によって自然及び人文遺産区域及び特別保護意義のある地区，⑪ 国家級自然保護区及び重点保護1級区域，⑫ 2級野生動植物及びその生息となる森林，野生動物類自然保護区，等12の区域がその指定対象となる．

国家級生態公益林の申請批准手続きは，行政末端機構である地方林業部門が地元の実情に基づいて森林所有者との協議を経て，郷人民政府→県人民政府→省人民政府→国務院の順番に，上級主管林業部門に順次申請手続きを行い，最後は国務院の林業主管部門が審査批准を行う．政策的な保険措置として，生態公益林の森林所有者，特に集団所有林と地方国有林の伐採制限に伴う経済損失に対して経済的な補償制度を設けた．2004年に制定された中央森林生態便益補償基金の管理弁法では，「国の補償基金は重点公益林の管理者の造林，育林，保育，管理に対して一定基準に基づいて特定資金による補償を行う」と定めた．中央財政の予算編成に組み入れた補償基金は，国家林業局の認定を受けた国家級重点公益林の事業に対して補償財源として充当されている，

国家級重点公益林の補償基準は，2001年，2004年，2007年，2009年と4回にわたって改善を行った．2004年までは国有林と集団林に対して一律に年間5元/ムーと規定し，森林管理者の給与等の支払い基準を4.5元，地方林業主管部門

の公共経費として0.5元と定めたが，2007年には森林管理者への給与支払基準を4.75元に改めた．2009年には林業農家の経済便益への補償や物価指数の上昇等の社会的な変化要素を考慮し，支払い基準を9.75元に更に引き上げた．一方で，国家級重点公益林の管理や整備等の公共経費の取り分を年間0.5元/ムーから更に0.25元に引き下げられた．その目的は限られた財源を可能な範囲で農家の経済利益を補償する方向に調整し，地方政府の取り分については農家の補償資金の取り分を流用または恣意的な割合の変更行為を厳しく制限した．

4回にわたる補償基準の改正は，2009年の林業農家への補償水準を引き上げたことを除いて，他の項目においては大きな改善内容がみられない．国有林への補償基準や地方林業行政の日常的な維持管理及びインフラ整備コストについては，実質上殆ど改善されなかったことになる．国の補償資金制度は，国内の物価指数の上昇による労働コストや生産コストの上昇及び都市と農村の賃金格差による若手労働力の流出などの市場誘因との競合関係の中で実施された．2001年当時の物価指数の下では，年間5元/ムーの補償基準は幾分か妥当性があったと考えられるが，農村の労働コストが高騰し続ける状況の中で，国有林の公益林だけでなく，集団林も森林管理者の給与不足分に対する補てんを行っている．財政権をもたない自然村では村の日常事務の人件費を中心とするわずかな予算から，補てん資金を捻出するほか，村への公共事業の誘致活動を通じて，生態公益林の管理経費のための資金調達を行うという事態が発生している[(4)]．

4　京津風沙源対策事業にみられる政府間財政移転制度

1978年から実施した三北防護林建設事業は，中国北方の乾燥・半乾燥地域の風砂侵食の防止及び植生回復に対して大きな役割を果たした．しかし，そのスケールが北方全域に広がることから，北京や天津といった局部地域の深刻な風砂被害にはそれほど有効な制御力にならなかった．中国北部では，1950年代には砂塵暴が年間5回程度発生したが，1990年代になってからは年間23回程度，

2000年の3月，4月の1カ月の間に12回発生した．このように，2000年に入り北京市及び華北地域を襲う砂塵暴[(5)]の頻度は減るところか，発生範囲や被害状況においてますます憂慮すべき事態となった．京津風砂源対策プロジェクトは，このような極端な気候現象に対処することを目的に，北京を中心とする華北地域への風砂の襲来を防ぐことを目的に着手した国家プロジェクトである．

2000年10月に，国務院は国家林業局，農業部及び水利部，北京市，天津市，河北省，内モンゴル自治区，山西省等中央関係省庁及び5つの地方政府と共同で，「環北京地区防砂治沙事業計画（2001-2010）」を公布した．これは第1期プロジェクトといわれるもので，北京市やその周辺地域の砂漠化土地の分布現状及び拡大趨勢，生成要因を把握し，地域の特性を活かした造林，防護林建設，草地保全のためのプロジェクトであった．具体的な事業内容は，北京周辺に位置する北京市，天津市，河北省，山西省，内モンゴル自治区，の5つの市，省，自治区が含まれており，植林育林事業の他に，退耕還林事業や農地（草原）森林隔離帯の建設，放牧禁止による畜舎経営，小型水利施設の建設，水源地保全事業，小流域の総合対策及び生態移民等の措置が含まれた．

北京やその周辺地域への風砂浸食は，気候的な条件や風砂源となる草原の植生破壊問題及び土地の砂漠化が主な要因とされた．近代の人口増加に伴う草原への人口流入，農耕技術の草原への普及，過度な開発等の人為的な要因によって，自然植生の自己修復能力が低下し，偏西風の暴風に晒された草原の荒廃化が進んできた．自然植生の破壊は地域農耕民族の貧困問題を招来し，貧困解消のためにさらに自然植生を破壊するという悪循環が続いてきた．そのために，京津風砂源対策事業は① 急速に広がる土地の砂漠化を阻止し，② 土地の生産性の向上を図り，③ 深刻な水土流出を改善し，④ 植生の悪化状況に歯止めをかけると同時に，⑥ 地域社会の経済発展につなげることで，地域社会の貧困解消と生態環境保全を同時に実現するのが政策目的とされた．

中国林業統計年鑑に基づく筆者の計算によれば，京津風砂源対策事業の植林面積は最も低い2009年を除くと，毎年8％～9％の水準で推移した．これは降

表21-4　京津風砂源対策と中央財政資金　　単位：万元

年	京津風砂源対策総(a)	中央財政資金			b/a（%）
		合計（b）	国債資金	中央財政特定資金	
2012	356646	321863	――	――	90.2
2011	250395	223978	――	――	89.4
2010	382406	329166	47958	281208	86
2009	403175	355377	58235	297142	88.1
2008	323871	310795	74594	236201	95.9
2007	320929	298768	48157	250611	93.1
2006	327666	310029	59828	250201	94.1
2005	332625	325408	81585	243823	97.8
2004	267666	261900	82050	179850	97.8
2003	258781	239513	122507	117006	92.6

（出所）中国林業統計年鑑2003年から2012年のデータに基づき算定した．

雨量が少なく自然条件による植生活着率が決めて低い北方５省（直轄市，自治区）の成果として決して低いレベルではない．樹種の構成からみた場合，防護林の割合が最も高く，経済林と用材林がその後に続く．この地域の植生回復事業は地域住民の貧困解消問題と深く関わる課題とされ，造林育林事業及び草地改良事業への経済的補償制度を設けたほか，森林更新材や経済林の利活用を内容とする地域産業の育成にも大きく関わってきた(6)．地域内の自然資源を活用した内発的発展への新しい試みとして捉えることができる．

表21-4からは，この事業が国家重点林業プロジェクトとして実施され，中央財政の特定資金を中心とする政府間財政移転資金によって実現されたことが確認できる．京津風砂源プロジェクトは2003年から統計データが整備されるようになったが，2009年，2010年と2011年を除いた各年の中央財政資金の割合は何れも９割を超えており，2009年には88.1%，2010年には86%，2011年には89.4%と高い割合を占めている．国が地域住民の生態環境改善に対する高いニーズを最優先課題としてくみ取り，グリーン民生を地域社会の生存権保障の要件の１つとして取り組んできたことが分かる．

京津風砂源対策事業の第１期の10年間の取り組みは，次のような生態環境の改善効果がみられた．まずは，植生回復能力の改善効果として高木，低木及び草本植物を組み合わせた複合型植生修復群落が多くの地域でみられるようになり，植生被覆率の改善がみられた．2004年から2008年に行った第７回全国森林資源調査では，京津風砂源対策地域の林地面積は1446.02万ムーとなり，2003年の第６回全国森林資源調査結果より133.66万ムー増加している．対策地域の森林被覆率は，2003年の10.94％から2008年の15.01％に改善され，立木蓄積量は第６回全国森林資源調査期間の年間増加量の２倍に相当する421.66 m^3に改善された．1999年から2009年の第４次全国荒廃化・砂漠化土地調査では，京津風砂源対策の５つの地域の砂漠化土地面積が116.3万ムー減少した結果となった．土壌の風蝕化変化データでは，2001年，2005年，2010年の風蝕量がそれぞれ11.91億 t，9.96億 t，8.46億 t を示しており，2001年に比べて2010年には3.45億 t 減少した．地表粉塵量のデータでは，2001年，2005年，2010年のそれぞれが3124万 t，2629万 t，2650万 t と，2001年より474.1万 t 減少した結果となった［京津風砂源対策プロジェクト２期計画策定研究チーム 2013］．

2013年３月に実施した実地調査では，2003年以降の農村農業税の撤廃や2007年の民生財政の提起以降に行われた農村住民への義務教育，公的医療制度及び公的年金制度を導入して以来，特に2000年以降の約10年間実施された新農村建設事業の結果，都市と農村間の所得格差及び公共サービスの格差が大幅に是正され，自然資源への過度な依頼現象が大幅に改善されたことが確認された．それには，国による様々な政策のほか，出稼ぎ収入の増加や地域産業の育成等が大きな役割を果たしたことも確認できた．

2011年から始まった第２期京津風砂源対策事業(7)にはこれまでない大きな課題が残されている．１つは，第１期のプロジェクトの実施を通じて，大きな意味での生態環境の改善や経済収益の向上がみられたものの，京津風砂源地域の砂漠化対策の抜本的な改善につながっていない．その例として，現在においても北京市やその周辺地域おける砂塵暴現象は頻繁に発生している．２つ目は，今後の植林育林事業の実施の難しさと事業コストの問題である．

第１期プロジェクトの実施期間では，国の財政力の制約を受け，対策地域の多くが北京市北部，北西部に集中し，被害地の近距離区域の対策，つまり風向きの下流地域の対策にすぎなかった．北京地域を襲来する砂塵暴の発生源がさらにその西側にある内モンゴル自治区アラサン高原の騰格里砂漠，烏蘭布和砂漠，庫布斉砂漠，毛烏素砂漠とされていることから，第２期ではさらに西への事業拡大が計画された．しかし，このような地域はさらに降雨量が少なく，年間200 mm，ないし300 mm の地域における植林事業は，水資源配分をめぐる地域社会との矛盾が表面化されるほか，交通アクセスの不便性や造林コストの増加による財政資金へのプレッシャがさらに増加するものとみている．

おわりに

本章の整理を通して，森林がもつ多面的な機能に対する中国森林政策の認識が本研究プロジェクトが取り組んでいる里山学的な視座と非常に似ていることが分かった．身近な自然資源としての里山の評価が自然観や生産・生活様式の改善に及ぶ視点までに至っていないものの，木材生産機能の他に生態的機能に対する政策的な認識が高まっていることが確認できた．そしてこのような認識が森林を公共財として位置づけ，植林・育林事業への財政的支援政策を計画的に行ってきたことが明らかになった．このような政策転換を可能にしたのは，ここ30数年に起きた行財政制度の改革やそれに伴う政府機能及び財政機能の転換がその後押しになったことも確認できた．しかし，現行の森林政策及び森林財政制度は発展途中にあることから，現段階では国の重点事業や特定事業として実施されるケースが多く，社会資源や地方財政の資金動員が不十分であるのが課題として取り残されている．

注

（1） 中国の防砂治砂法及び国連の砂漠化防止公約に基づき，2013年7月から2015年10月に行った第5回全国荒漠化砂漠化モニタリング調査の報告書である．

（2） ここでいう「三北」とは，中国の東北地区，華北地区，西北地区を指す．このプロジェクトは1978年から始まった国家重点プロジェクトであり，現在第4期に入った30数年間の継続事業の一つである．東は黒竜江省賓県から始まり，西は新疆烏孜別里山の入り口まで広がる全長8000 km，幅400-700 km に上る壮大なプロジェクトであり，鄧小平氏に因って「グリーン長城」と命名された．

（3） ここでいう主な河川流域は，長江上流中流地域，淮河・太湖流域，黄河中流地域，珠江上流中流地域，遼河上流中流地域を指す．国家十大防護林政策の一環として1979年から順次実施された．流域防護林建設プロジェクトは現在も継続的に行われている．

（4） 2013年3月の江西省遂川県の現地調査では，国有林及び集団林，県林業管理部門の実地調査を行い，国の生態公益林の管理及び維持コストおける地方財政や林業農家の負担が非常に大きいことが分かった．

（5） 砂塵暴とは，都市部や周辺農村地域を襲う巨大な砂嵐を指す．

（6） 2012年3月の北京市，河北省承徳市・平泉県の実地調査では，地元の中小企業が契約農家と連携して，地元でとれる山杏の廃材を活用した全国最大のキノコ菌床生産地及びキノコ生産拠点を作り上げたことを確認できた．

（7） 第2期プロジェクトは，2011年から2010年を実施期間とし，第1期の対象地域である，北京市，天津市，河北省，内モンゴル自治区，山西省に加えて，陝西省が加わる6つの省（直轄市，自治区）の138県（旗，市，区）で実施される．総面積は71.05万 km^2に及ぶ．第1期の政策目標と同じく，グリーン民生と貧困解消が大きなテーマとなる．

参考文献

国家林業局［2003］『中国林業発展報告』中国林業出版社．

金紅実［2011］「中国環境行財政システムの発展と環境予算」『龍谷政策学論集』1(1)．

国家林業局経済発展研究センター［2008］『国家林業重点プロジェクトの社会的経済的便益に関するモニタリング報告2008』中国林業出版社．

京津風砂源対策プロジェクト2期計画策定研究チーム［2013］「京津風砂源対策プロジェクト1期がもたらした便益」，京津風砂源対策プロジェクト2期計画策定研究チーム編『京津風砂源対策プロジェクト2期計画策定研究』中国林業出版社．

（金 紅実）

補　論

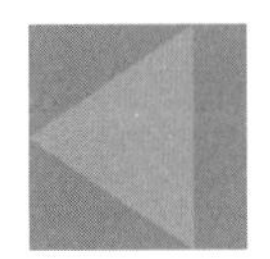

水管理の国家化・技術化と「権利の体系」
——水・人間関係への法学的接近方法の備忘録——

1　人間の外界的自然に対する反作用・支配の一環としての流水管理問題

本稿にいう水とは基本的に地球表面の陸地に存在する真水を指し，海水は（塩湖水についても原則的に）叙述に関連する特別の場合を除いて考察対象から除かれる．

地球上の他のすべての生命体にとってと同様に，人間にとって，外界的自然に属する水は，先ずは「命の源」であるという意味で死活的であるばかりでなく，人間的生命活動（以下，生活と略する）にとって，炊事・洗濯・掃除などその全般にわたって不可欠な資源物質であるが，他方，時・所により圧倒的な外界的自然力の発現として多数の人命に関わる水害を惹き起こすものとして恐れられてきた．河川氾濫や山崩れ・土石流等などの水害問題に対しては，人間は長い間，直接の危害因たる大量の洪水現象そのものを荒れ狂う圧倒的自然力の所産として外界的自然のなすがままにひたすら天災として甘受し，洪水制禦について長い間有効な対処法を持ち合わし得ず，何らかの宗教的思惟体系による祈禱などによって不発生を祈るしかなく，せいぜい災害遭遇時の対処法の経験知の蓄積によって被害を減じることが関の山であった．また，水の利用に関しては，伝統的に人間の日常生活圏に近い支配可能な小自然の範囲内にある水につき，需要集団内での需要者同士の関係として人間同士の関係に転轍され，古く（おそらく社会的動物としてその発生時）から一定の社会内秩序が形成されてきたとはいえ，それぞれの時代の生産力水準に規定される相対的に狭小な支配領域を超えるその大本の部分（例えば大河川の本流）については上記の治水次元の問題と同様であったに違いない．翻って考えれば，水害問題でも，大洪水に対しては諦めても，人間による制禦が可能な範囲での小洪水に対しては，上記・水利関係の社会制度の枠組みが人間の生活への悪影響をも一定の仕方で制禦し，あるいは排水ルールを通して，一定の制禦がなされていたと整理することが出来よう．

このように，人間と水との関係は，自然の一部である人間が外界的自然に対して有機的自然（動植物）をはじめ人間にとって有用なものを取り込み・排泄し（物質代謝），意識的・系統的・計画的に育成繁殖させてその支配領域内に取り込み利用・摂取する行為を通して人為的物資循環を形成させる過程で，拡大されていった外界的自然に対する支配領域に応じて，その支配領域内で第二次的に人間同士の関係に転轍された秩序を伴いつつ，利水にせよ，治水にせよ，共同的な管理が進み，これら仕事・措置は長い間，河川流域，湖水接岸の共同体をはじめとする受益（時に被害）集団／共同体が担ってきており，国家成立後は徐々にかつ時にその共同体を包摂・統治する国家分身（公国や藩など）が統治の一環として介在することがあった．また，西欧でも日本でも概ね生産力が飛躍的に高まり大きな河川への大土木事業が成立するようになる近世社会の段階で，初めて大きな河川への支配・管理が可能となり，統治権力性の拡大・平準化と相俟ち，より広域化した治水・利水の秩序が相対的短期間に面的に拡大する傾向にあった．

とはいえ，そうして可能となった近世の大河川の管理への関与や監督などを例外として，前近代社会では，国家発生前はもちろんのこと，国家発生後も，一般に，流水の日常的管理は，伝統的に村落共同体内や村落共同体同士の関係に委ねられており，生産労働に携わらない領主権力等の統治体が水の管理に関与するのは，水争いの仲裁や裁判，あるいは非常時における臨時的必要に関わる場合で，日常的には，その特権に基づく優先支配権としての身分制的権利関係に基づく，水利量全体のうちごく僅かについてであった．特に領主権についても「法の支配」と双務契約的封建支配関係の観念が強い西欧においては，領主権の観念の上での制約は大きかった．こうして伝統社会では，水の利用は決定的に農民の村落共同体が管理主体として圧倒的に大きな役割を担っていたのである．村落共同体法としての水法は，以上の身分権の成立に至る過程で，一定の集団間での緊張と対立を背景とする力の均衡点を示す争論とその決着といった出来事の歴史的集積から成る慣習・習律といった形をとるものが主な法源となって，法が形成されていることが通常である．

2　近代社会への移行に伴う流水管理の変遷とその法形態

中世以降の前近代社会での人間関係は，村落共同体内の農民同士の関係と，領主権・貴族身分の総括体としての，さらに近世においては個別領主の上司あるいは一般領主に対する監督権等の一定の権能を獲得した国王と農民との関係とは，土地支配を通して形成・再形成され，特に双務的法意識の強い西欧ではな土地貸与ないし授封関係として特定の地片をめぐる相互的土地支配権秩序に包摂されつつ，複数主体の諸権利が矛盾することなく並存しつつ，身分制的な上下秩序として存在し（ローマ卑俗法的自然法学が行われた地方で上級所有権・下級所有権の呼称が用いられたことがあるが，もちろん近代の所有権概念と異なり，これらは公私未分離の支配権であり，未だ占有と不分離の事実規定的な概念でしかない），中・近世の前近代社会内で封建的身分関係として統一されており，水をめぐる人々の関係も，土地支配を一般的な社会的媒介としつつも，前近代に特徴的な各主題別の分散個別的諸関係の一つとして各身分簡の闘争によって形成された力関係を軸に，身分間の約定または慣習を通して，王権・領主権と農民との位階層的秩序の中で位置づけられていた．

こうして形成された封建的・絶対的な近世王権国家を打ち破って作り上げられた近代社会では，自由・平等な主体たる個人の至上性を根本思想とする人間中心主義に発する国家思想と所有権思想から，徹頭徹尾目的的人為的存在である国家は，純粋に政治社会構成員共同性つまり純粋に公共的存在として，上級所有権が転化した統治権は，もはや個別地片毎の身分的私的性格も帯びた旧来の権利性が止揚されており，もっぱら政治社会構成員の安寧と権利を守り発展させるべき使命と義務を負った純公共存在であり，それゆえ実定法律によって政府機関が各別に具体的義務が設定され，その遂行に必要性が認められる限りで具体的権限が付与され，土地所有権は，労働生産物をモデルに形成された近代所有権思想を自然の大地の一部である土地にも及ぼさせた全面的包括的使用・収益・処分権能となり，各人格の発露たる自由の表現体として私化され，土地上に存在するものも附合の法理によって土地所有権の一部とするか，取引行為等における所有権主体の意思関係を通して強力に所有権を推定させ，その上位規範として国家主権による統治権限が領域内の土地について成立している．

水について言えば，土地に対する支配を起点とする水への支配管理の責任と権限の法理が，領域内において土地所有権に優越する主権作用たる統治権により，また海など所有権が成立しないとされる空間では水は領有権ないし統治権の一元支配を受けて，二元的または一元的に成立し，このような整理の下で国家権力が，したがってその中枢たる中央政府が領域下の河川・湖沼を直接管理する法理的基礎が確立した．

近代国家成立後，河川・湖水は（ヨーロッパの場合，航行可能性に応じて，その土地が沿岸の土地所有権に付属するか，土地所有権が成立しないかによって，第一次的管理主体が決定されたが，いずれにせよ），領主・国王が保有した旧土地高権（旧分割所有権理論によれば上級所有権）が転化した統治権（領有権）に基づき，抽象的には国に管理責任と管理権限が属することは明らかである．

そこで確立した近代の水管理は，次のような近代法体系に基づいている．すなわち，「労働による所有」（近代人文主義に基礎を置く「私的（＝排他的）所有」正当化理論）を原理とし，法主体たる人間の支配は，そして労働生産物に対する支配＝排他的領有を個々人の人格の延長上に派生した所有権（property）に基づくとするこの考え方は，論理上そのまま人間にとって外的な自然である自然物には直ちには妥当しないが，労働対象である大地＝土地については，「長期間の占有」の間に普通は注ぎ込まれ，又は注ぎ込まれたであろう開墾・整備・耕作／培養／肥養等の現実または推定的な労苦を媒介に肯定され，その他の自然物は原則として不動産たる土地に附合または随伴するという法的思考通路を通して，それぞれ肯定される．したがって，私有地の上にある水は底地の所有者の私有に帰するから，当然管理義務も生ずる．

流水については，各国法において具体的に規定されている相隣関係等の配慮を必要とすることが普通であるが，原理的には同じである．近代法の前提とする国家がその領域内に確立している統治権の下では，いずれにしても，私有下の水といえども，抽象的な意味での国家の統治権（(領有権）が及んでいるから，統治上の問題として国家は領域内の水に関心を有しているはずであり，それに見合う責任と管理義務を負っているはずであるが，私有下の水についてはその関心はあくまで間接的であって，一般的には「公共の利害」に関わる限りで「警察」目的から管理対象となるにすぎない．しかし，私有権が成立しない土地の上の水は，近代に分離した土地所有権の片割れである統治権によって一元的に統治対象とするしかない．

なお，海も上記の例外ではなく，むしろ，一般に近代法において，特別の事情がない限り，海底には私所有権というものが成立しないとされ，国による統治権（領有権）に基づく管理権限が純粋に成立している．また，国有（国家の一部であるほう人格を有する公共団体の所有でも同じ）の土地に属する水は，上記二重の資格で管理の責任を負い権限を有し（但し，所有権の側面については法主体の公的性格に基づき公物としての制約に服し，一般の私有物と同じではない），実質的に私有権の成立しない土地上・地中の水と同様の関係にある．

こうして近代国家では，当然とされる土地に対する支配を起点とする水への支配管理の責任と権限の法理が上記の二分法に基づき二元的または一元的に成立し，中央政府が領域下の河川・湖沼を直接管理する法理的基礎が確立した．

とはいえ，現実には自然に存在する水は自然法則にしたがって流通し蒸発し，降雨等で領有圏内に入るという循環を繰り返すことが人間社会にとって与件であって何の問題もないから，多くの国では近代成立後も河川・湖沼の流水の管理は緩やかであり――人家の迫っているところには急傾斜河川が殆ど無く，流水が急激な増減を繰り返す自然条件には相対的になく，水路は歴史的に交通体系として位置づけられて船運の便が重視されており，なだらかな堤防と堤外地（＝河川敷の土地）に牛馬の放牧地や遊休地等の粗放土地利用浸水余地を抱え，人家が迫っているロンドンなど高密土地利用地域を通る場所に特別に頑丈で高い堤防を必要とする特別の地域を除いて，堤内地（＝堤防によって保護されることが期待される河川区域外の土地）でも河川流路の大半が牧草地その他の粗放土地利用地であって人家が少なく洪水により人間社会への重篤な打撃が少ない地域であって低水工法 体系で出来上がっているイギリスのような河川管理体系では，とりわけそうであるが――，河川流量管理が大らかでも格別の問題が生ずることは殆ど考えられなかったから，中央政府が直接に集中管轄することはなく，地方の出先機関あるいは地方政府・公共自治団体に分権化し，後者が管理を担うという体制をとることが一般的であった.

もっとも，19世紀以降のオランダのように，もともと海底にあった土地も干拓して農地を開拓することを国策とし，多くの人家が近接する高密土地利用地の堤内地を多く抱え，高く堅固な連続堤防によって堤内地への越水・破堤による洪水の発生に特別の注意を払わざるをえない高水工法体系をとる河川事情にある国・地域では，もっぱら治水上の観点から河川管理は当然厳格であり，各国の統治体系に応じた政府機関の管理は抽象的なものに留まりえなかった. 日本が幕末以後，河川の脇まで高密土地利用を可能とする高水工法による河川管理体系に切り替えたのは，顕著な事実である.

とはいえ，高水工法をとる国・地域でも利水はもともと地域的な問題が多く，ある河川流域全体と各地域でそれぞれの事情と特性の下で歴史的に形成された調整の仕方が違うのは自然であるし，低水工法の国だからといっても治水面では洪水などは実際上しばしば発生するが，ごく日常的な治水問題（迷惑な流入水や洪水）は，基本的に相隣関係すなわち基盤とする土地同士の関係を媒介に民事ルール――言い換えれば土地所有権の問題――と地域的・地方的ポリス（講学上の「警察」=「公共の安寧」）の問題――言い換えれば村や町などのコミュニティーないし自治体の問題――として解決され，水争いで裁判になったり中央政府が乗り出して調停・仲裁・裁断したりしなければならない場合を除いて，それぞれの面で中央政府が直轄して日常的に管理しなければならない事態が発生することは伝統的に考え難かったことと思われる．

そこで，規範の具体的姿を体系的にあるいは個別の事件に即して明らかにする法規範学が主流である法学からの水問題へのアプローチは，水を対象とする法が包括的に独自の体系をなすものとして成文法の形で明確に定められていない場合が多いが，その場合は裁判などの国家作用の過程で普通法の「解釈」を通しての法発見によって，あるいは水問題の一部が必要に応じて成文法として定められている場合はその制定法を優先法源として法体系上の整合性を図りつつ水（制定）法と普通法の組み合わせによる「法解釈」を通して，水法体系としてあるいは特定の具体的な場面や問題に関する法発見により，確定する努力が払われることになるが，その努力の大部分は，以上の近代国家・近代法の規範体系の枠組を前提に論理操作を施して具体的な規範を発見するという順をとる．

しかし，モンスーン気候下の水稲耕作を中心に発展してきた社会史を背景に水法が土地法とは別個の体系をなしてきたこの国においては，その普通法が土地を中心とする近代法体系に純化されるものとして一元的に成立しているわけではないから，法学も伝統的に水法を規定する別個の慣習法等の解明に多くの努力が注がれてきた．

3　今日の流水管理の国家化・技術化と法学

他方，低水工法体系のイギリスでも1980年代頃に河川管理の伝統的な地方分権システムを改め，例えばテムズ河は郡や自治体ではなく数区間に区切られた管轄区域毎に国主導の管理機関が定められるという変化が起こり，我が国でもすでに1964年新河川法の制定に見られた傾向すなわち旧河川法の指定河川毎の国と地方団体のいわば線的分担管理から水系毎の面的分担管理への変化の中に萌芽的に認められる地域的総合管理への志向に加えて，1980年代に至って河川行政において総合治水の考え方が導入され，危険物としての水の海への円滑な排除一本の考え方からの転換が図られ，遊水作用も含む洪水調節や親水といった文化的機能や様々な利水と関連付けられ地域の多様な水需要（水の役割）との相関での治水というより高度に洗練された概念化が図られている．

これらの動向は，国毎のそれぞれの目的と個別的特徴が見られるものの，概ね世界の先進資本主義地域で第二次大戦後共通した国家の社会化と大衆資本主義とを背景とする相対的に急速な経済成長が一段落した1970年前後頃から，治水手法の総合化や水の利用用途を超えた各利水需要の配分調整目的を含む総合管理の必要から，河川・湖沼の国による機能的直轄化＝統合的集中管理が志向されるようになり，さらに計測技術・装置の発展とも相俟ち，数値的管理が厳格化・高度化し，また，コンピュータリゼイションの爆発的進展による助力で，一地点に面的に膨大な流水を集めて貯留するダムのような百パーセント人為施設においてだけでなく，流域全体と各地点の推移・流量等が常時・瞬時に網状に計測され，機械装置とネットワークさえあれば何処でも共時的に可視的データとして把握され，対応可能な状態となって集中管理される事態が進んできた．各種の水資源の利用促進や様々に異種の利用や利用者間の利用を巡る調整の必要からだと説明されているが，それは恰も各国がその国防上，防災上の必要から領空・領海を24時間恒常的に監視し瞬時に異常を察知できるシステムへの近似を感じさせている．

以上のように国家活動として，単に原理上という以上に，実際上の必要と事情から一元的体系的に集中管理・把握・制禦される量的質的度合いが弥増している．従来，こうした事象のうち，異種の利水間，治水・利水間，上下流地域や支流異地域間の，あるいは異なる河川での水利・洪水調整への志向は「総合化」と呼ばれてきたが，そればかりでなく，関係私権者個人は管理主体としては影を薄めて形骸化し，もっぱら受益者化して水道の蛇口を捻る消費者然とする河川・湖水に対する管理の傾向や趨勢全体を，本稿では「**国家化**」と呼び，その具体技術的な管理形態の高度化の傾向を「**技術化**」と表現する．

河川管理に関して近代の入り口で高水工法体系への転換を遂げた日本の治水に関する精密な共時的水管理の例は上述したが，諸種の利水間おいても同様の調整が近年精力的に進められてきた．戦後復興期以後の様相を具体的に見ると，農業用水が田畑の潰滅により減少し，工業用水需要がこれに代替するかと思われたが，産業構造の第三次産業化とともに工業用水需要も頭打ちから減少へと転じ，近年は減少分を補うのは「環境水」という概念の下に河川水量を維持・増加させるなどの目的で放流する水が増えていることがよく知られている．そこに上記の今日の水管理のあり方に関する共通の特徴，「国家化」，（「総合化」及び）「技術化」の展開を見るのは容易い．

しかし，この変化の流れを，従来の水利を主な対象としてきた法学的遺産と整合的に説明するのは，そこに何らかの変数を加えるにしても，なお難しい．

従来の研究は農業水利を中心に，これを水利慣行の中心舞台である農村共同体を軸に分析し，それに需要の増加傾向にあった都市用水（工業用水と生活用水）を補足的に付け加えるというスタイルで現象を説明するのが一般であった．主たる考察対象でなかった都市的と言われる後者の利水諸類型は，権利構成から入らず，また農村共同体に匹敵する中心舞台の内面的分析が行われたわけではなかったので，二つの異なる利水類型を接合させるについては，すでに不連続があり，分析手法としては一定の断絶があった――都市的水利用については，数量的結果と，それが農業水利権と同様に一種の水利権を構成すべきものという見通しで満足され，その主体や具体的あり方，換言すればどういう内的構造を持っているのかは具体的に踏み込まれているわけではなかった．――が，全体像を提示するにそれほど大きな障害とは考えられていなかった――もし，そこまで踏み込むなら，農業水利権に対するのと同程度のエネルギーと時間を割かなければならず，とうてい個人研究の範囲で全体を賄うことは難しいであろう事情も考慮されたに違いない．――．それは，戦後高度経済成長期までは何と言っても農業水利が水利全体で圧倒的比重をもっていたから，水利の法学的研究において農業水利権をもって水利全体を代表させてそうおかしくはなく，その価値が損なわれることがなかったからであると考えられる．

ところが，不可逆だと思われる上述の傾向がすでに顕著になってからすでに一世代分経過し，その変化の相を重視せざるを得ない今日の時点で，水利用の法学的研究は，従来と同様のアプローチだけを維持することができないことは今や自明であり，かといって従前の蓄積の上に，この変化を載せるだけであれば，その研究は，質的分析に上に数量データを載せただけの，木に竹を接いだ類の味気のない皮相な現状報告になりかねず，しかも叙述のために用いる資料が基本的に官庁データに依存するだけであれば，その結末は，実態把握と政策立案が仕事そのものであり予算配分を通して必要な資金も確保され，国家組織を通して現場に精通している担当官署・部局の言い分を追認し，学問の名でその推進する政策を権威づけるだけになりかねないであろう．

4　日本の水管理とその背景

同時にその数量的皮相に止まらず，水管理をその管理の中心的対象たる農業水利の実態に即して分け入ると，諸外国，特にわが国が150年前からのいわゆる近代化の過程で模範とし，諸制度の導入元の欧米諸国における水利の様相とはむしろ相当に異なっていると考えざるを得ない．その背景要因の最も顕著な違いは歴史的に形成され来たった水の需要と制禦を巡る社会事情，つまり利水・治水をめぐる今日の利益状況と権利関係にあり，近代形成期の形成のされ方にあると見られる，すなわち「地租改正→地券交付→欧米式土地所有権制度（⇔近代的統治権）」の創出期とそれに続く松方デフレ政策以降の動乱を経て，明治中期には全国統治政策の修正を迫られ，地方・地域統治に大幅に維新以前から存続する村落共同体の「自治」を活用する策が付け加わり，森林原野に関して入会権が，河沼や沿海に関しては漁業権といった共同体慣行に由来する権利が，また河沼等からの自然水の利用に関しては土地所有権体系と秩序とは別途に慣行水利権を事実上認めていく過程が進行した．このため，これら人間にとって外界である無機・有機の環境的自然に対する支配の法制的表現が，欧米で確立した上述の近代法の体系と一定の齟齬をきたす事態が生じ，その下で日本の法制と政策，政府活動が連綿と展開し今日に至っている．

他方，日本は，アジアで唯一，既に数十年前から欧米の最成熟資本主義諸国と肩を並べるところまで経済成長させ，その社会を隅々まで資本主義経済システムに適合させて，政治的経済的にいわゆる西側同盟関係に立つ成熟資本主義国である．一般に「近代化」と呼ばれてきたその資本主義形成過程は，数多くの独特のものがあるが，中でもその変化の背景にあってそれを可能とした戦前及び戦後の資本主義システムへの適合的な社会変化の徹底振りは最重要の特徴であるが，それはほかならぬこの国が統治近代化の梃子としたはずの村落共同体の激減ぶりと変質に強く顕れている．

明治維新期に存在したことが知られている村落共同体数は1980年頃までに中央政府の音頭による度重なる合併の嵐を繰り返しつつ，既に概ね三百分の一だと言われていたが，20世紀末から21世紀の初頭にかけての「平成の大合併」によって総務省によれば基礎自治体たる全国の市町村数は3232（1999年）から1727（2010年）になった（2016年10月現在で1,718市町村（市791，町744，村183））というから，維新当時の共同体数から見ると大略五百分の一に激減しているのである．これは，生活圏の地縁的一体を通して．共通利益を守る役割を担う共同＝公共体の機能の弱化・喪失を意味し，いわゆる近代化過程の２・３百年を経ても概ね７・８割は存続している西欧主要国の村落共同体＝基礎自治体数の事情とは全く異なり，日本の村落共同体が西欧諸国よりもともと相当に小規模であったということを考慮してもなお，我が方は上記の統治政策が村落共同体の居心地を好くすることに力を発揮したのではなく，一定の私権につき尊重して村落共同体媒介的民衆生活を保護したように見えて，全体としてはその社会的実態的基礎を空洞化させ，地方の力を削ぎ，国土一極集中を促進してきたと評価されてもやむをえない惨状である．

要するに中央政府が極端に強く，特定外国政府の意に敏感な支配者集団の意が易々と（例えば，一国の農業の生命線を害し，国民食糧のとりわけ非常時の主食安定確保を危殆に追いやる米麦等の輸入自由化でさえ大きな社会的混乱も無く）通るような帰結が保証された国家構造の改変であり，それはいわゆる地方分権が進んでも，決して中央の隔絶した力が減るのではなく，国民に重大な影響を与える新規政策がさして大きな抵抗も無く円滑に可能になる類い稀な国――欧米の視点からは実に不可思議な現象――が，いかにして成り立つのかが大きな疑問として残ろう．しかも，こういった政治過程は，地方分権化がかまびすしく叫ばれる中で粛々と行われてきたことも記憶に新しい．地方分権は，中央権力の強化と矛盾しないのである．

共同体慣行の一部を私権として保全する仕組みを近代法に取り込んだ日本法の日本的特殊性は，水管理「国家化」・「技術化」にそれなりに相当の影響を与えたにせよ，決定的にその進行を食い止める要素ではなかった．そこには，実定法体系や権利構造を他と切り離してそれだけを見るのではなく，歴史的に形成され来たったこの国の農業・農村事情や構造が，またとりわけ戦後については世界的な視点から国際関係や地政学的関係によっても強く媒介されている可能性を含め，広い視野から検討する必要がある．それでも未来を展望するためには，以上の日本社会に実体として存在してきた近代以来の日本的特質を普遍的な視点から秤量し，未来的可能性を考察しなければならない．

以上は主として水管理について既存法学の研究蓄積が集中している水利についてごく大雑把に検討したのみであるが，さらに他方の治水面も加えた総合の視点から流水管理の問題を捉えると，問題は一層複雑に，かつ従前の学問的地平だけからでは見通しが得にくいことは明らかである．それは，治水すなわち洪水による災害の防除問題の場合に想定する非常時については，日常的生活問題の範疇にあって民事的権利関係として長い年月をかけて成熟してきたような法の裏づけがなく，直接因たる洪水発生メカニズムを視界に取込むと考察対象が格段に拡大して複雑化し，権利主体についても利水問題より曖昧さを伴って広がり，抽象化されるので，法的境界が確定し辛い面がある事情が考えられる．

5　戦後農業・農政の展開から見た水利事情の変化と法学的アプローチの方法

(1)　戦後の水利用情勢の変遷——農政の変容を中心として

戦後改革で最重要の柱の一つたる農地改革（特に第二次改革）は，戦前すでに農業生産の桎梏であると考えられていた寄生地主制大規模土地独占制度を廃棄して自作農主義（後に耕作者主義）に基づく農村民主化を実現し，身分的階層秩序に縛られ自立を阻害された農業生産主体を開放して，勤労の成果をそのまま享有することによって生産主体としての意識を高め生産意欲や工夫を刺激することを主たる目的としたものであったが，総力戦下の統制と敗戦とによって疲弊した日本経済全体の復興をも狙ったものであった．この企図は短期間で期待以上の成功を収め，改革着手から８年後，全国的に見れば実質的に数年にして農業生産は1955年には戦前水準を回復し，その前後から農業政策の重点は生産関係から量的生産力主義，特に労働生産性の向上を重視する構造政策へと移行した．

敗戦処理及び敗戦後の緊急対応段階の後，朝鮮戦争特需の神風と日本経済のIMF 金融体制その他の戦後グローバル経済体制への組み込みの下に急激な戦後復興過程を経て，産業界や金融界の要求を背景として，それまでの傾斜生産方式などの敗戦荒廃経済の建て直し緊急策から飛躍して膨大な資金需要を背景とした欧米先進国と肩を並べるための経済構造の転換のためのより大きな支援を非農業部門の産業界に向ける予算シフトを可能とするために農業支援への財政負担の軽減が課題とされ，その前提で農業政策が見直されたのであった．重化学工業化政策，米欧先進諸国へのキャッチアップ政策を進める上でも食料輸入費の能う限りの削減という中間項を通してであった国民食糧確保の観点からの戦後復興期までの両部門の蜜月時代は終わり，矛盾・対立の側面が前面に出て，高度経済成長施策が準備され，農業予算の切り縮められ方は，その後もずっと続き，西側欧米諸国よりずっと明確で露骨なものであった．他方，都市を基盤とする成熟型資本主義の再生産メカニズムの下で，都市部・産業界の農林業・農村部よりはるかに高い成長を背景に，第二次・第三次産業への人口需要が圧倒的になるに及び，機械化による省力化が可能となる労働生産性の向上に農政の重点がシフトし，以後，農地問題においては，すぐ後で述べるように，中型機械，さらに80年代前後からは大型の機械体系に相応する田畑区画の大型化と灌漑・排水等の自動装置化が重視されるようになっていった．また60年代に入ると農家では跡継ぎ問題が発生し，やがて困窮し，農家が跡継ぎ自体を望まない，大規模経営でなければやっていけない，更には，洪水的輸出に活路を見出す財界や産業・金融政策当局，マス・メディアを中心に，いわゆる食糧安全保障に直結する農産物についてさえ，輸入自由化がかまびすしく叫ばれ，禁止・物的制限の有無といった質的次元だけでなく，関税率といった量的な次元での国境措置の限りなき低減が志向され，大規模経営でも見通しが暗い産業としての農業が壊滅しかねないほどの構造不況業種の代表格に入り，荒廃田畑が全国的に広がるようになり，90年台半ば以降，WTO条約時代とTFT時代を見据えて政策の重点を専業的なより少数の農民に絞る傾向が時とともに強まり（担い手問題），さらに世紀が改まると，エリート農を担い手とし海外富裕層をターゲットとする超高級海外市場向け輸出産品生産を花形とするトップブランド志向の「21世紀型農業」（格差社会適応型農業）へと展開する．当然農業用水需要は減少するようになり，使われないで荒廃する水利施設が全国にみられるようになった．水利政策も農業に関しては，当初は中型の，そして1970年代以降は大型の機械体系による機械化及び導水と水はけが広域の集中管理による機械操作で可能となる暗渠型大区画水田（当初は30a，後に1ha，現在は2ha）が農林政策当局のいう「土地改良事業」を意味し，土地改良事業に伴う用水問題は当然水利秩序の改変を伴うこととなり，西欧近代国家の論理を背景とする河川行政（内務省→建設省→国土交通省）の水利許可の論理との整合が迫られたが，他方で行政の上でより深刻な問題として農業用水の需要減による他用途への転換問題が比重を増してきた．

まず土地改良事業に伴う問題であるが，90％（地方自治体の積み上げがあり，実態は多くの地方で都市計画に基づく鉄道会社の鉄路の高架化（97％）と同等かそれ以上）の補助率が伴う土地改良事業には，その後改良区による一括水利管理と慣行水利権の廃止による許可水利権化が伴った．今日，農業用水に関して，取水施設数については旧慣水利権が未だに64％を占め，許可水利権は20％であるのに対して，灌漑面積については，旧慣水利権32％，許可水利権53％と，指標が逆転している（平成21年水資源白書）．その意味するところは，戦後の農水省の歴年の行政努力の甲斐があって，全国的に土地改良は著しく進んだということであろうし，またそのような施策から漏れている農地も数的には依然として多いということであろう（いうまでもなく，許可水利権への切り替えは当然施設数の激減を伴う）．

なお，前世紀の最後の四半世紀あたりから農産物によっては工場生産農業がじわりと広がり出した．土の替わりに水耕式で，栄養も光も温度管理も人工設備によるオートメィション食糧生産を典型とする農業の工業化である．こうなると農業と工業との垣根が限りなく低くなり，水利問題が新たな局面を迎えるであろうことは見易い．

さらに水問題については，近年，国際的に広がりつつあり，この国にも浸透の兆しを見せる新たな考え方が提唱されている．「ヴァーチャル・ウォーター」（仮想水）なる概念で，分析枠組みでもある（例えば，沖大幹「「ヴァーチャル・ウォーターについて」（「農政ジャーナリストの会」編「“水”問題の現在」農林統計協会，2003年，55頁以下参照）．食料品・農産物の輸出入は，それがなければ国内栽培によって必要な膨大な水需要を不要とし，食糧輸入国の水資源や労力の節約に役立っているという視点からの論であり，以上の農産物輸入自由化問題に象徴される自由貿易礼賛といった国境での国家主権の質的量的極小化要求を反映したと考えられ，環境問題の数量化手法による新手の自由貿易体制擁護論が現れたように思われる．国際貿易による影響は何も水資源だけでなく，社会分業の発生以来必然化した商品交換（やがては商品生産）という仕組みが，価値体現物の交換（したがって現実には一定の通貨価値を通じて秤量される価格）を通して，何千年の昔から全ての関係物質の「仮想的交換」が埋め込まれており，水だけを取り出すのは恣意的である感を免れない．

農業用水の転換問題は水利権の廃止問題を含むが，因みに，1965年から2008年までの35年間に，国が直轄管理する1級河川から水利権の転用による都市用水の許可がなされた数量は，190件，61 m^3/s だとされる．もっとも，農業用水の需要減は一層激しくなっているはずの近年についていえば，以下の都市側の事情によるのか，その転用はあまり進んでいないとみられている（上記最後の9年間で1 m^3/s）．

農業サイド以上に，戦後，ドラスティックな変化・変遷を見せているのが非農業用水をめぐる諸問題と諸事情であろう．

戦前から工業化に伴う工業用水と都市化に伴う都市用水とりわけ飲用水は農業用水と対立する水政策上の主要課題であったが，戦後の重化学工業化と電力需要（→水力発電需要），さらには第3次産業化により，工業用水需要は高度成長期に激増し，全国の河川でダム建設が進められ，農業用水の転換が進まない中で地下水問題等を惹き起こしたが，今日時点での問題状況を先取りしていえば，ソフト化・サービス化を経た第三次産業化がその後も進み，低成長期に入ってから工業用水需要も頭打ちの後，減少に転じ，また都市用水需要も今世紀に入り予ねていわれていた人口減少問題が現実化し，一極集中を続ける東京などを別として，量的には需要減傾向にあるようである．

(2)　水利問題，水管理問題及び水政策の背景に透けて見える国の基本路線・政策姿勢の選択肢

以上が，前世紀の最後の四半世紀以来現在に至るまでの半世紀近くを，政策

採用順では英・米・日といった国を推進軸に，西側同盟諸国を中心にして展開してきた――最近は西側成熟資本主義諸国でも揺らぎが見えてきているが――パックス・アメリカーナを実体とする地球化（グローバリゼーション）と新自由主義を基調とする政策基盤に誘導され媒介された変化であることは疑う余地がないが，何時までこういう状況が続くかは未知数の世界に属する．世界中で国内でも国単位でもあらゆる場で限りなき貧富格差が広がり，一握りの――今や最上位0.1％の階層・家族のみが安定的に上昇し，かつての１％のその余の部分は概ね横ばいであり，99％はもちろん零落傾向を続け，最新報道によれば最上位一極国でも4000万人，人口比２割近くが自立不能な最貧困層を形成している．――食糧生産の基本である農林業には，国の政治事情により大きく環境が異なるものの，多かれ少なかれ共通の傾向として厳しい風が吹いてきたが，これと対照的な代替的政策も当然あり得るし，それを追求する動きも強まっている．水利問題はそういう意味では優れて政治問題である．

世界の未来は混沌とし，水利問題，水利政策の行方も混沌としている．法学研究，否，学問一般は，その根本的な方向選択をも視野に入れなければならない（普遍的な議論にならない）とすれば，これらを取り込むには，洋の東西，体制の如何を問わず現代社会・国家の変貌の下で，何であれ共通のトレンドが見られるように思えるが，流水管理についての「国家化」・（「総合化」の下での）「技術化」がそれ自体としては避けられない統治装置・技術上の進化の現われであり，またこれを調査対象であり真の実体をなす主題の生産・流通因子の数量的データとして一定の政策に媒介された結果の表象に過ぎないものとすれば，その媒介される政策や人間の営みの本体（本稿で扱った対象について言えば食糧生産農業）そのものへの切り込みを欠いた分析は，その大本を不問にし，肝心要の議論を素通りさせてしまうことになろう．

(3) 現代水利問題・流水管理問題への法学的アプローチの方法
――自然史的人類史を媒介する歴史的分析の必要――

では，今や避けられなくなっているこれら数量的把握を基として精密な量的詳細分析を踏まえた法学研究は，どうすれば可能であろうか？

しかし，その前に問うべきことがある．管見の限りでは，最近の水管理情を論ずる法学研究論文や記事に従来の法社会学的な水利問題への研究蓄積――わが国の戦前とりわけ15年戦争中は，公然とは主張出来ず研究者の胸の中に秘められていた自然科学にも通底する社会科学への思いに対する社会的禁忌が解き放たれ，爆発するように実態調査に向かい，方法を吟味し，「法社会学論争」をはじめとして法学界を揺るがす論争さえ幾度か経過させた．ここでは詳しく触れられないが，水利関連についても幾つもの輝かしい研究成果が公にされている．――への言及がなく，おそらく，未見の業績を含め，それらを素通りする研究が大半であろうと推測される事態を引き起こさせているものは何かという問題である．

思うに，少なくとも法現象への科学的アプローチの欲求と精神に満ちていた既存法社会学蓄積が素通りされるのは，そこで用いられている方法がもはや有効でないと看做されているからではなかろうか．無理に結びつけると，先述したように，木に竹を繋いだような，不自然・不連続であるばかりか，内的に矛盾を抱え込む論説になってしまうことが懸念された結果なのであろうか？　しかし，それならば，既存の研究業績を批判すればよいではないか？　それが学問というものではないか，という疑問が次々と湧く．先学の事績の厳密な批判の上に新しいより正確精密な業績が成り立つのではないか？　従来の水利に関する法学業績と本稿で「国家化」と「技術化」をキーワードに特徴付けた現在の新たな流水管理の動向への分析・研究とをシームレスに，但し一貫して科学的に――すなわち人間の共通五感から発し，直接感覚により，あるいはその他の機械的方法の助力等による媒介を通して，確実に存在を確かめられる事物や法則を基礎に，事実と論理のみから，一定の結果や命題を導く．――真実を追求し真実に忠実であることは学問のイロハであり，過去を切り捨てることは，世の中の営み一般と同様に，学問研究の自殺行為ではあるまいか．

ではどこに問題があるのだろうか？　水管理について乏しい取り組みしかしていない私がその明確な見通しを持ち得ているわけではないが，今の時点でおぼろげに抱いている仮説は次のようなものである．

旧来の法社会学的水利研究は，科学的追求の意欲に燃えていたが，社会規範と国家規範とを切り離し，法規範やその他の国家規範から切り離された狭義の社会規範の探求に精力が注がれ，そのために例えば農業水利権の研究では農村の法意識の解明に力点が置かれ，それがいかに近代法と異なっているかの実証に大きな精力が注がれた．それは，これらの研究の研究素材たる入会権や温泉権，農業水利権といった実定民法に慣習を第一法源とする旨の規定（民法典に唯一権利類型として規定のある入会権について，同263条及び294条参照．他の権利については，権利の性質の類似性による入会権規定の類推による）を根拠として，慣習の探求がそのまま実定法源の発見確定に結びついたことと，当時の先進的法学者の大きな問題意識が，経済的にはすでに立派に資本主義化していたにも拘わらず，市民革命を経ないままに歪な近代化を追求したことが，社会の歪みを齎し，封建遺制を存続させ，一部で遺制であるのみならず人々の意識を深く規定し，近代的なはずの資本主義の日本的体質に影響しているばかりか，特に農村部の遅れた「半封建的」社会意識の残存として，新生日本の民主化に重大な制約要因となっている，といった日本社会への根本的な問題意識や「民主化」のための戦略志向から，好んで農村部の共同体慣行の実態研究が進められ，農業水利権も研究された．

しかし，1957年頃から始まった高度経済成長は，こうした法社会学者の規定を乗り越え，一方で農山村部に深刻な過疎問題を惹き起こしつつあり，民族大移動と言われた都市部への学卒者等の若者を中心とする人口流動・集中により，日本の人口構成中労働者人口が60年代末には７割を超え（定義にもよるが，現在の労働人口のおそらく実質では９割前後を占めるであろう），その他，新中間層といわれる勤労人口が厚く堆積し，都市部では全般に過密問題を抱え，また戦後改革期から60年代の高度経済成長後期まではシャープ税制その他の戦後改革による社会政策的な法制や社会装置が利いて所得格差がかなりの期間縮まる傾向が見え，所得上の中間層がこの国の人口構成上，相当に厚く堆積した時期があり，社会意識も大きく変わった．伝統的「家」意識なども1980年代には解体に向かい大正期以来基本となった「家」単位の墓は全国で無縁墓が著増した．要するに戦後初期の法社会学の社会認識や理論枠組みの前提は，当時においてすでに徹底した十分なものであったかどうかの疑いもあるが，その後の事態は少なくとも崩壊していることは誰の目にも明白であるが，「小さな物語」（リオタール「ポスト・モダン」論）の物言い等が蔓延る中で，人間世界が単位となって織り成す社会現象については体系的法則性を揶揄あるいは一般的に否定する不可知論的な世界観を背景に持つ新たな学問潮流の勃興で，自然科学の引き続く長足の進歩の成果により宇宙の彼方に正確にロケットを飛ばし，小国への戦争に従事する大国が本国にいながらにしてますます精密にピンポイントで目標を叩き，無辜の住民に残酷に襲い掛かってくる時代に，人間という自然の一部たる生物種に特殊化された社会科学そのものが科学を名乗る分それだけ古臭いという風潮さえ生まれ，法学研究者から科学的志向がどんどん退化・衰微していった．

新しい水利問題や流水管理問題に取り組む法学研究が，従来の水利権や利水問題への研究蓄積に触れないのは，対象たるその業績の性質の研究に内在する現在の状況への不適合という問題と，研究主体の没方法論性や脱科学志向という二重の問題が横たわっているのではないかと思われる．しかし，この研究姿勢は，状況に即自的に規定されているがゆえに無理をせず既成概念と思い込みから解放された素直さを含みながら，おこがましくも率直に言えば，産湯と共に赤子を流す類の，戦後法学が持ち得ていた非常に大切なものまでを忘れてしまっていないかという危惧を禁じえないのである．

それでは，国家や村落共同体が複雑に絡み，また舞台や場として関わるだけでなくそれなりに実体を持つ独自のアクターとしても関わってくる水管理のような問題や，戦後法社会学の研究蓄積を批判的に継承し，科学性を志向し，徹底させる法学の実証的アプローチとはどういうものであるか？

それは，戦後法学が上に簡略に紹介した問題意識を背景に，枠組みの歪み（エールリッヒ流の国家規範と社会規範「生ける法」などの枠組み概念によってやや固定的に対立させる方法などが第一に挙げられよう）とともに，当時の日本の捉え方に根強く先験的に見えるほど強固に前提とされている世界史上の欧米中心史観であるとか，対枢軸国としての「正義の味方」たる「連合国」といった，後者の深刻な内部矛盾を軽視した過度な単純化，それは戦後の占領軍の施政や政策に対する姿勢の甘さに通じ，戦前との繋がりの中での日本の現状についても，国家機構そのものが市民社会（政治社会）から超越した存在ではなく，全体として包摂されており，天皇制は，改造された象徴天皇制において，同一人物のもとで変化した実体的機能（特に対外的関係）への軽視があったように思われる．かくして，水利行政やその上位の流水管理行政，あるいはそれらの政策そのものに対する社会科学及び法学的理論枠組みを必ずしもその後の動向に対して十分にフィットさせることが出来なかった憾みがある．また，当時は国レベルと社会レベルの民主化を，両者の対立構図にも拘らず最高戦略目標として二つながら措定されていたように見受けられ，それが当時すでに十分であったかどうかの問題も残る．いずれにせよ21世紀の第一・四半世紀にある現在の日本では少なくとも当時意味づけられた「民主化」スローガンでは十分でないことは明らかである．日本を取り巻く状況は，当時から，そして今日はなお，もっと複雑であり，対外環境が複雑であるばかりでなく，国内要因に限ってももはや十分ではなく，権利状況も複雑で対国家（政府）に限定できなかったであろう．

それでは，こういう不徹底点を総括し，より徹底させた社会科学的視点を法社会学などの実証法学に持ち込むための理論枠組みはどのように構築されるべきだろうか？

それは徹底的な水と人間との関係の対象化から始めるしかない，と考える．また，近代法はおろか，国家を歴史的論理的に前提にするからと言って法現象を国家発生後から説明させる必要はないわけで，国家発生の如何を問う前に，自然の一部としての水（H_2O）と自然の一部としての人間との関係の規定関係の考察から始める必要があるが，宇宙一般だとあまりに広漠に過ぎ，法学者の能力に余るにせよ，地球的自然を前提にすれば，一般的素養の範囲で論ずることが可能であろう．そして，何事によらず当該事象の系統的な発生論的解明が王道であり常道であるように，水問題も，自然体たる生物としての人間における水の関わりを原点に考察すれば，叙述上論理的な漏れを防ぐことができよう．固有の法問題となるには，国家の発生があり，さらに現代に至るまでの国家史・法史があり，それを規定する経済社会的要因がある，…等々と，根本から系統的に考察し直すことが必要ではなかろうか．

かくして，両者を両睨みで考察した場合に，今後の流水管理問題に対する実証的経験的法学研究の出発点は，以下のような一見具体的水管理問題とは別次元の根源的考察から始める必要があろう．

地球史の大部分を占める約40億年といわれる長い時間を経て，進化を遂げてきた地球型生物にとって水という物質は格別の共通生存基盤でありその生命体組成の基本構成要素であって，また太古での真核細胞内でミトコンドリアとの共生を契機に酸素呼吸によるエネルギー代謝方法を基礎として，脊椎動物の進化過程において肺呼吸というエネルギー代謝方式を獲得した陸生動物は，細胞膜と個体膜（皮膚）の二十の防備に加えて肺呼吸による大気中の酸素の直接取り込みの能力を獲得したがゆえに，命の源である水から一時的相対的に離れて暮らすことが可能となり，より大きな自由を獲得してその分活動領域を広げることができたが，反面，生存問題としての水問題を発生させてしまった．現生人類は，こうした進化の果てに，顕著に発達した大脳の作用により，理性の働きを通して自己及び集団の行動を制御することによってこの生物的な意味での基盤的生存条件を確保しつつ，炊事・洗濯・掃除等の更なる文化的生活手段を確保してきたが，ここで問題となるのはその社会的な条件や与件，環境であり，それら全てが法学的観点からの考察の前提となる．

（池田 恒男）

索　　引

〈サ　行〉

〈タ　行〉

〈ナ　行〉

〈ハ　行〉

〈マ　行〉

〈ヤ　行〉

〈ラ・ワ行〉

《執筆者紹介》（執筆順，＊は編著者）

＊牛尾洋也（うしお ひろや）　1960年生まれ．大阪市立大学大学院法学研究科後期博士課程単位取得退学．龍谷大学法学部教授．『里山学講義』（共編，晃洋書房　2015年），『現代市民法学と民法典』（共著，日本評論社　2012年）．**［はじめに，第５章］**

＊吉岡祥充（よしおか よしみつ）　1955年生まれ．大阪市立大学大学院法学研究科後期博士課程単位取得退学．龍谷大学法学部教授．『里山学講義』（共著，晃洋書房，2015年），『コモンズ論再考』（共著，晃洋書房，2006年）．**［はじめに，第18章］**

＊清水万由子（しみず まゆこ）　1980年生まれ．京都大学大学院地球環境学舎博士課程修了．博士（地球環境学）．龍谷大学政策学部准教授．『東アジア中山間地域の内発的発展』（共著，公人の友社，2014年）．『変貌する沖縄離島社会　八重山にみる地域「自治」』（共著，ナカニシヤ出版，2012年）．**［はじめに，第６章］**

丸山徳次（まるやま とくじ）　1948年生まれ．龍谷大学大学院文学研究科博士課程単位取得退学．龍谷大学名誉教授・研究フェロー．『現象学と科学批判』（晃洋書房，2016年），『岩波応用倫理学講義２環境』（編著，岩波書店，2004年）．**［第１章］**

秋山道雄（あきやま みちお）　1949年生まれ．大阪市立大学大学院文学研究科博士課程単位取得退学．滋賀県立大学名誉教授．『琵琶湖岸からのメッセージ　保全・再生のための視点』（共編，サンライズ出版，2017年），『琵琶湖と環境』（共編，サンライズ出版，2015年）．**［第２章］**

田中滋（たなか しげる）　1951年生まれ．京都大学大学院文学研究科博士課程単位取得満期退学．龍谷大学社会学部教授．『都市の憧れ，山村の戸惑い』（編著，晃洋書房，2017年），『国家を超える宗教』（編著，東方出版，2016年）．**［第３章，第８章］**

石塚武志（いしづか たけし）　1982年生まれ．京都大学大学院法学研究科博士後期課程修了．龍谷大学法学部准教授．「ドイツにおける交通事業計画手続促進立法の検討（1）-（3・完）」（『法学論叢』（京都大学法学会），167(6)-168(4)，2010-11年）．**［第４章］**

中川晃成（なかがわ あきなり）　1963年生まれ．京都大学大学院理学研究科博士後期課程修了．龍谷大学理工学部講師．『琵琶湖水位の150年，特にその自然変動および長期推移』（共著，龍谷大学里山学研究センター，2017年），“A Systematic Survey of H I Lyα and O VI Doublet Profiles Observed in Polar Coronal Holes at Solar Minimum,” *The Astrophysical Journal*, 674(2), 2008)．**［第７章，第９章］**

釜井俊孝（かまい としたか）　1957年生まれ．日本大学大学院理工学研究科博士前期課程（土木工学）修了．博士（工学）．京都大学防災研究所教授．『埋もれた都の防災学』（京都大学学術出版会，2016年），『斜面防災都市』（理工図書，2002年）．**［第10章］**

村澤真保呂（むらさわ まほろ）　1968年生まれ．京都大学大学院人間環境学研究科博士後期課程学位取得退学．龍谷大学社会学部教授．『里山学講義』（共編，晃洋書房，2015年），『ポストモラトリアム時代の若者たち』（共著，世界思想社，2012年）．**［コラム１］**

山中裕樹（やまなか ひろき）
1979年生まれ．京都大学大学院理学研究科博士後期課程修了．龍谷大学理工学部講師．“The use of environmental DNA of fishes as an efficient method of determining habitat connectivity,”（共著，*Ecological Indicators*, 62, 2016）．“Surveillance of fish species composition using environmental DNA,”（共著，*Limnology*, 13(2), 2012）［**第11章**］

須川　恒（すがわ ひさし）
1947年生まれ．京都大学大学院理学研究科動物学博士課程修了．龍谷大学深草学舎非常勤講師．『里山学講義』（共著，晃洋書房，2015年），*Lake Biwa: Interactions between Nature and People*（共著，Springer, 2012）［**第12章**］

太田真人（おおた まさと）
1985年生まれ．龍谷大学大学院理工学研究科環境ソリューション工学専攻博士後期課程修了，博士（工学）．龍谷大学里山学研究センター博士研究員．“Beak marks on the wings of butterflies and predation pressure in the field,”（共著，*Entomological Science*, 17(4), 2014），“Effects of Environmental Structure on the Beak Mark of Butterfly,”（共著，*Journal of Environmental Information Science*, 42(5), 2014）［**第13章**］

岩瀬剛二（いわせ こうじ）
1955年生まれ．京都大学大学院理学研究科博士後期課程中退．帝京科学大学生命環境学部教授．『広葉樹資源の管理と活用』（共著，海青社，2011年），『いのちの森――生物親和都市の理論と実践――』（共著，京都大学学術出版会，2005年）．［**コラム２**］

猪谷富雄（いたに とみお）
1949年生まれ．京都大学大学院農学研究科修士課程修了．龍谷大学農学部教授．県立広島大学名誉教授．『赤米・黒米の絵本』（編著，農文協，2010年），『赤米の博物誌』（共著，大学教育出版，2008年）．［**コラム３**］

宮浦富保（みやうら とみやす）
1957年生まれ．名古屋大学大学院農学研究科博士後期課程修了．龍谷大学理工学部教授．『里山学講義』（共著，晃洋書房，2015年），“Satoyama – A place for preservation of biodiversity and environmental education,” *Boden Kultur Journal for Land Management, Food and Environment*, 60(1), 2009.［**第14章**］

須藤　護（すどう まもる）
1945年生まれ．武蔵野美術大学造形学部建築学科卒業．龍谷大学名誉教授．『雲南省ハニ族の生活誌』（ミネルヴァ書房，2013年），『木の文化の形成――日本の山野利用と木器の文化――』（未来社，2010年）．［**第15章**］

山下直子（やました なおこ）
1969年生まれ．北海道大学大学院農学研究科修士課程修了，博士（農学）．森林研究・整備機構　森林総合研究所関西支所　森林生態研究グループ　主任研究員．“Reforestation following harvesting of conifer plantations in Japan: Current issues from silvicultural and ecological perspectives,”（共著，*Reforesta*, 3, 2017），“Impact of leaf removal on initial survival and growth of container-grown and bare-root seedlings of Hinoki cypress (Chamaecyparis obtusa),”（共著，*Forest Ecology and Management*, 370, 2016）．［**第16章**］

占部武生（うらべ たけお）
1945年生まれ．横浜国立大学工学部卒業，龍谷大学研究フェロー，里山学研究センター研究員．『ごみ処理先進国ニッポン――アメリカ人専門家の視点から』（翻訳監修，工業出版社，1994年），『廃棄物英和，和英用語辞典』（共著，中央出版法規，1992年）．［**第17章**］

水原詞治（みずはらしんじ）

1985年生まれ．龍谷大学大学院理工学研究科博士後期課程修了．龍谷大学理工学部助教．「廃棄物焼却炉内における放射性セシウムの蓄積挙動」（共著，『環境放射能除染学会誌』3(3)，“Effects of waste glass additions on quality of textile sludge-based bricks,”（共著，Environmental Technology, 36(19), 2015)．**[第17章]**

鈴木龍也（すずきたつや）

1956年生まれ．大阪市立大学大学院法学研究科後期博士課程単位取得退学．龍谷大学法学部教授．『エコロジーとコモンズ――環境ガバナンスと地域自立の思想――』（共著，晃洋書房，2014年），『里山学のガバナンス――里山学のひらく地平――』（共編，晃洋書房，2012年）．**[第19章]**

西脇秀一郎（にしわきしゅういちろう）

1988年生まれ．龍谷大学大学院法学研究科博士後期課程修了，博士（法学）龍谷大学里山学研究センターリサーチ・アシスタント，関西大学非常勤講師．「団体法の二元性（1）――ドイツ民法典社団法の原基的モデルの一考察――」（『龍谷法学』49(4)，2017年），「共有物分割訴訟の非訟事件性と遺産共有――最二判平成25年11月29日民集67巻8号1736頁の分析――」（『龍谷法学』48(1)，2015年）．**[第20章]**

金紅実（きんこうじつ）

1967年生まれ．京都大学大学院経済学研究科博士後期課程修了，博士（経済学）．龍谷大学政策学部准教授．『中国の環境行財政』（昭和堂，2016年），『中国乾燥地の環境と開発』（共著，成文堂，2015年）．**[第21章]**

池田恒男（いけだつねお）

1948年生まれ．東京大学大学院法学政治学研究科博士課程中退．龍谷大学名誉教授．「コミュニティー，アソシエィション，コモンズ」（『法社会学』73，2010年），『コモンズ論再考』（共著，晃洋書房，2006年）．**[補論]**

琵琶湖水域圏の可能性
——里山学からの展望——

2018年3月30日　初版第1刷発行　　＊定価はカバーに表示してあります

編著者の了解により検印省略

編著者　牛尾洋也
　　　　吉岡祥充©
　　　　清水万由子
発行者　植田　実
印刷者　田中雅博

発行所　株式会社　晃洋書房
〒615-0026　京都市右京区西院北矢掛町7番地
電話　075(312)0788番㈹
振替口座　01040-6-32280

装丁　野田和浩　　印刷・製本　創栄図書印刷㈱
ISBN978-4-7710-3056-5